U0170971

"十三五"国家重点出版物出版规划项目

高性能高分子材料丛书

聚芳醚腈结构、性能与应用

刘孝波　编著

科学出版社

北　京

内 容 简 介

本书为"高性能高分子材料丛书"之一。聚芳醚腈是特种工程塑料中侧基含氰基的一类聚芳醚高分子,是一种新型的高性能高分子材料。聚芳醚腈具有高强度、高模量、耐高温、自阻燃、低吸水性、耐摩擦等优异性能,在航空航天、电子信息等高精尖领域具有广阔的应用前景。本书是作者及其团队多年对聚芳醚腈基础研究与应用成果的总结。全书共分为7章,分别介绍聚芳醚腈的结构与性能、聚芳醚腈的结晶行为与性能、聚芳醚腈的交联行为与性能、聚芳醚腈的功能化与性能、聚芳醚腈增强复合材料及应用、聚芳醚腈介电功能材料及应用,以及聚芳醚腈光功能复合材料及应用。本书是以特种高分子聚芳醚腈的合成、结构与性能、复合材料加工及功能化复合材料开发应用为一体的聚芳醚腈专著,是我国具有专著知识产权的聚芳醚腈研究成果。

本书可供高分子材料领域专家学者、高等院校研究生、高分子工程技术人员阅读。

图书在版编目(CIP)数据

聚芳醚腈结构、性能与应用/刘孝波编著. —北京:科学出版社,2020.7
(高性能高分子材料丛书/蹇锡高总主编)
"十三五"国家重点出版物出版规划项目
ISBN 978-7-03-065654-4

Ⅰ. ①聚… Ⅱ. ①刘… Ⅲ. ①聚芳酯—腈—研究 Ⅳ. ①O633.14

中国版本图书馆 CIP 数据核字(2020)第 120794 号

丛书策划:翁靖一
责任编辑:翁靖一 李丽娇/责任校对:杜子昂
责任印制:赵 博/封面设计:东方人华

科 学 出 版 社 出版
北京东黄城根北街 16 号
邮政编码:100717
http://www.sciencep.com

北京虎彩文化传播有限公司印刷
科学出版社发行 各地新华书店经销
*

2020 年 7 月第 一 版 开本:720 × 1000 1/16
2024 年 3 月第四次印刷 印张:17 1/2
字数:335 000
定价:128.00 元
(如有印装质量问题,我社负责调换)

高性能高分子材料丛书

编 委 会

学 术 顾 问：毛炳权　曹湘洪　薛群基　周　廉　徐惠彬

总　　主　　编：蹇锡高

常务副总主编：张立群

丛书副总主编(按姓氏汉语拼音排序)：

陈祥宝　李光宪　李仲平　瞿金平　王锦艳　王玉忠

丛　书　编　委(按姓氏汉语拼音排序)：

董　侠　傅　强　高　峡　顾　宜　黄发荣　黄　昊

姜振华　刘孝波　马　劲　王笃金　吴忠文　武德珍

解孝林　杨　杰　杨小牛　余木火　瞿文涛　张守海

张所波　张中标　郑　强　周光远　周　琼　朱　锦

总　序

自 20 世纪初，高分子概念被提出以来，高分子材料越来越多地走进人们的生活，成为材料科学中最具代表性和发展前途的一类材料。我国是高分子材料生产和消费大国，每年在该领域获得的授权专利数量已经居世界第一，相关材料应用的研究与开发也如火如荼。高分子材料现已成为现代工业和高新技术产业的重要基石，与材料科学、信息科学、生命科学和环境科学等前瞻领域的交叉与结合，在推动国民经济建设、促进人类科技文明的进步、改善人们的生活质量等方面发挥着重要的作用。

国家"十三五"规划显示，高分子材料作为新兴产业重要组成部分已纳入国家战略性新兴产业发展规划，并将列入国家重点专项规划，可见国家已从政策层面为高分子材料行业的大力发展提供了有力保障。然而，随着尖端科学技术的发展，高速飞行、火箭、宇宙航行、无线电、能源动力、海洋工程技术等的飞跃，人们对高分子材料提出了越来越高的要求，高性能高分子材料应运而生，作为国际高分子科学发展的前沿，应用前景极为广阔。高性能高分子材料，可替代金属作为结构材料，或用作高级复合材料的基体树脂，具有优异的力学性能。这类材料是航空航天、电子电气、交通运输、能源动力、国防军工及国家重大工程等领域的重要材料基础，也是现代科技发展的关键材料，对国家支柱产业的发展，尤其是国家安全的保障起着重要或关键的作用，其蓬勃发展对国民经济水平的提高也具有极大的促进作用。我国经济社会发展尤其是面临的产业升级以及新产业的形成和发展，对高性能高分子功能材料的迫切需求日益突出。例如，人类对环境问题和石化资源枯竭日益严重的担忧，必将有力地促进高效分离功能的高分子材料、生态与环境高分子材料的研发；近 14 亿人口的健康保健水平的提升和人口老龄化，将对生物医用材料和制品有着内在的巨大需求；高性能柔性高分子薄膜使电子产品发生了颠覆性的变化；等等。不难发现，当今和未来社会发展对高分子材料提出了诸多新的要求，包括高性能、多功能、节能环保等，以上要求对传统材料提出了巨大的挑战。通过对传统的通用高分子材料高性能化，特别是设计制备新型高性能高分子材料，有望获得传统高分子材料不具备的特殊优异性质，进而有望满足未来社会对高分子材料高性能、多功能化的要求。正因为如此，高性能高分子材料的基础科学研究和应用技术发展受到全世界各国政府、学术界、工业界的高度重视，已成为国际高分子科学发展的前沿及热点。

因此，对高性能高分子材料这一国际高分子科学前沿领域的原理、最新研究进展及未来展望进行全面、系统地整理和思考，形成完整的知识体系，对推动我国高性能高分子材料的大力发展，促进其在新能源、航空航天、生命健康等战略新兴领域的应用发展，具有重要的现实意义。高性能高分子材料的大力发展，也代表着当代国际高分子科学发展的主流和前沿，对实现可持续发展具有重要的现实意义和深远的指导意义。

为此，我接受科学出版社的邀请，组织活跃在科研第一线的近三十位优秀科学家积极撰写"高性能高分子材料丛书"，内容涵盖了高性能高分子领域的主要研究内容，尽可能反映出该领域最新发展水平，特别是紧密围绕着"高性能高分子材料"这一主题，区别于以往那些从橡胶、塑料、纤维的角度所出版过的相关图书，内容新颖、原创性较高。丛书邀请了我国高性能高分子材料领域的知名院士、"973"项目首席科学家、教育部"长江学者"特聘教授、国家杰出青年科学基金获得者等专家亲自参与编著，致力于将高性能高分子材料领域的基本科学问题，以及在多领域多方面应用探索形成的原始创新成果进行一次全面总结、归纳和提炼，同时期望能促进其在相应领域尽快实现产业化和大规模应用。

本套丛书于 2018 年获批为"十三五"国家重点出版物出版规划项目，具有学术水平高、涵盖面广、时效性强、引领性和实用性突出等特点，希望经得起时间和行业的检验。并且，希望本套丛书的出版能够有效促进高性能高分子材料及产业的发展，引领对此领域感兴趣的广大读者深入学习和研究，实现科学理论的总结与传承，科技成果的推广与普及传播。

最后，我衷心感谢积极支持并参与本套丛书编审工作的陈祥宝院士、李仲平院士、瞿金平院士、王玉忠院士、张立群教授、李光宪教授、郑强教授、王笃金研究员、杨小牛研究员、余木火教授、解孝林教授、王锦艳教授、张守海教授等专家学者。希望本套丛书的出版对我国高性能高分子材料的基础科学研究和大规模产业化应用及其持续健康发展起到积极的引领和推动作用，并有利于提升我国在该学科前沿领域的学术水平和国际地位，创造新的经济增长点，并为我国产业升级、提升国家核心竞争力提供该学科的理论支撑。

中国工程院院士
大连理工大学教授

前　言

聚芳醚腈是特种工程塑料中侧基含氰基的一类聚芳醚高分子，是一种新型的高性能高分子材料。聚芳醚腈是 20 世纪 80 年代由日本出光兴产株式会社研发报道，但因未能成功实现规模化生产而终止。90 年代国内开始对聚芳醚腈展开广泛深入研究，在聚芳醚腈的规模化生产工艺及技术、连续化工业生产装置及聚芳醚腈复合材料的设计开发制备及其工业应用方面取得突破性进展。随着研究的深入开展，人们逐渐发现，在结构与性能方面，聚芳醚腈除具有传统的高强度、高模量、耐高温特性外，还表现出自阻燃、低吸水性、耐摩擦等优良特性；聚芳醚腈具有灵活的分子设计性，可进行多种形式的功能化开发，通过分子结构设计或聚集态调控，可有效控制聚芳醚腈的分子长程结构及形态，实现高分子材料的微观结构与宏观性能的直接控制，可进一步实现聚芳醚腈的高性能化及功能化。在应用方面，聚芳醚腈作为高性能新材料，已经作为耐高温高储能电绝缘材料、耐高温自阻燃柔性电路板(FCB)、高性能耐腐蚀机械零件等实现工业化应用。另外，在航空航天用耐高温薄膜领域具有广阔应用前景，未来还有更多高精尖领域的应用可待开发。因此，加强聚芳醚腈的合成、加工及应用基础性研究和大规模化生产装置建设，促进新材料创新研究及创新性应用设计具有重要的科学意义和现实意义。

电子科技大学先进功能高分子团队(以下简称刘孝波团队)于 2005 年开始对聚芳醚腈的合成、结构、性能与功能化开发展开系统的研究工作，至今已有 15 年，在国内外该领域研究中具有较大的影响。15 年来，团队先后有 10 位教师、15 位博士研究生、36 位硕士研究生、30 余位本科生参与了聚芳醚腈项目的研究，始终坚持以聚芳醚腈的规模化生产技术为研究基础，陆续成功开发了 50 吨、100 吨及 1000 吨级的规模化关键技术及产业化装置，首次实现第一代聚芳醚腈在国内外工业化规模的中国制造。在学术上，采用分子设计，提出"热塑性加工、热固性应用"的高性能材料的加工理念，利用"结晶＋交联"的聚合方式获得自增强的"单一组分"复合材料，并创造性地建立了第二代千吨级聚芳醚腈的连续化环保型工业生产装置，实现聚芳醚腈的创新性生产技术。近期，结合新兴产业的创新应用及聚芳醚腈的分子设计特性，开发了具有光电磁特性的多种功能化的第三代聚芳醚腈，以满足高速发展的信息领域的材料需求。综合以上研究，刘孝波团队先后承担和完成"国家高技术研究发展计划"(简称"863 计划")重大项目、国家自然科学基金项目、四川省杰出青年科技基金项目及应用技术开发科研项目 20 余项，获得具有国际先进水平的省部级鉴定成果 10 项，具有国际领先技术水平的鉴定成果 2 项。申请中国发明专利 80 余项，其中授权专利 40 项；发表 SCI 论文 400 余篇，被引用 5000 次，多项研究成果实现产业化，为社会、企业创造了良好的社会经济效益。

本书在《聚芳醚腈》（北京：科学出版社，2013）的基础上进一步更新、补充和完善，是一本内容更加翔实的聚芳醚腈专著，涵盖了聚芳醚腈的工业化合成、结构设计与调控、复合材料设计与应用及功能化复合材料的开发等方面。本书强调基础性研究与工业应用相结合，特征鲜明。在理论方面，从聚芳醚腈的结构出发，采用接枝、嵌段、共聚等手段设计新型结构的聚芳醚腈，系统地论证聚芳醚腈的结构与性能的关系；在复合材料设计部分，利用界面科学中的"相似相容""缠结相容"等基本理论，通过界面的化学接枝改性剂负载粗糙化处理等手段，详细研究了树脂基复合材料的相容性，提出增强复合材料等的界面自增容机理和方法；在应用方面，详细地介绍了聚芳醚腈及其功能复合材料的应用领域，通过应用实例阐述高性能聚芳醚腈的工业应用效果。本书大部分内容源自刘孝波团队研究生的学术论文及已发表的期刊论文，部分素材来源于国内外公开发表的期刊论文及作者在这一领域多年的研究积累。

本书是刘孝波团队的集体研究成果的总结。全书由刘孝波策划，拟定编写思路及研究大纲并统稿和定稿，由徐明珍协助编辑加工及全面审校。其中，第 1 章～第 4 章由黄宇敏和童利芬共同主笔，第 5 章由徐明珍主笔，第 6 章由危仁波主笔，第 7 章由贾坤主笔。

本书撰写过程中得到了"高性能高分子材料丛书"总主编蹇锡高院士及编委会专家的鼓励和指导，在此深表感谢；责任编辑翁靖一在本书的组织和编写过程中付出了巨大的努力，在此特别致谢。此外，感谢科学出版社的领导和编辑对本书出版的支持和帮助。感谢团队的老师和同学们多年来的辛苦付出，以及同行和朋友们多年来的支持和关心。

最后，诚挚感谢"863 计划"重大项目（项目编号：2012AA03A212）、国家自然科学基金面上项目（项目编号：51173021、51373028、51773028）、国家自然科学基金青年基金项目（项目编号：51403029、21805027、51603029、51803020、51903029）对作者长期从事聚芳醚腈基础研究及应用技术开发的支持，正是因为有这些项目的支持，本书成果才得以形成并出版发行。

将 15 年的研究工作提炼总结，无疑是一件十分困难的事情，加之作者水平有限，书中难免存在疏漏及不妥之处，敬请广大读者批评指正。

2020 年 3 月
于电子科技大学

目　录

第1章

聚芳醚腈的结构与性能

聚芳醚腈(polyarylene ether nitriles，PEN)是一类分子链上含有氰基侧基的聚芳醚类高分子(结构通式如图 1-1 所示)。因特殊的分子结构(含有刚性基团、耐热性的亚苯基及柔性、耐热性的氧醚键或硫醚键)，表现出高耐热、抗蠕变、高强度、高刚性、强韧性、优异电性能等突出特性，无论对航空航天、机械舰船等军事领域，还是对电子电气、汽车石化等军民兼顾领域的高新技术的发展，都是不可或缺和革命性的材料[1-6]。与聚芳醚类特种工程塑料［如聚醚砜(PES)、聚醚醚酮(PEEK)中的砜基、酮基］不同，聚芳醚腈的氰基悬挂在分子主链一侧，因此对聚合物成型流动性的影响也小得多，具有令人满意的成型加工性；氰基侧基还使聚芳醚分子链间的偶极-偶极相互作用加强，材料的耐热性、力学强度得以进一步提高；在电子电气、特种工业等高科技领域材料应用中极具潜力。

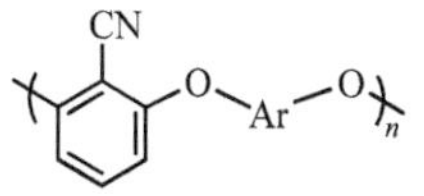

图 1-1 聚芳醚腈的结构通式

1.1 聚芳醚腈的合成方法与机理

1.1.1 聚芳醚腈的合成方法

聚芳醚腈的合成主要有以下两种方法：一种是亲电取代；另一种是亲核取代。

1. 亲电取代

聚芳醚腈的合成方法研究始于 20 世纪 70 年代，早期主要是通过亲电取代反应得到。1973 年，Verborgt 和 Marvel 利用芳醚单体(如二苯醚等)与间苯二酰氯(IPC)和对苯二甲酰氯(TPC)发生 Friedel-Crafts 亲电取代反应，再利用对氰基酰氯(CBC)进行封端合成末端含氰基的聚芳醚结构[7]，如图 1-2 所示。随后，Marvel 等更换反应单体,利用含砜基的芳醚单体与 IPC 和 TPC 同样进行 Friedel-Crafts 亲电取代反应,得到了一系列聚芳醚砜腈[8]。2003 年,徐曲等首先合成了 2,6-二苯氧基苯甲腈,然后将其与对苯(间苯)二甲酰氯在低温下亲电取代制备了聚芳醚醚酮酮腈[9]。所得到的聚芳醚醚酮酮腈的玻璃化转变温度(T_g)为 160~180℃,比纯聚芳醚酮酮(T_g = 156℃)要高,这暗示着氰基的引入可以提高分子链间的偶极-偶极相互作用,进而提高玻璃化转变温度。上述反应属于亲电取代反应,但是由于亲电取代反应对反应条件的要求比较苛刻,酰氯的单体难以长期保存,因此该方法逐渐被后来的亲核取代反应所替代。

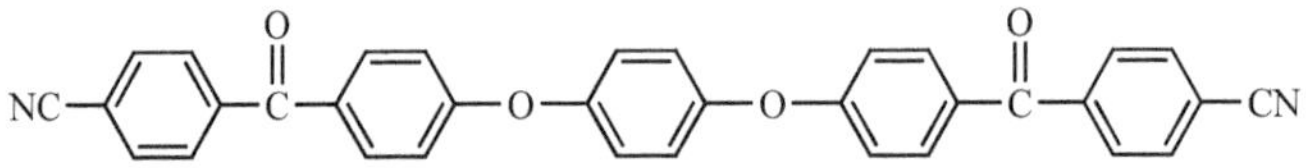

图 1-2　Verborgt 和 Marvel 合成的氰基封端 PEN

2. 亲核取代

聚芳醚腈的另一种合成方法主要是通过苯酚与活性的硝基基团或者卤素基团在催化剂的条件下发生亲核取代反应。早在 1973 年,日本科学家 Heath 就提出利用二硝基苯甲腈与双酚单体作为起始原料,在二甲基亚砜(DMSO)中用双酚来取代活性的硝基基团从而合成各种聚芳醚腈[10],如图 1-3 所示。然而,该种方法也存在致命的缺点:在合成反应过程中的亚硝酸盐会氧化聚合物单体,尤其在高温下更加剧烈,这导致反应单体的化学计量比被破坏,因而聚合物分子量难以达到高分子量的要求。

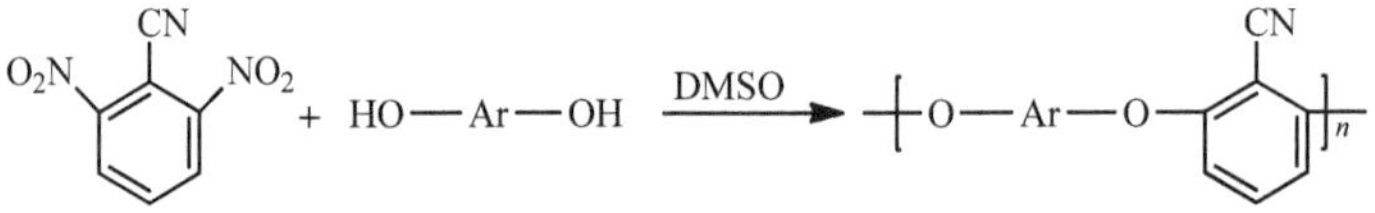

图 1-3　二硝基苯甲腈与双酚单体合成聚芳醚腈路线

同年,Haddad 等发现氰基的强吸电子性可以活化双卤单体的反应活性,这为二卤苯腈取代二硝基苯腈参与亲核反应提供了理论基础。他们详细报道了二氯苯甲腈和对二溴苯、间苯二硫酚通过亲核缩聚反应得到了一系列带有氰基侧基的聚苯硫醚,开启了使用二卤苯腈与双酚合成聚芳醚腈的最佳路线[11]。此后关于聚芳醚腈科研及产业化相关文献报道中基本采用了二卤苯腈与双酚单体为原料的亲核取代反应路线。

20 世纪 80 年代,Mohanty 参考了聚醚砜和聚醚醚酮的反应路线,采用 2,6-二卤苯甲腈与不同的酚单体进行反应,从而得到一系列不同结构的聚芳醚腈聚合物[12],如图 1-4 所示。

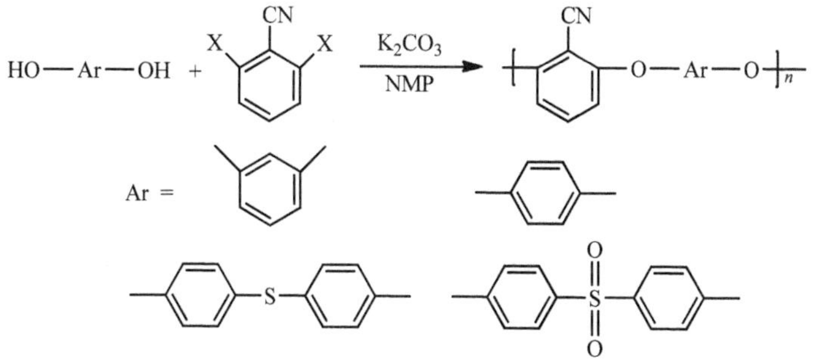

图 1-4　2,6-二卤苯甲腈与不同的酚单体合成聚芳醚腈的反应路线

日本出光兴产株式会社据此于 1986 年开发了第一代聚芳醚腈，即以间苯二酚为原料的聚芳醚腈产品，商品牌号为 PENID300，从此开启了聚芳醚腈类材料的工业化进程。然而在 20 世纪 90 年代末，他们停止了对聚芳醚腈的研究报道，随后聚芳醚腈工业化的产品也销声匿迹。这主要是由于聚芳醚腈合成的主要原料 2,6-二氯苯甲腈在当时的生产工艺落后而导致环境污染严重，以及均聚物在合成中高结晶析出问题导致难以稳定获得高分子量的聚合物产品。尽管如此，由于聚芳醚腈优异的综合性能，它依旧吸引着科学家们的兴趣，相关的研究工作陆续开展起来。

1993 年，Matsuo 等做了更加细致的研究，他们利用 2,6-二卤苯甲腈与不同的酚单体在 N-甲基吡咯烷酮（NMP）溶剂中，以碳酸钠或碳酸钾为催化剂合成了一系列不同酚结构的聚芳醚腈产品[13]。不同结构的聚芳醚腈由于单体不同的活性从而表现出不同的合成难度，如利用 4,4'-二羟基二苯砜或 1,5-二羟基异喹啉等作为反应单体之一，即使是采用 2,6-二氟苯甲腈为另一种反应单体（2,6-二氟苯甲腈的反应活性要高于 2,6-二氯苯甲腈）也很难获得高分子量的聚芳醚腈。他们同时对间苯二酚型聚芳醚腈（RS-PEN）的合成进行了详细的研究，重点研究了碱的类型、溶剂及反应温度对其分子量的影响。结果表明，反应以碳酸钠或碳酸氢钠作为催化剂可以更容易形成高分子量的聚合物；反应以 NMP 作为反应溶剂，可以得到高分子量的聚芳醚腈，这主要是因为产物在 NMP 中的溶解性相较于其他极性溶剂（如二甲基乙酰胺和环丁砜等）更好；反应必须在高温 200℃下进行，如果同样条件在190℃下反应，只有低分子量的聚合物能够被获得。值得一提的是，所得到的聚合物的热性能相似于商业化产品 PEEK，但是聚合物的拉伸强度和弯曲强度优于PEEK，这主要是由于氰基基团在聚合物链的相互作用中起了重要作用。

聚芳醚腈在国内的研究工作从 1997 年开始，国内四川大学蔡兴贤教授团队和江西师范大学廖维林教授等领导的研究小组陆续报道了一系列关于聚芳醚腈的研究成果[14-25]。1997 年唐安斌等首次报道了以二卤苯甲腈、4,4'-二羟基二苯砜等为主要原料，碳酸钾为催化剂，合成了聚芳醚腈砜[poly(arylene ether nitrile sulfone)，

PENS]，并采用流延法制得了具有较高力学性能的聚芳醚腈砜薄膜，同时探讨了合成反应机理和一些影响因素。随后他们合成了含不同单体结构单元和不同氰基含量的聚芳醚腈砜，系统地研究了不同单体结构单元和氰基含量对聚芳醚腈砜性能的影响。研究结果表明砜基和酚酞基团含量的增高，均可以使聚合物的 T_g 升高；氰基含量的增加也可以导致聚合物 T_g 的增加，同时缩短了反应时间。

2000 年，Hlil 等报道了另一种聚芳醚腈的合成路线，他们利用含氰基的双酚单体，与其他二氟单体发生亲核取代反应合成一类新型聚芳醚腈[26]，如图 1-5 所示。由于双酚单体中氰基与酚羟基不处于同一苯环，氰基对双酚单体的活性影响较小，双酚单体依然显示较强的反应活性，因此反应生成的聚合物分子量较高。所得的聚合物是无定形聚合物，其玻璃化转变温度在 217～285℃，溶解性也很好，可溶于大多数常见的有机溶剂，如氯仿、氯苯。

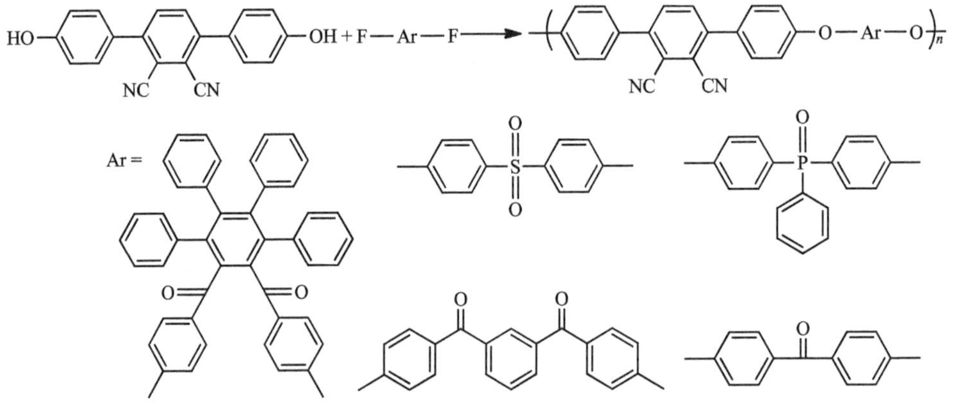

图 1-5　Hlil 等合成新型聚芳醚腈的反应路线

1.1.2　聚芳醚腈的亲核取代反应机理

目前,聚芳醚腈的合成通常采用 2, 6-二卤苯甲腈与芳香二元酚在碱的催化下，通过亲核取代反应获得聚芳醚腈及其共聚物。以碳酸钾作催化剂为例，其合成反应机理如图 1-6 所示。

由图 1-6 可知，反应主要分为两个阶段，第一阶段为脱水阶段，也称成盐反应阶段，具有弱碱性的 K_2CO_3 在溶剂中电离形成 K^+；然后 K^+ 与芳香二元酚反应形成双酚二钾盐，同时产生 H^+，反应刚开始时产生的 H^+ 较少，H^+ 与 K_2CO_3 反应生成 $KHCO_3$；然后 $KHCO_3$ 继续电离出 K^+，并置换出 H^+。H^+ 与 HCO_3^- 反应生成副产物二氧化碳和水，此时，由于甲苯与 NMP 形成共沸体系(共沸温度为 140～160℃)，水蒸气和甲苯蒸气被带入分水器中冷凝并分层，由于水的密度大于甲苯，因此水沉在分水器底层，而甲苯由于在分水器上层继续回流至反应釜中，维持共沸体系

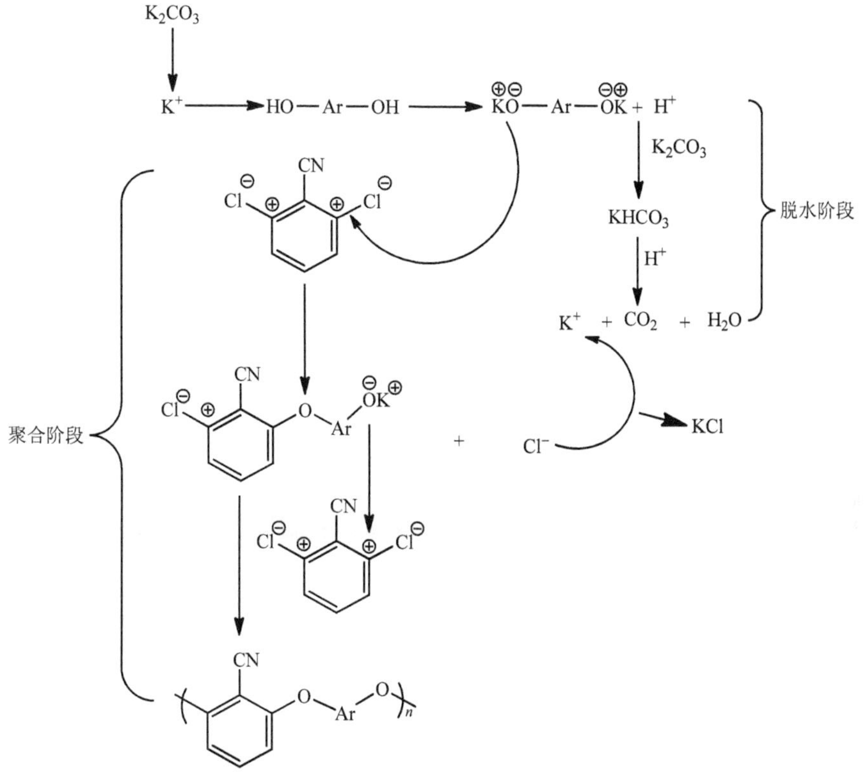

图 1-6　聚芳醚腈亲核取代反应机理示意图

温度恒定。第二阶段为亲核取代聚合反应阶段，脱水阶段完成后，开始逐渐蒸出甲苯，反应体系温度逐渐升高，此时第一阶段形成的双酚二钾盐与 2,6-二氯苯甲腈单体发生亲核取代反应，生成低聚物及副产物 KCl。当温度升高至 190℃以上时，低聚物与低聚物之间继续发生亲核取代聚合反应，逐渐形成高分子量的聚芳醚腈聚合物。最终的产物包括聚芳醚腈树脂以及钾盐、二氧化碳、水等副产物。

　　亲核取代反应合成聚芳醚类聚合物，对芳烃卤代物的活性提出了一定的要求。影响芳烃卤代物的活性的主要因素有两个：一是具有较强吸电子能力的官能团，常见的吸电子官能团有砜基、羰基、氰基等，官能团吸电子能力越强，越容易受到亲核试剂的进攻，芳烃卤代物的活性越高。合成聚芳醚腈的起始原料双卤单体的邻位含有强吸电子的氰基基团，双卤的活性提高，这也为合成高分子量的聚芳醚腈提供了保障。二是卤素电负性的大小，电负性越大，相连碳原子的吸电子能力就越大，当受到亲核试剂进攻后，卤素就越容易离去，卤素离去能力 F＞Cl≫Br＞I。因此，合成聚芳醚腈的双卤单体，通常选择为 2,6-二氯苯甲腈和 2,6-二氟苯甲腈，其中 2,6-二氟苯甲腈单体的活性高于 2,6-二氯苯甲腈。

同样，可用于聚芳醚腈合成的双酚单体种类也很多，双酚单体的活性取决于碱金属酚盐的亲核性。工业上经常采用的碱金属酚盐主要是钠盐和钾盐，而锂、钙、镁等金属离子形成的酚盐由于在有机溶剂中溶解度低而较少采用。同种单体不同的碱金属酚盐的亲核性也存在差异，具体顺序如下：Cs＞K＞Na＞Li。通常来说，聚芳醚腈的合成选择钾盐，这主要是因为酚钾盐的活性较高。铯盐的活性虽然更高，但是由于其工业化成本太高，一般在工业应用中不予考虑。

1.1.3　聚芳醚腈产业化研究现状

2005 年之后，国内化工原材料业快速发展，2, 6-二氯苯腈等化工原料的生产工艺已达到世界先进水平，环保水平和产量都在全球领先，成本也大大降低，已经将特种高分子的成本降到工程塑料级别，这为聚芳醚腈的产业化提供了契机。从 2005 年开始，电子科技大学刘孝波教授团队着重于研究聚芳醚腈以及功能化聚芳醚腈的合成与应用，获得了一系列的新型聚芳醚腈树脂、复合材料、纤维、薄膜等研究成果，并在推动和实现聚芳醚腈产业化方面做出了巨大的努力与突出的贡献。这些成果的取得奠定了我国耐高温高分子自主知识产权的基础，丰富了高性能特种工程塑料与功能材料，为我国高技术行业需求的高性能高分子材料提供了技术和产品保障。

刘孝波教授团队研究的聚芳醚腈标志性产业化步伐包括：2008 年成功实现 50吨规模的聚芳醚腈共聚物生产；2009 年实现聚芳醚腈棒材等复合材料规模化；2010 年实现聚芳醚腈片材、薄膜规模化；2011 年成功实现 100 吨高结晶聚芳醚腈树脂产业化；2012 年获得"国家高技术研究发展计划"（简称"863 计划"）重大项目支持，实现 500 吨规模的聚芳醚腈树脂、纤维及其复合材料的制备；2019 年联合四川省能源投资集团有限责任公司建立了全球首套年产千吨级聚芳醚醚腈生产线，实现其稳定生产，并以此为基础向省内外下游单位广泛辐射，形成具有中国特色的特种工程塑料产业链。这些研究标志着我国在聚芳醚腈的研究和应用已步入国际先进水平，同时也将为我国摆脱国际先进功能材料的封锁影响奠定坚实的技术基础和工程基础。

1.2　聚芳醚腈的结构分类与性能

聚芳醚腈按其微观排列情况可分为无定形聚芳醚腈和结晶型聚芳醚腈。在非交联聚合物材料中，结晶型与无定形材料性质相差较大，具体如下：

（1）熔点：结晶型与无定形材料之间最大的区别就是有固定的熔点。无定形聚合物加热后软化，黏度较高，而结晶型聚合物熔化后黏度较低，流动性佳。

（2）光学性质：无定形聚合物一般是透明的，结晶型聚合物一般是半透明或不透明，具有明显的双折射现象。

（3）耐化学性：结晶型聚合物较无定形聚合物耐化学性强。

（4）耐热性：与耐化学性类似，结晶度高，耐热性相对较高。

（5）收缩率：无定形聚合物材料收缩率一般较低，结晶型聚合物材料收缩率较高且各向异性。

1.2.1　无定形聚芳醚腈

无定形聚芳醚腈主要是由于芳香二元酚结构扭曲、非共平面等特点，其合成的聚合物大分子主链难以形成伸直舒展的线形构型，破坏其紧密堆砌，难以形成结晶，并且增大了聚合物主链间的孔隙，有利于有机溶剂小分子的渗入，从而使得聚合物具有较高的溶解性，同时由于分子主链的刚性结构得以保留，因此该类聚芳醚腈具有耐热性高的特点。可溶液浇铸或注塑成型，具有良好的可加工性，在耐高温涂料、绝缘漆、浸渍、气体和液体分离膜、复合材料等领域具有非常广阔的应用前景。

聚芳醚腈中代表性的无定形聚合物有双酚 A 型聚芳醚腈［PEN（BPA）］、酚酞型聚芳醚腈［PEN（PP）］、双酚 S 型聚芳醚腈［PEN（BPS）］和二氮杂萘酮联苯型聚芳醚腈［PEN（DHPZ）］。合成结构示意图如图 1-7 所示。

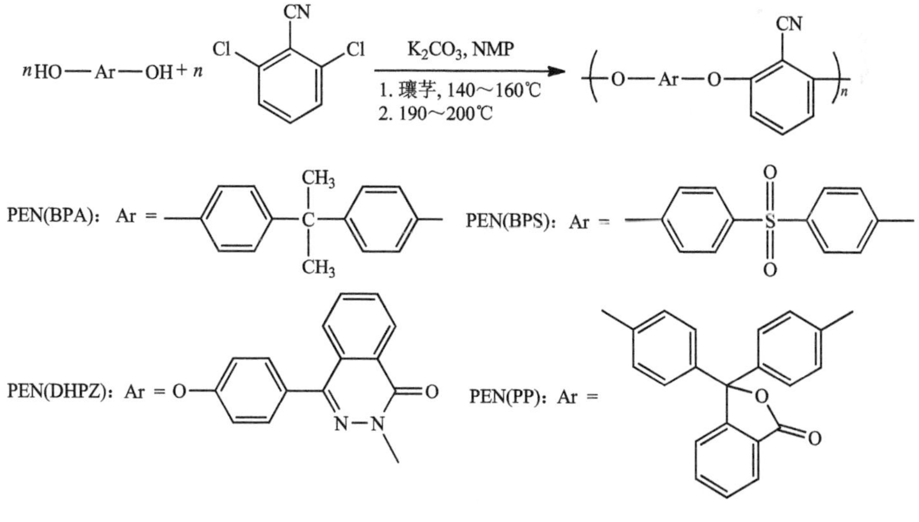

图 1-7　无定形聚芳醚腈的合成反应路线

不同结构的聚芳醚腈分子链段的刚性、平面性以及分子间作用力等因素的差异不同程度地影响着产品的最终性能。使用不同种类双酚单体合成的无定形聚芳醚腈的一些基本性质如表 1-1 所示。从表中可以看出，在这几种无定形聚芳醚腈中，双酚 A 型 PEN 的 T_g 最低，仅为 175℃，这主要是由于主链上大量甲基（—CH₃）的存在而降低了聚合物分子链的刚性，然而这有利于分子链段的自由运动，也展示了良好的溶解性和加工流动性。然而二氮杂萘酮联苯型聚芳醚腈具有最高的 T_g（295℃），这是二氮杂萘酮的特殊结构使得聚合物主链具有强的刚性，分子链段间运动需要更高的能量。同时，可以看出这几种聚芳醚腈都具有较高的耐热性（$T_{5\%}$ >450℃）。使用含有砜基双酚单体所合成的聚芳醚腈相对于其他类似聚芳醚腈有着较低的分解温度，这是由于砜基具有强吸电子作用，降低了醚键的电子密度，使得醚键更加容易分解。此外，所有膜都显示了优异的力学性能，其拉伸强度都大于 80MPa，如此优异的力学性能进一步扩宽了此类聚芳醚腈的应用范围。下面将针对这几种聚芳醚腈进行详细的阐述。

表 1-1　无定形聚芳醚腈的结构与性能

PEN 系列	T_g/℃	$T_{5\%}$/℃	拉伸强度/MPa	拉伸模量/GPa	断裂伸长率/%	特性黏度/(dL/g)
双酚 A 型 PEN	175	505	90	2.3	6.2	0.93
酚酞型 PEN	258	456	112	3.6	15	0.72
双酚 S 型 PEN	215	453	118	2.4	3.6	0.57
二氮杂萘酮联苯型 PEN	295	516	84	2.0	7.7	—

1. 双酚 A 型聚芳醚腈

双酚 A 型聚芳醚腈是刘孝波团队在电子科技大学早期开发的一类聚芳醚腈树脂。该树脂具有合成操作简单，反应条件温和，原料成本控制较低，所得树脂溶解性好，可溶于氯仿、四氢呋喃等非极性溶剂，其玻璃化转变温度达到 175℃，加工温度在 300℃以下，以及加工流动性好的特点。

该结构的红外（IR）图谱如图 1-8 所示。2230cm⁻¹ 处为苯环上氰基的特征吸收峰，2930cm⁻¹ 和 2890cm⁻¹ 处为—CH₃ 的伸缩振动吸收峰，1242cm⁻¹ 处为苯环之间醚键的特征吸收峰。

利用乌氏黏度计表征此聚合物的特性黏度（intrinsic viscosity）[η]，在 NMP 为溶剂 30℃条件下可得聚合物 [η] = 0.93dL/g。熔融指数（MI）测定使用德国 Goettfert 熔融指数仪，温度为 320℃，标称负荷为 10kg，计算 10min 的流出量即为熔融指数；其测试结果为 45g/min。

双酚 A 型聚芳醚腈的 DSC 曲线如图 1-9 所示。其玻璃化转变温度为 175℃，无熔融吸收峰。结果表明该无定形聚合物具有较高的玻璃化转变温度。图 1-10

为该聚合物的热失重分析(thermogravimetric analysis，TGA)曲线，其在氮气中的初始分解温度大于 485℃，5%的热失重在 505℃，在 700℃高温下残炭率还能保持在 40%以上。图 1-11 为双酚 A 型聚芳醚腈以 N-甲基吡咯烷酮为溶剂采用流延法制备的薄膜，其外观颜色透明，柔韧性好，强度大，拉伸强度为 90MPa。

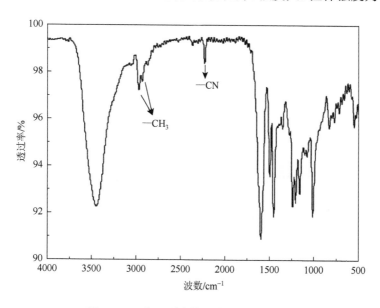

图 1-8　双酚 A 型聚芳醚腈红外(IR)图谱

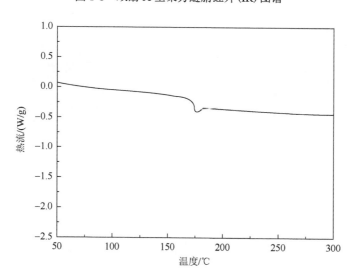

图 1-9　双酚 A 型聚芳醚腈的 DSC 曲线

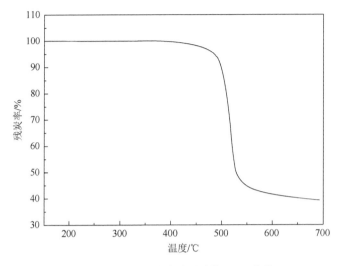

图 1-10   双酚 A 型聚芳醚腈的 TGA 曲线

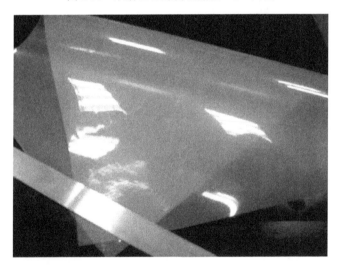

图 1-11   双酚 A 型聚芳醚腈采用流延法制备的薄膜图片

2. 酚酞型聚芳醚腈

酚酞是一种比较普及、价格较低且容易获得的芳香二元酚，分子结构为非共平面结构，所以引入酚酞到高分子链中将会在提高其玻璃化转变温度的同时大大改善其聚合物的溶解性和加工性能。因此将酚酞与 2,6-二氯苯腈聚合得到的酚酞型聚芳醚腈(PP-PEN)具有较高的应用价值。

该结构的红外图谱如图 1-12 所示。2230cm^{-1} 处为苯环上氰基的特征吸收峰，1680cm^{-1} 和 1760cm^{-1} 处为酚酞内酯键和羧基的伸缩振动吸收峰，1242cm^{-1} 处为苯环之间醚键的特征吸收峰。结果表明酚酞和 2，6-二氯苯腈发生反应生成目标高分子。

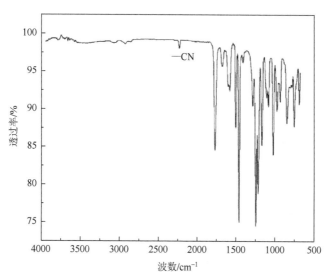

图 1-12　酚酞型聚芳醚腈红外图谱

利用乌氏黏度计表征此聚合物的特性黏度$[\eta]$，在 NMP 为溶剂 30℃条件下可得聚合物$[\eta] = 0.72\text{dL/g}$。

酚酞型聚芳醚腈的 DSC 曲线如图 1-13 所示。其玻璃化转变温度高达 258℃，无熔融吸收峰。结果表明该无定形聚合物具有较高的玻璃化转变温度。图 1-14 为该聚合物的 TGA 曲线，在氮气中的初始分解温度大于 440℃，5%的热失重在 456℃，在 600℃高温下残炭率还能保持在 65%以上。其耐热性主要因为内酯键的耐热性较差而有所降低。

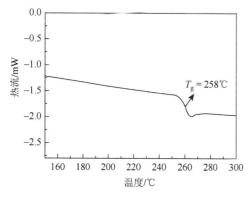

图 1-13　酚酞型聚芳醚腈的 DSC 图谱

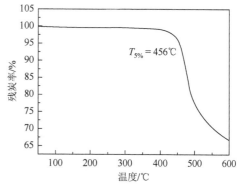

图 1-14　酚酞型聚芳醚腈的 TGA 曲线

3. 双酚 S 型聚芳醚腈

双酚 S 型聚芳醚腈也称为聚芳醚腈砜（PENS），它是 20 世纪 90 年代就出现的一类新型特种工程塑料。它在大分子主链上含有芳醚砜结构决定了其具有与聚芳醚砜相似的性能，而氰基侧基的引入使聚合物大分子链间偶极-偶极相互作用加强，从而使 PENS 比相应的聚芳醚砜具有更高的玻璃化转变温度和较高的力学强度。同时，由于氰基只是作为一个提高聚合物耐热性的侧基存在，故对聚合物的成型加工性能影响不大；而强极性氰基的引入，既可增强基体树脂与填料的黏结，又有可能通过交联得到耐热性更高的网络结构，从而改善其耐溶剂性和抗应力开裂性。此外，氰基的存在还可提高聚芳醚砜的难燃性。同时 PENS 良好的介电性能和耐温性使其在电子信息领域有广泛的应用前景。

PENS 红外图谱如图 1-15 所示。3096cm^{-1} 处为苯环上 C—H 伸缩振动吸收峰，2233cm^{-1} 处的峰是氰基伸缩振动特征峰，1296cm^{-1} 处为—SO$_2$—的反对称振动峰，1245cm^{-1} 处是芳醚键的特征吸收峰，1143cm^{-1} 处为—SO$_2$—的对称振动峰。这些说明在缩聚过程中发生了亲核取代反应，而氰基未参与反应。

利用乌氏黏度计表征此聚合物的特性黏度$[\eta]$，在 NMP 为溶剂 30℃条件下可得聚合物$[\eta] = 0.57\text{dL/g}$。

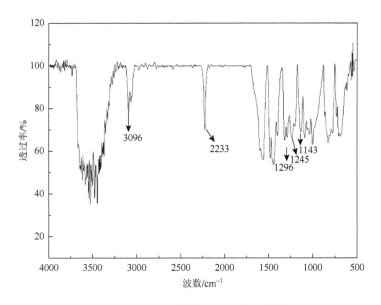

图 1-15　双酚 S 型聚芳醚腈的红外图谱

PENS 大分子主链是由—O—和—SO$_2$—交替连接苯环而形成二苯醚和二苯砜

结构单元，同时侧链上还有极性基团—CN，这些结构基团都具有很高的热稳定性。因此从结构上分析，PENS 应具有较高的热稳定性。图 1-16 为 PENS 在 N$_2$ 下的 TGA 和 DTG 曲线，从图中可知，PENS 的初始分解温度为 408℃，$T_{5\%}$ 失重温度达到了 453℃，最大分解温度为 485.6℃，说明 PENS 具有较高的热稳定性。图 1-17 是 PENS 的 DSC 曲线，其曲线表明，PENS 是一类无定形聚合物，没有熔融峰。PENS 具有高玻璃化转变温度，达到了 215.4℃，与文献[7]所报道的一致。PENS 聚合物的高玻璃化转变温度主要是由主链上的—SO$_2$—以及侧链上的—CN 所影响。主链上的—SO$_2$—和苯环结构单元键能高，内旋转较困难，链段间运动需要较高的能量。与聚醚砜相比，侧链上的氰基使大分子内旋受阻，同时还增加了分子链间的相互作用力，使大分子链间的相互运动受到限制。以上的因素决定了 PENS 具有很高的玻璃化转变温度。

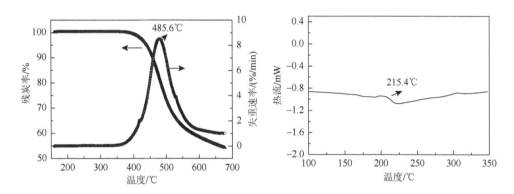

图 1-16　双酚 S 型聚芳醚腈的 TGA 和 DTG 曲线　　图 1-17　双酚 S 型聚芳醚腈的 DSC 图谱

　　该聚合物作为介电材料，具有优异的加工性能、密度小、柔韧性好、能够大面积成膜并能制备任意形状等优点。图 1-18 为 PENS 薄膜介电性能与频率的关系。从图中可以看出，在频率 20Hz～200kHz 之间，PENS 的介电常数为 3.6～4.1，高于聚醚砜的介电常数，这是因为氰基的引入增加了聚合物链的极性，使其极化强度增大，介电常数相应变大。同时，PENS 的介电损耗角正切值保持在 0.01～0.05 之间，说明 PENS 介电性能对频率变化的依存性很小，能在各种频率下表现出稳定性。图 1-19 为 PENS 在频率 1kHz 下介电性能随温度（–30～230℃）的变化。从图中看出，PENS 在–30～175℃范围内介电性能保持稳定，温度对其性能影响很小。这主要是由于 PENS 具有很高的热稳定性，在玻璃化转变温度前，聚芳醚腈砜的分子链段是被冻结的，当温度升高后，分子链段通过主链的单键内旋转运动。当温度继续升高时，分子链段的运动开始加剧，其介电松弛也相应地增加，所以 PENS 的介电常数以及介电损耗角正切值开始迅速增大，在 230℃时介电常数达到了 18，相应的介电损耗角正切值也达到了 1.06。从 PENS 的介电性能-温度曲线得出，PENS 在低于 175℃下具有一定的应用价值。

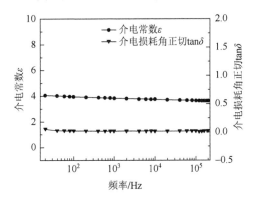

图 1-18 双酚 S 型聚芳醚腈薄膜的介电性能与频率关系图谱

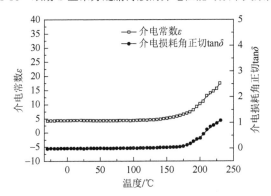

图 1-19 双酚 S 型聚芳醚腈薄膜介电性能-温度曲线

4. 二氮杂萘酮联苯型聚芳醚腈

在"全芳环非平面扭曲的分子链结构赋予高聚物既耐高温又可溶解的优异综合性能"的分子结构设计理论的指导下，1993 年 Berard 和蹇锡高研制开发了结构全新的杂环化合物二氮杂萘酮联苯类（DHPZ）。二氮杂萘酮联苯结构是在酰亚胺环基础上引进一个氮原子构成六元环，其化学稳定性显著优于五元环，保留了聚酰亚胺的芳香氮杂环耐高温等优异性能，克服了五元酰亚胺环热水解稳定性差的缺点。更重要的是，DHPZ 的苯环与杂萘环不在一个平面上，相互扭曲一个角度，使 DHPZ 具有扭曲非共平面的空间特殊结构。研究结果表明，该扭曲角的大小可以通过改变其苯环酚羟基邻间位上的取代基个数和/或种类而进行调控。通过对 DHPZ 的反应活性和谱学研究说明 DHPZ 的〉NH 基团具有一定的酸性，其反应活性类似酚羟基—OH，证明 DHPZ 就是一种类似双酚的新型单体。

随后将 DHPZ 与卤代单体在催化剂作用下进行亲核取代缩合聚合反应得到含二氮杂萘酮联苯结构的聚芳醚。二氮杂萘酮联苯结构聚芳醚是一类具有优异的热稳定性、良好溶解性和突出机械性能的聚芳醚新品种。二氮杂萘酮联苯结构聚芳醚包括二氮杂萘酮联苯类聚芳醚酮(PPEK)、聚芳醚酮酮(PPEKK)、聚芳醚砜(PPES)、聚芳醚砜酮(PPESK)和聚芳醚腈(PEN)等。其玻璃化转变温度在 241~309℃之间，氮气中 5%热失重温度为 469~517℃，易溶于氯仿、N, N-二甲基乙酰胺(DMAC)、NMP 等多种溶剂中。此类聚合物的综合性能优异，尤其是在高温下依然保持优异的综合性能；可采用多种方式加工，不仅可采用模压、挤出、注射等热成型技术加工，还可采用溶液方式加工应用，广泛应用于航空航天、核能、电子电气等高技术领域和国民经济众多行业部门。

　　二氮杂萘酮联苯结构是以廉价易得的苯酚、苯酐为原料，经弗里德-克拉夫茨(Friedel-Crafts)反应和缩合两步反应制得，合成路线如图 1-20 所示。大连理工大学的蹇锡高研究团队基于此类结构合成了多种聚合物，取得了大量研究成果。本书仅简要介绍关于二氮杂萘酮联苯结构聚芳醚腈的合成与性能。由于二氮杂萘酮联苯结构的化合物反应活性较低，与 2, 6-二氯苯腈反应得不到高分子量的聚合物，所以将 2, 6-二氯苯腈换成活性较高的 2, 6-二氟苯腈可以合成高分子量聚芳醚腈，其反应方程式如图 1-21 所示。

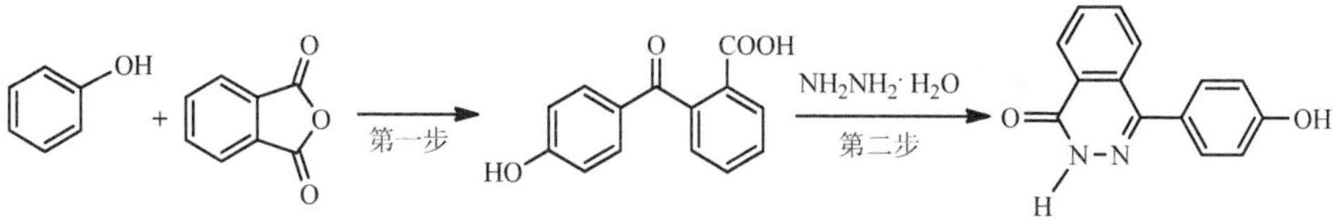

图 1-20　二氮杂萘酮联苯结构单体的合成路线

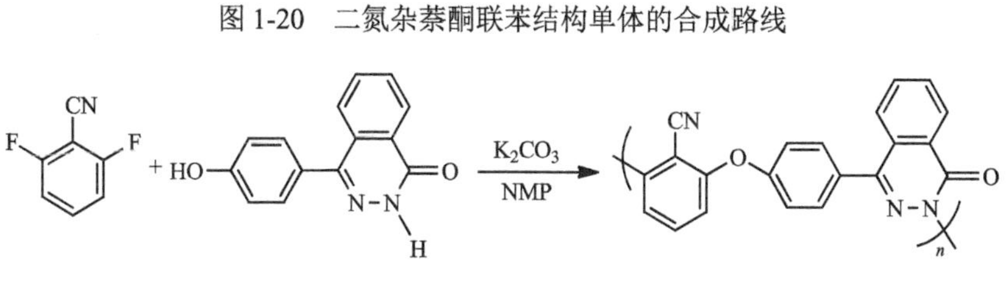

图 1-21　二氮杂萘酮联苯结构聚芳醚腈反应方程式

　　该聚合物的红外图谱如图 1-22 所示。从图中可以看出，在 3015cm^{-1} 左右处出现中等强度苯环═CH 的伸缩振动吸收峰，在 2230cm^{-1} 左右出现了氰基的伸缩振动吸收峰，1677cm^{-1} 左右为二氮杂萘酮联苯结构中的羰基的伸缩振动吸收峰，1598cm^{-1}、1508cm^{-1}、1482cm^{-1} 和 1461cm^{-1} 左右为芳环特征谱带，1258cm^{-1} 左右为醚键的特征吸收，说明两种单体已经发生反应，生成了目标聚合物。

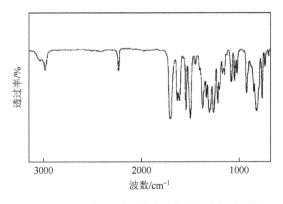

图 1-22　二氮杂萘酮联苯型聚芳醚腈的红外图谱

另外，二氮杂萘酮联苯型聚芳醚腈室温可溶解于 NMP、DMAC、*N, N*-二甲基甲酰胺(DMF)和氯仿等，部分溶解于 DMSO 和环丁砜中，但不溶解于四氢呋喃中。该结果展现出此类型聚合物具有较好的溶解性能。DSC 测试结果表明，该结构聚芳醚腈具有优异的耐热性能，其玻璃化转变温度为 295℃，氮气气氛中 5%热失重的温度为 516℃，10%热失重温度为 527℃。如前所述，新型聚合物可溶解于 NMP中，因此可浇铸成透明、平整的韧性膜，并对其进行电性能测试。结果表明，聚合物具有良好的绝缘性能，表面电阻在 $10^{14}\Omega$ 数量级，体积电阻在 $10^{16}\Omega\cdot cm$ 数量级。该新型材料可以广泛应用于接线端子、插座、开关、复印机零件，以及高频加热器零件、绝缘薄膜、配电盘、电线包覆材料等领域。

1.2.2　结晶型聚芳醚腈

间苯二酚型聚芳醚腈树脂(RS-PEN)是第一款正式商业化制得的聚芳醚腈树脂，其商品牌号是 PENID300，其合成流程示意图如图 1-23 所示。间苯二酚型聚芳醚腈的玻璃化转变温度(T_g)在 150℃左右，熔点(T_m)在 325℃以上，同时其冷结晶温度(T_p)为 242℃，表明其具有较好的耐热性和结晶性等，间苯二酚型聚芳醚腈的热稳定性能比较优异，在氮气中的该聚芳醚腈树脂的分解温度大于 490℃，其 5%热失重的温度为 505℃。

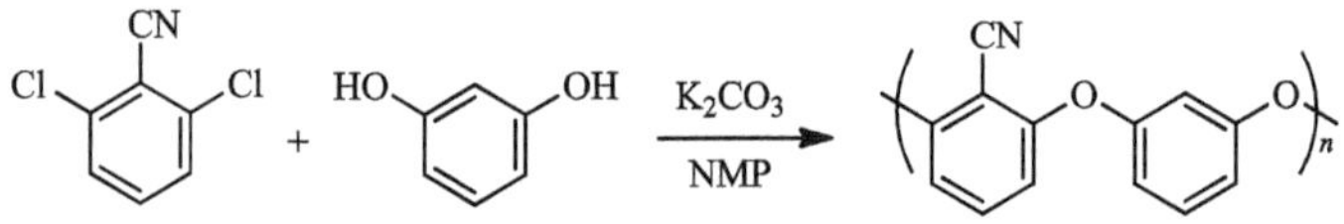

图 1-23　间苯二酚型聚芳醚腈合成反应式

对苯二酚型聚芳醚腈(HQ-PEN)是一款耐热性更高、力学性能更为优异的半结晶型聚芳醚腈。对苯二酚型聚芳醚腈结构如图 1-24 所示。该分子结构具有一定的规整性，所以结晶度较高，具有明显的熔点(355℃)、结晶温度(235℃)以及较高的玻璃化转变温度(175℃)。对苯二酚型聚芳醚腈的热稳定性能也比较优异，在氮气中的该聚芳醚腈树脂的分解温度大于500℃，其5%热失重的温度为515℃，最大分解温度在530℃左右。

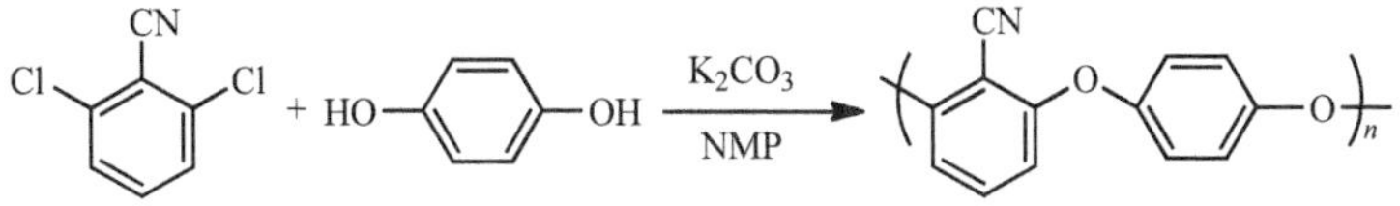

图1-24　对苯二酚型聚芳醚腈合成反应式

联苯二酚型聚芳醚腈(BP-PEN)是一种耐热等级更高、刚性更强、强度更大的新型聚芳醚腈特种高分子材料，其结构如图1-25所示。该聚合物具有较高的玻璃化转变温度(T_g = 214℃)，熔点高于346℃，说明该聚合物相对于PEEK具有更高的使用温度。联苯二酚型聚芳醚腈的冷结晶温度并不明显，说明其结晶能力较间苯二酚型聚芳醚腈、对苯二酚型聚芳醚腈弱一些。

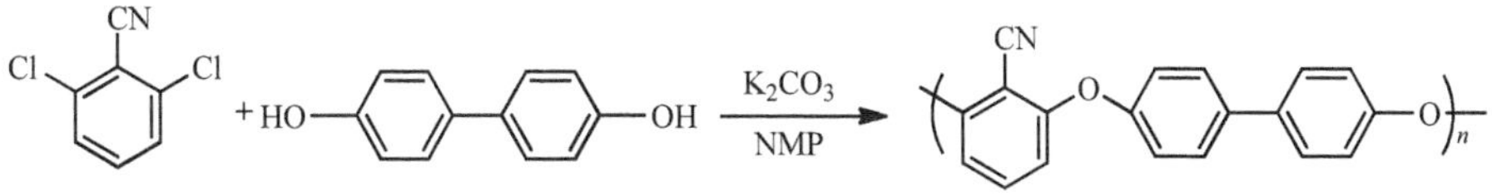

图1-25　联苯二酚型聚芳醚腈合成反应式

特性黏度是高分子溶液黏度的最常用的表示方法。定义为当高分子溶液浓度趋于零时的比浓黏度。即表示单个分子对溶液黏度的贡献，是反映高分子特性的黏度，其值不随浓度而变，常以[η]表示，常用的单位是dL/g(分升每克)。由于特性黏度与高分子的分子量存在定量的关系，所以常用[η]的数值来求取分子量，或作为分子量的量度。在结晶型聚芳醚腈的合成过程中，不同的二卤苯甲腈、催化剂、反应温度、溶剂等对产物的分子量都有一定的影响。以间苯二酚型聚芳醚腈为例，对不同的二卤代苯甲腈、催化剂、反应温度、溶剂中合成的聚芳醚腈的特性黏度进行了表征，结果如表1-2～表1-4所示。由于2,6-二氟苯甲腈的反应活性比2,6-二氯苯甲腈大，因此得到的聚合物的分子量也较大。不同的催化剂得到的间苯二酚型聚芳醚腈的分子量的大小规律为：钠盐>钾盐>锂盐。由于聚芳醚腈在NMP中的溶解性最好，因此用NMP合成的聚芳醚腈的分子量高于使用1,3-二甲基-2-咪唑啉酮(1,3-dimethyl-2-imidazolidinone，DMI)、DMAC等其他极性溶剂合成的聚芳醚腈。而最终的反应温度对聚芳醚腈的分子量具有很大的影响。因此，聚芳醚腈的合成过程中，最终的聚合反应温度要达到200℃，这对合成高分子量聚芳醚腈至关重要。

表1-2 不同的二卤苯甲腈对聚芳醚腈合成的影响

X	催化剂	特性黏度/(dL/g)
Cl	Na₂CO₃	1.10
Cl	K₂CO₃	0.50
F	Na₂CO₃	1.32
F	K₂CO₃	0.83
F	Li₂CO₃	<0.10

注：在NMP中200℃反应4h。

表1-3 不同的溶剂对聚芳醚腈合成的影响

溶剂	X	反应温度/℃	特性黏度/(dL/g)
NMP	Cl	200	1.10
NMP	F	200	1.32
DMI	Cl	210	0.92
DMAC	Cl	160	<0.10

注：催化剂为碳酸钠，反应4h。

表1-4 不同反应温度对聚芳醚腈合成的影响

X	反应温度/℃	特性黏度/(dL/g)
Cl	200	1.10
Cl	190	0.31
F	200	1.32
F	190	0.28

注：催化剂为碳酸钠，NMP中反应4h。

表1-5、表1-6列出了上述三种结晶型聚芳醚腈的热学性能和力学性能。其中，联苯二酚型聚芳醚腈的耐热性能及拉伸强度最为优异。

表1-5 不同结构结晶型聚芳醚腈的热学性能

二元酚	特性黏度/(dL/g)	T_g	T_m	T_d
RS	1.38	148	340	480
HQ	1.35	182	348	535
BP	1.68	216	347	556

表1-6 不同结构结晶型聚芳醚腈的力学性能

二元酚	拉伸强度/MPa	弹性模量/GPa	断裂伸长率/%
RS	137	4.4	9.4
HQ	150	3.9	3.5
BP	155	3.5	3.5

　　上述三种聚芳醚腈的结构较规整，具有很高的结晶度，所以溶解性较低，同时由于溶解度低，合成反应中原料与溶剂固含量较高时在聚合阶段固体容易析出，从而丧失了继续聚合的可能；而当原料与溶剂固含量低时，虽然防止了聚合物的突然析出，但是由于分子链段间的碰撞概率降低，不易获得超高分子量聚芳醚腈树脂。因此为解决此问题，我们开发了一系列聚芳醚腈共聚物。主要方法是通过调节对苯二酚、间苯二酚、联苯二酚之间的比例，获得具有较高溶解性、高分子量、高韧性、低加工温度以及具有一定结晶度的聚芳醚腈树脂。下面以间苯二酚与对苯二酚摩尔比为 1∶4 的聚芳醚腈(HQ/RS-PEN)为例予以介绍，结构如图 1-26 所示。

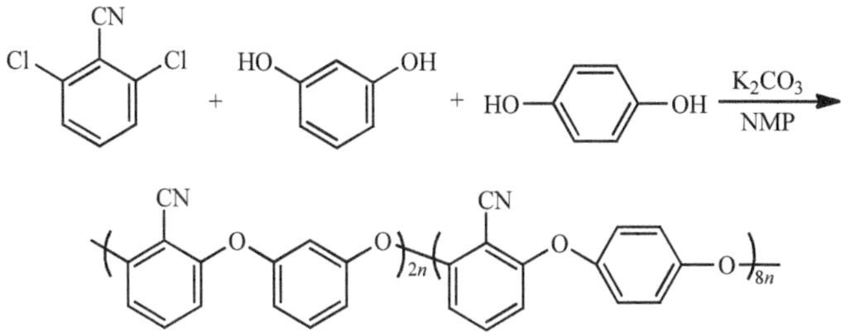

图 1-26　低结晶度聚芳醚腈共聚物的反应方程式

　　该聚芳醚腈的玻璃化转变温度为 170℃，冷结晶温度在 273℃左右，熔点为 313℃，氮气保护下的 5%热失重温度为 500℃。该聚合物溶解于 *N*-甲基吡咯烷酮中用流延法制备的薄膜，其刚性和韧性俱佳，同时颜色与聚酰亚胺薄膜接近，是一种应用价值更高的特种高分子。

　　表 1-7、表 1-8 为不同二元酚比例对聚芳醚腈热学性能和力学性能的影响。当对苯二酚与间苯二酚摩尔比为 60∶40 时，由于合成过程中的无规共聚，大大破坏了分子结构的规整性，以至于该聚芳醚腈不具有结晶能力。而当对苯二酚与间苯二酚摩尔比为 80∶20 时，该聚芳醚腈表现出了最优越的力学性能。

表 1-7　半结晶型共聚聚芳醚腈的热学性能

双酚单体	T_g/℃	T_p/℃	T_m/℃	$T_{5\%}$/℃
HQ/RS = 95∶5	172	—	327	449
HQ/RS = 80∶20	170	273	313	500
HQ/RS = 60∶40	166	—	—	498

表 1-8　半结晶型共聚聚芳醚腈的力学性能

双酚单体	拉伸强度/MPa	断裂伸长率/%	弹性模量/GPa
HQ/RS = 95∶5	145	7.1	4.2
HQ/RS = 80∶20	140	6.4	3.5
HQ/RS = 60∶40	110	5.5	3.3

1.3　小　　结

本章简要介绍了聚芳醚腈的合成方法，并对亲核取代反应机理进行了详细的阐述。聚芳醚腈的分子具有可设计性，通过结构调控，可得到一系列不同性能的聚芳醚腈。按微观排列情况，聚芳醚腈可分为无定形聚芳醚腈和结晶型聚芳醚腈。利用单种二元酚合成的结晶型聚芳醚腈虽具有更高的结晶度，但其分子量较低，溶解性不佳，因此常利用两种二元酚合成结晶型聚芳醚腈共聚物，以实现工业化生产及应用。

参 考 文 献

[1] Li C，Liu X B. Mechanical and thermal properties study of glass fiber reinforced polyarylene ether nitriles. Materials Letters，2007，61(11-12)：2239-2242.

[2] Mercer F W，Easteal A，Bruma M. Synthesis and properties of new alternating poly(aryl ether)copolymers containing cyano groups. Polymer，1997，38(3)：707-714.

[3] Lakshmana Rao V，Saxena A，Ninan K N. Poly(arylene ether nitriles). Journal of Macromolecular Science，Part C：Polymer Reviews，2002，42(4)：513-540.

[4] Saxena A，Sadhana R，Rao V L，et al. Synthesis and properties of polyarylene ether nitrile copolymers. Polymer Bulletin，2003，50(4)：219-226.

[5] Zhan Y Q，Meng F B，Yang X L，et al. Magnetite-graphene nanosheets(GNs)/poly(arylene ether nitrile)(PEN)：fabrication and characterization of a multifunctional nanocomposite film. Colloids and Surfaces A：Physicochemical and Engineering Aspects，2011，390(1-3)：112-119.

[6] 廖维林，章家立，崔国娣. 刚性聚芳醚腈合成与性能研究. 高分子学报，1998，1(3)：287-292.

[7] Verborgt J，Marvel C S. Aromatic polyethers，polysulfones，and polyketones as laminating resins. Journal of Polymer Science：Polymer Chemistry Edition，1973，11(1)：261-273.

[8] Sivaramakrishnan K P，Marvel C S. Aromatic polyethers，polysulfones，and polyketones as laminating resins. II. Journal of Polymer Science：Polymer Chemistry Edition，1974，12(3)：651-662.

[9] 徐曲，蔡明中，宋才生. 含氰基聚芳醚酮酮(PEEKK)的合成. 应用化学，2003，20(3)：238-241.

[10] Heath D，Wirth J. Process for making cyanoaryloxy polymers and products derived therefrom：U.S. Patent 3730946. 1973-05-01.

[11] Haddad I，Hurley S，Marvel C S. Poly(arylene sulfides)with pendant cyano groups as high-temperature laminating resins. Journal of Polymer Science：Polymer Chemistry Edition，1973，11(11)：2793-2811.

[12] Mohanty D K，Hedrick J L，Gobetz K，et al. Poly(arylene ether sulfones)and related materials via a potassium carbonate，N-methyl pyrrolidone process. Polymer Preprints，1982，23：284-286.

[13] Matsuo S，Murakami T，Takasawa R. Synthesis and properties of new crystalline poly(arylene ether nitriles). Journal of Polymer Science，Part A：Polymer Chemistry，1993，31(13)：3439-3446.

[14] 刘孝波，蒋启泰，唐安斌，等. 聚芳醚腈的合成与性能. 四川联合大学学报(工程科学版)，1997，1(6)：56-60.

[15] 唐安斌，蒋启泰，刘孝波，等. 聚芳醚腈砜的结构与热性能的研究. 中国塑料，1998，12(4)：16-21.

[16] 唐安斌, 蒋启泰, 刘孝波, 等. 聚芳醚腈砜的合成. 绝缘材料通讯, 1997, (3): 4-7.

[17] 张军华, 刘孝波, 米军, 等. 酚酞型聚芳醚腈的合成与性能. 塑料工业, 1997, 25(6): 63-65.

[18] 廖维林, 章家立, 崔国娣, 等. 间苯二酚-2,6-二氟苯甲腈-酚酞三元共聚合成及表征. 江西师范大学学报(自然科学版), 1998, 22(1): 48-52.

[19] 曾小君, 徐刚, 廖维林, 等. 核磁共振法测定酚酞聚芳醚腈的分子量. 高分子材料科学与工程, 2001, 17(4): 160-162.

[20] 徐刚. 酚酞型聚芳醚腈共聚物的合成及性能研究. 江西师范大学学报(自然科学版), 1999, 23(4): 352-355.

[21] 刘孝波, 张军华, 杨德娟, 等. 3,3′-二苯甲酰基双酚-S 及苯甲酰侧基聚芳醚腈的合成. 合成化学, 1998, 6(3): 223-225.

[22] 唐安斌, 罗鹏辉, 朱蓉琪, 等. 酚酞型聚芳醚腈砜的合成与性能研究. 化工新型材料, 1998, 26(11): 27-31.

[23] 唐安斌, 朱蓉琪, 蒋启泰, 等. 聚芳醚腈砜的研究. 绝缘材料通讯, 2000, (1): 9-12.

[24] 张军华, 米军, 刘孝波. 聚芳醚腈共聚物的合成与性能. 合成化学, 1999, 7(1): 42-46.

[25] 章家立, 黄晓东, 王卫. 酚酞改性聚芳醚腈的研究. 华东交通大学学报, 2004, 21(1): 140-142.

[26] Hlil A R, Meng Y, Hay A S, et al. Poly(arylene ether)s from new biphenols containing imidoarylene and dicyanoarylene moieties. Journal of Polymer Science, Part A: Polymer Chemistry, 2000, 38(8): 1318-1322.

第2章

聚芳醚腈的结晶行为与性能

通常高分子材料总是由众多个高分子链聚集在一起而形成，在聚集体中，分子链之间的排列与堆砌成为高分子的凝聚态结构，也称为聚集态结构或固态结构。高分子的链结构决定了高分子的基本性能特点，而高分子本体的性质会受到高分子凝聚态的直接制约。高分子的凝聚态包括非晶态、取向态、结晶态、液晶态等形态，这些形态通常是共存的，对材料的性能具有重大影响。在目前应用最广泛的高分子材料中，超过三分之一的种类可以结晶，结晶度和晶体形态是影响材料的热性能、力学性能、光电性能等特性的关键因素。高分子究竟以什么样的规则聚集在一起而形成晶体取决于内因和外因两个方面的作用。内因是高分子的链结构，它从根本上决定了高分子是否能形成结晶状态；外因是高分子材料的加工与成型过程以及其他外场作用、成核剂的引入、结晶温度等因素，它为实现高分子可能的结晶形态提供条件。

2.1　结晶型聚芳醚腈的研究方法

结晶型高分子聚合物的结构形貌分为微观结构形貌和宏观结构形貌。微观结构形貌指的是高分子聚合物在微观尺度上的聚集状态，如晶态、液晶态或无序态（液态），以及晶体尺寸、纳米尺度相分散的均匀程度等。高分子聚合物的微观结构状态决定了其宏观上的力学及其他物理性质，并进而限定了其应用场合和范围。宏观结构形貌是指在宏观或亚微观尺度上高分子聚合物表面、断面的形态，以及所含微孔（缺陷）的分布状况。观察固体聚合物表面、断面及内部的微相分离结构，微孔及缺欠的分布，晶体尺寸、性状及分布，以及纳米尺度相分散的均匀程度等形貌特点，将为我们改进聚合物的加工制备条件、共混组分的选择、材料性能的优化提供数据。晶体中高分子链的构象及其排布决定了高分子结晶的晶型，反映的是结晶的微观结构。因结晶的外部条件改变，高分子晶体的宏观或亚微观形态有差异。常见聚合物晶体形态：球晶、树枝状晶、单晶、伸直链晶、纤维晶、串晶、柱状晶等。高分子聚合物结构形貌的表征方法主要有：

1. X 射线衍射

利用 X 射线的广角或小角度衍射可以获取高分子聚合物的晶态和液晶态组织结构信息。

2. 扫描电镜

扫描电子显微镜(SEM)，简称扫描电镜，用电子束扫描聚合物表面或断面，在阴极射线管(CRT)上产生被测物表面的影像。对导电性样品，可用导电胶将其粘在铜或铝的样品座上，直接观察测量其表面；对绝缘性样品，需要事先对其表面喷镀导电层(金、银或炭)。

用 SEM 可以观察聚合物表面形态、聚合物多相体系填充体系表面的相分离尺寸及相分离图案形状、聚合物断面的断裂特征、纳米材料断面中纳米尺度分散相的尺寸及均匀程度等有关信息。

3. 透射电镜

透射电子显微镜(TEM)，简称透射电镜，可以用来表征聚合物内部结构的形貌。将待测聚合物样品分别用悬浮液法、喷物法、超声波分散法等方法均匀分散到样品支撑膜表面制膜；或用超薄切片机将高分子聚合物的固态样品切成 50nm 薄的试样。把制备好的试样置于透射电镜的样品托架上，用 TEM 可观察样品的结构。利用 TEM 可以观测高分子聚合物的晶体结构、形状、结晶相的分布。高分辨率透射电子显微镜可以观察到高分子聚合物晶的晶体缺陷。

4. 原子力显微镜

原子力显微镜(AFM)使用微小探针扫描被测高分子聚合物的表面。当探针尖接近样品时，探针尖端受样品分子的范德瓦耳斯力推动产生变形。因分子种类、结构的不同，范德瓦耳斯力的大小也不同，探针在不同部位的变形量也随之变化，从而"观察"到聚合物表面的形貌。由于原子力显微镜探针对聚合物表面的扫描是三维扫描，因此可以得到高分子聚合物表面的三维形貌。

原子力显微镜可以观察聚合物表面的形貌，高分子链的构象，高分子链堆砌的有序情况和取向情况，纳米结构中相分离尺寸的大小和均匀程度，晶体结构、形状，结晶形成过程等信息。

5. 扫描隧道显微镜

同原子力显微镜类似，扫描隧道显微镜(STM)也是利用微小探针对被测导电聚合物的表面进行扫描，当探针和导电聚合物的分子接近时，在外电场作用下，将在导电聚合物和探针之间，产生微弱的"隧道电流"。因此测量"隧道电流"的发生点在聚合物表面的分布情况，可以"观察"到导电聚合物表面的形貌信息。

扫描隧道显微镜可以获取高分子聚合物的表面形貌，高分子链的构象，高分子链堆砌的有序情况和取向情况，纳米结构中相分离尺寸的大小和均匀程度，晶体结构、形状等。与原子力显微镜相比，扫描隧道显微镜只能用于导电性聚合物表面的观察。

6. 偏光显微镜

利用高分子液晶材料的光学性质特点，可以用偏光显微镜(PLM)观测不同高分子液晶，由液晶的织构图像定性判断高分子液晶的类型。

7. 光学显微镜

金相显微镜可以观测高分子聚合物表面的亚微观结构，确定高分子聚合物内的微小缺陷。体视光学显微镜通常被用于观测高分子聚合物表面、断面的结构特征，为优化生产过程，进行损伤失效分析提供重要的信息。

使用体视光学显微镜时需要注意在取样时不得将进一步的损伤引入受观测的样品。使用金相显微镜时，受测样品需要首先在模具中固定，然后用树脂浇铸成圆柱形试样。圆柱的底面为受测面。受测面在打磨、抛光成镜面后放置于金相显微镜上。高分子聚合物亚微观结构形貌的清晰度取决于受测面抛光的质量。

2.1.1 典型聚芳醚腈的结晶形态

图 2-1 为间苯二酚型聚芳醚腈在 260℃ 等温结晶 2h 的偏光显微照片，从图中可以看出其偏光照片中具有明显的黑十字消光现象，此现象是聚合物球晶的双折射性质和径向光学对称性的反映，以此判定聚芳醚腈的晶型为球晶。

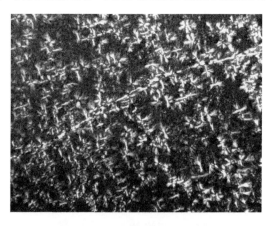

图 2-1   聚芳醚腈的偏光显微照片

图 2-2、图 2-3 为联苯间苯共聚型聚芳醚腈流延膜的晶体形貌，由于其退火结晶过程比较缓慢，其生成的球晶尺寸较小，对薄膜力学性能具有明显的增强效果，同时可增加薄膜的热稳定性。其工艺路线同时适用于熔融挤出膜的退火结晶过程，因此对 PEN 的加工工艺具有重要指导作用。

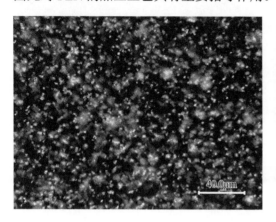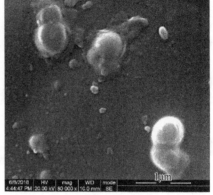

图 2-2　PEN 薄膜在 280℃退火处理后的偏光照片　　图 2-3　聚芳醚腈在 280℃退火处理后的 SEM 图

相比于 PEN 样品的退火结晶处理，溶液状态的 PEN 在受限条件下直接加热蒸发掉溶剂可获得结晶 PEN，在溶剂挥发过程中，过饱和的聚芳醚腈溶液中的聚芳醚腈链的链节规整排列并折叠形成片晶，片晶在溶剂的剪切作用下堆砌，获得的 PEN 晶体尺寸大，在平行板受限空间内（微米级宽度）可形成圆盘（圆柱）状晶体，其结构与球晶相似，在受限空间内，其有两个方向的生长受到阻碍，导致形成这种圆盘（圆柱）状晶体（图 2-4）。通过控制升温速率或者恒温温度及时间来控制溶剂挥发速度，可获得不同直径的晶体。而且在适宜的溶剂挥发速度下，可获得如图 2-4(b)所示在偏光显微镜下呈环带型的晶体。这里环带结构是由于片晶的扭曲取向而形成的，溶剂的挥发使受限空间内的溶液发生流动，在较高的流速下，片晶的两个折叠面之间会产生较大的应力，从而导致片晶的扭曲。

2.1.2　聚芳醚腈的结晶动力学分析

聚合物结晶过程主要分为两步：成核过程和生长过程。成核过程有两种常见成核机理：①均相成核，由高分子链聚集而成，需要一定的过冷度；②异相成核，由基体中杂质引起，通常在实际结晶中出现较多。生长过程是高分子链扩散到晶核或晶体表面进行生长的过程，可以在原有晶体表面进行扩张生长，也可以在原有晶体表面重新形成新的晶核而生长。在表征高分子本体结晶动力学方面，Avrami 动

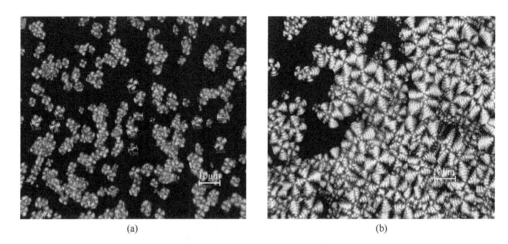

(a)   (b)

图 2-4   PEN 溶液结晶不同处理条件下的 PLM 图

(a)升温较快，溶剂快速剪切；(b)缓慢升温剪切

力学分析是使用最为广泛的方法之一。它研究的是等温条件下聚合物的结晶动力学，遵循经典的由 Lauritzen 和 Hoffman 提出的 LH 理论的成核生长机理[1-4]。

图 2-5 为 PEN 在不同温度的等温熔融结晶曲线。很明显，根据放热结晶峰起始时间可知随着等温结晶温度的提高，结晶诱导时间将增加，这是因为温度越高，晶核的形成越困难。所有的结晶曲线都呈现为单一的结晶峰，但峰的形状，特别是在结晶温度较高时并不是完美的对称形状，表明在结晶过程中存在二次结晶行为[1]。此外，结晶温度越高，结晶峰的宽度越大。

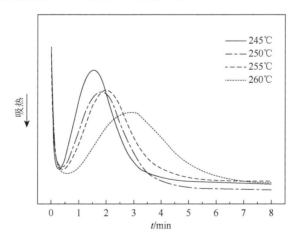

图 2-5   PEN 在不同温度的等温熔融结晶曲线

为了进一步分析结晶度随时间变化的演变，使用相对结晶度 X_t 这一概念来进行评估，它的表达式[5]为

$$X_t = \frac{\int_0^t \frac{\mathrm{d}H}{\mathrm{d}t}\mathrm{d}t}{\int_0^\infty \frac{\mathrm{d}H}{\mathrm{d}t}\mathrm{d}t} \tag{2-1}$$

式中，分子部分的积分表示在结晶进行到时间 t 时刻产生的热焓；分母部分的积分为整个结晶过程产生的热焓，它们都是通过对 DSC 曲线积分获得[6]。这个结果如图 2-6(b) 所示，它描述了 X_t 和结晶时间 t 的关系，熔融结晶温度较高的 PEN 样品需要更长的时间来完成结晶，结晶温度的增加会使结晶速率降低。因为结晶时温度越高成核越困难，但分子链易扩散，晶体生长容易，熔融结晶的成核过程成为控制结晶速率的关键[7]。图 2-6(a) 为 PEN 的不同温度等温冷结晶曲线。但与等温熔融结晶不同的是，等温冷结晶的结晶温度越高，结晶峰的宽度越窄。将结晶曲线转换为 X_t-t 曲线，结果如图 2-6(b) 所示，较高的冷结晶温度使得结晶在更短的时间内完成，结晶温度的增加会使结晶速率增加。因为结晶时温度越低成核越容易，但分子链不易扩散，晶核形成后晶体生长困难，晶体生长过程成为控制冷结晶的结晶速率的关键[6]。

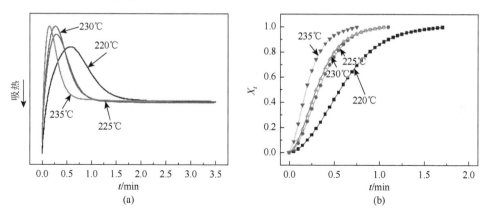

图 2-6　PEN 在不同温度的等温冷结晶曲线(a)以及相对结晶度 X_t 随 t 的演变(b)

所有的样品等温结晶后直接以 10℃/min 的扫描速率升温到 370℃。图 2-7(a) 为 PEN 样品等温熔融结晶后的熔融曲线，可以明显地看到，每条熔融曲线有两个吸热熔融峰，并且在两个吸热熔融峰之间有一个小的放热峰。随着温度的增加，第一个熔融峰及放热峰值更加明显。这表明，样品在结晶过程中确实存在二次结晶，结晶温度越高，越有利于发生二次结晶。第一个熔融峰就是由样品的二次结晶所生成的晶体熔化而形成的。对于放热峰，这可能是由不完善晶体的进一步结晶或二次结晶产生的晶体熔化后再结晶导致的[1, 8]。与 PEN 的等温熔融结晶后熔化行为不同的是，等温冷结晶后样品的每条熔融曲线中只有一个吸热熔融峰，如图 2-7(b) 所示。小放热峰仍出现在 220℃ 和 225℃ 的冷结晶后熔融曲线中，但在

230℃和235℃冷结晶后熔融曲线中没有观察到，表明二次结晶发生在等温冷结晶220℃和225℃，但230℃和235℃时未明显发生。所以，很明显等温冷结晶时温度越低，越有利于二次结晶和二次结晶晶体的熔融再结晶发生。等温熔融和冷结晶后 PEN 样品的熔融温度(T_{m})分别在327~329℃和330~333℃，并且都随着结晶温度的升高而增加，但增加程度非常小。对于同一种高分子，晶体的厚度越大，熔点越高，这一结果表明结晶温度对晶体的厚度有影响，但不是很明显。

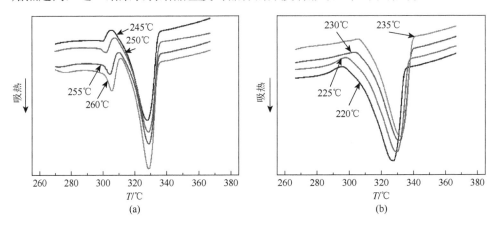

图 2-7　等温熔融结晶(a)和等温冷结晶(b)后 PEN 的熔融曲线(扫描速率 10℃/min)

此外，还有另一个现象是不能忽视的，在图 2-7(a)和(b)中熔融峰都随着结晶温度的增加而变尖锐。熔融峰形状越尖锐，表明微晶尺寸分布越均一；高分子材料晶体的完善程度和最大结晶度都受到分子链流动性的影响，温度越高，分子链流动性越好，越有利于晶体的生长。

运用 Avrami 方程，对聚芳醚腈的等温结晶动力学进行了分析，其具体数据列于表 2-1。

表 2-1　PEN 等温熔融和冷结晶参数

	$T_{\mathrm{c}}/℃$	Avrami 指数 n	结晶速率常数 K/min^{-1}	$t_{1/2}/\mathrm{min}$
等温熔融结晶	245	1.91	0.359	1.41
	250	1.92	0.288	1.58
	255	1.97	0.259	1.65
	260	1.83	0.149	2.32
等温冷结晶	220	1.82	0.282	1.63
	225	1.63	0.684	1.01
	230	1.78	0.691	1
	235	1.51	0.998	0.79

注：$t_{1/2} = (\ln 2/K)^{1/n}$，$t_{1/2}$ 为半结晶时间，即结晶程度完成 50% 所用时间。

运用 Arrhenius 方程对聚芳醚腈的等温熔融结晶和冷结晶活化能进行分析，如式(2-2)所示：

$$\frac{1}{n}\ln K = \ln K_0 - \frac{\Delta E}{RT_c}\qquad(2\text{-}2)$$

式中，ΔE 为结晶活化能；K_0 为不依赖于温度的常数；R 为摩尔气体常数；K 为结晶速率常数。

等温熔融结晶和冷结晶过程的活化能的值分别由图 2-8(a)、(b)计算出为 18.223kJ/mol 和 18.127kJ/mol。两者结果非常接近，大大低于 Cebe 等[6]计算出的 PEEK 的等温熔融结晶活化能 284.24kJ/mol，等温冷结晶活化能 217.36kJ/mol。所以，PEN 与 PEEK 虽然性能相近，但是两者的结晶对于结晶温度的依赖性不同，PEN 对结晶温度的依赖性更小。

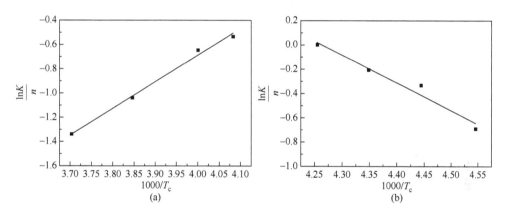

图 2-8　等温熔融结晶(a)和等温冷结晶(b)的 $\dfrac{\ln K}{n}$ 随 $1000/T_c$ 演变曲线

间苯二酚型聚芳醚腈的广角 X 射线衍射分析(WAXD)如图 2-9 所示，可以观察到在衍射角为 16.7°、22.4°、24.6°、26.9°存在明显的衍射峰，分别对应聚芳醚腈的(110)、(200)、(112)、(211)晶面。与此同时，表明间苯二酚型聚芳醚腈具有良好的结晶性。廖维林通过 WAXD 图谱上 2θ 角所对应的衍射峰将半结晶型间苯二酚型聚芳醚腈与半结晶型聚醚醚酮进行比较，初步认为聚芳醚腈属于正交晶系，并利用最小二乘法计算出了聚芳醚腈高聚物的晶胞参数，列于表 2-2 中。此外，科研工作者还对半结晶型聚芳醚腈的等温熔融结晶、冷结晶动力学进行了研究。根据理论计算得到冷结晶过程主结晶阶段晶体是三维生长的，这也与前文中聚芳醚腈的晶体形貌为球晶相符。

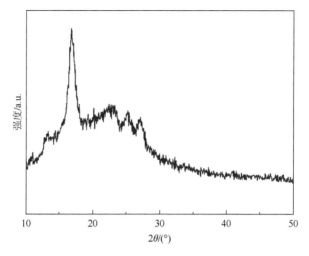

图 2-9　间苯二酚型聚芳醚腈的 WAXD 图谱

表 2-2　聚芳醚腈与聚醚醚酮的晶胞参数对比

样品	2θ/(°)	晶面指数			晶格参数/nm	晶胞体积/nm³
		h	k	l		
聚醚醚酮	18.66	1	1	0	$a = 0.7807$ $b = 0.6002$ $c = 0.9976$	0.4675
	20.60	1	1	1		
	22.72	2	0	0		
	28.69	2	1	1		
聚芳醚腈	16.70	1	1	0	$a = 0.7933$ $b = 0.6956$ $c = 0.8094$	0.4466
	20.20	1	1	1		
	22.40	2	0	0		
	24.60	1	1	2		
	26.85	2	1	1		

2.1.3　结晶型聚芳醚腈的结构与性能关系

　　通常高分子材料结晶度对力学性能的影响由非结晶区所处的状态决定。当非结晶区处于玻璃态时(材料温度在玻璃化转变温度以下)，结晶度提高，材料的脆性增大,拉伸强度、断裂伸长率和冲击强度都会下降;当非结晶区处于高弹态时(材料温度处于玻璃化转变温度以上,熔点以下)，结晶度提高，材料的硬度和拉伸强度都会随之增加。材料的性能还与晶体尺寸和分布有关，结晶度相同的情况下，晶体尺寸越大，脆性越大，力学性能越差。晶体尺寸越小，分布越均匀，则力学性能越好。

无定形高分子材料作为塑料使用时其使用温度上限是材料的玻璃化转变温度。但对于结晶型高分子材料，当结晶度达到 40% 以上时，结晶区就能成为贯穿整个材料的连续相。这样，即使温度高于材料的玻璃化转变温度，非结晶区的分子链段由于被晶格所束缚，仍然不能运动。所以它的使用温度可以大幅提高，而且结晶度越大，材料耐热性越好，使用温度极限理论上可以提高到晶体的熔融温度。作为一种热塑性工程塑料，半结晶型聚芳醚腈由于其优异的性能可以被广泛用作结构材料。不同结构的半结晶型聚芳醚腈的玻璃化转变温度(T_g)可以在 148～216℃之间，熔融温度(T_m)可以从 300℃到超过 360℃，高 T_g 值和 T_m 值也赋予了半结晶型聚芳醚腈低可燃性，并保证在燃烧期间聚芳醚腈只释放低量的烟和有毒气体。由于其刚性主链，聚芳醚腈有着优异的耐高温性能，连续使用温度可以高达 225℃以上。

此外，随着结晶度增加，分子链排列变紧密，材料密度增加，孔隙率下降，对气体和溶液的渗透性下降，同时聚芳醚腈的耐溶剂性能提高，溶解性和透光性下降。半结晶型聚芳醚腈在常温下基本不溶于常用溶剂，在浓硫酸溶液中发生溶胀，但是聚芳醚腈可以溶解在 60℃的苯酚溶液中，也可在 195℃以上溶解于 NMP 中。

2.2　成核剂对聚芳醚腈结晶行为的影响

成核剂是指能够改变部分结晶行为，提高制品透明度、刚性、表面光泽度、抗冲击韧性和热变形温度，缩短制品成型周期，提高制品加工和应用性能的功能性化学助剂。

成核剂作为聚合物的改性助剂，其作用机理主要是：在熔融状态下，由于成核剂提供所需的晶核，聚合物由原来的均相成核转变成异相成核，从而加速了结晶速度，使晶粒结构细化，并有利于提高产品的刚性，缩短成型周期，保持最终产品的尺寸稳定性，改善聚合物的物理机械性能，如刚度、模量等。此外，由于结晶聚合物都存在晶区和非晶区两相，可见光在两相界面发生双折射，不能直接透过，因此一般的结晶聚合物都是不透明的，而加入成核剂后，由于结晶尺寸变小，光透过的可能性增加，高聚物的透明性和表面光泽得到改善。成核剂主要可分为无机成核剂、有机成核剂。无机成核剂主要有滑石粉、碳酸钙、二氧化硅、明矾、二氧化钛、氧化钙、氧化镁、炭黑、云母等。有机成核剂克服了无机成核剂透明性和光泽度差的问题，并能显著提高产品的加工性能。它们一般是低分子量的有机化合物，主要有脂肪羧酸金属化合物、山梨醇苄叉衍生物、芳香族羧酸金属化合物、有机磷酸盐和木质酸及其衍生物类、苯甲酸钠和双(对叔丁基苯甲酸)羧基铝等。不同成核剂的成核速度是不同的,因此,产品在性能上的提高也有差异。此外,不恰当使用成核剂也会引起树脂在其他方面的缺陷。

半结晶型聚芳醚腈较低的结晶速率、低的结晶度及材料固有的脆性限制了其进一步实际应用。向半结晶型聚芳醚腈基体中加入成核剂是一种有效改善其结晶的方法。研究表明,一种成核剂并不能适用于所有的高分子材料,只有其能被所在的基体高分子材料浸润时才能起到成核作用而发生异相成核,所以成核剂与熔体之间需要有特殊的相互作用[9-12]。如果这种相互作用弱,则结晶过程中晶核数目开始时随时间增加,然后保持恒量,成核作用需要一个诱导期,可观察到微晶尺寸分布;若这种相互作用很强,晶核立刻形成,并且在整个结晶过程中晶核数目维持恒量,生成的微晶尺寸均匀[10, 12]。

2.2.1   成核剂对结晶动力学的影响

Wang 等[13]以间苯二酚型聚芳醚腈基体树脂,研究了多巴胺表面功能化的氮化硼[h-BN@(PDA + PEI)①]对聚芳醚腈结晶行为的影响,发现 2wt%(质量分数)的改性氮化硼能显著降低 HQ/RS-PEN 的冷结晶温度,纯聚芳醚腈的结晶活化能也从 359.7kJ/mol 降至 292.8kJ/mol,且聚芳醚腈的结晶速率提高。此外,聚芳醚腈的成核密度显著增加,晶体尺寸减小。在这项研究中,通过 Avrami 非等温结晶动力学方程对改性氮化硼/聚芳醚腈纳米复合材料进行了研究,其表达式如式(2-3)所示:

$$1 - X_t = \exp(-K_t t^n) \tag{2-3}$$

为便于后面的数据分析,式(2-3)可以采用双对数形式:

$$\ln[-\ln(1 - X_t)] = \ln K_t + n \ln t \tag{2-4}$$

式中, X_t 是相对结晶度,表达式见式(2-1); K_t 是结晶速率常数,取决于成核和生长率; n 是 Avrami 指数,取决于晶体的成核和生长的几何维数。对于不同的晶体维数, n 的值是 1 到 4 之间的一个整数。但实际上 n 通常是非整数,这是因为随着晶体的长大,在结晶后期,晶体间距离减小,晶体相互碰撞概率增大,结晶由快速结晶阶段变成慢速结晶阶段,因而不再按 Avrami 模型线性增长,所以会出现偏离 Avrami 方程的现象,此时一般将数据做近似处理。此外, K_t 可以通过方程式(2-5)进一步修正(K_c), β 代表冷却速率或加热速率。

$$\ln K_c = \frac{\ln K_t}{\beta} \tag{2-5}$$

---

① h-BN:六方氮化硼;PDA:聚多巴胺;PEI:聚乙烯亚胺。

图 2-10(a)和(b)对比了纯聚芳醚腈和 2wt%功能化的氮化硼/聚芳醚腈纳米复合材料在不同加热速率下的 DSC 冷结晶曲线图，详细结晶参数总结在表 2-3 中。通过图 2-10 可以发现，所有 DSC 曲线都具有一个冷结晶峰，且聚芳醚腈冷结晶温度(T_p)的范围在 258.5～278.9℃。随着加热速率的增加，聚芳醚腈的冷结晶温度朝着高温方向移动，这主要是加热速率的增加导致聚芳醚腈的成核和晶体生长时间减少。同时，改性氮化硼的添加，有效地降低了聚芳醚腈的冷结晶温度及形成更尖锐的冷结晶峰。

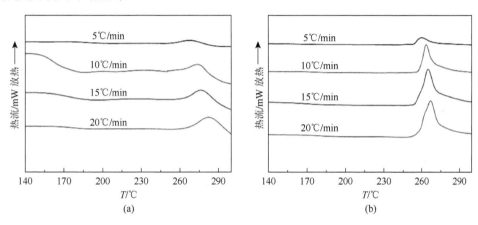

图 2-10　加热速率对纯聚芳醚腈(a)和 2wt%功能化的氮化硼/聚芳醚腈纳米复合材料(b)冷结晶温度的影响

表 2-3　功能化氮化硼/聚芳醚腈纳米复合材料的非等温结晶动力学参数

样品	$\beta/(℃/min)$	n	$\ln K_t$	$\ln K_c$	K_c	$T_p/℃$	$E_a/(kJ/mol)$
0wt%	5	2.23	−3.14	−0.628	0.534	269.4	
	10	2.18	−2.346	−0.235	0.791	273.5	
	15	2.29	−2.295	−0.153	0.858	275.7	359.66
	20	2.22	−1.56	−0.078	0.925	278.9	
0.5wt%	5	2.38	−2.582	−0.516	0.597	263.5	
	10	2.27	−1.155	−0.116	0.89	268.3	
	15	2.42	−0.616	−0.041	0.96	270.9	340.81
	20	2.23	0.015	0.001	1	273.3	
1wt%	5	2.61	−2.008	−0.402	0.669	259.8	
	10	2.57	−1.156	−0.116	0.891	265	
	15	2.56	−0.183	−0.012	0.988	268.1	333.93
	20	2.25	1.499	0.075	1.078	269.2	

续表

样品	$\beta/(℃/min)$	n	$\ln K_t$	$\ln K_c$	K_c	$T_p/℃$	$E_a/(kJ/mol)$
2wt%	5	3.31	−1.363	−0.273	0.761	258.5	
	10	3.15	−0.518	−0.052	0.949	262.9	
	15	2.62	1.019	0.068	1.07	264.3	292.84
	20	2.48	2.073	0.124	1.132	266.2	
3wt%	5	2.15	−1.829	−0.366	0.694	263.1	
	10	2.34	−0.917	−0.092	0.912	268.6	
	15	2.21	−0.136	−0.009	0.99	270.5	355.98
	20	2.06	0.336	0.017	1.017	272.3	

图 2-11(a)和(b)对比了纯聚芳醚腈和 2wt%功能化的氮化硼/聚芳醚腈纳米复合材料的相对结晶度曲线，两条曲线都呈现 S 形，这与 PEN 的成核和晶体生长过

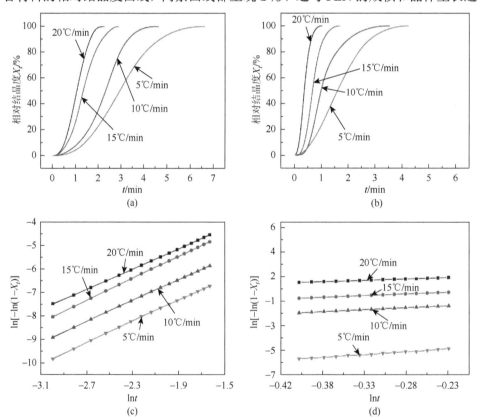

图 2-11   相对结晶度曲线：(a)纯聚芳醚腈；(b)2wt%功能化的氮化硼/聚芳醚腈纳米复合材料。
Avrami 曲线：(c)纯聚芳醚腈；(d)2wt%功能化的氮化硼/聚芳醚腈纳米复合材料

程保持一致。同时，可以发现添加改性的氮化硼可显著降低聚芳醚腈的结晶时间。图 2-11(c) 和 (d) 分别显示了纯聚芳醚腈和 2wt%功能化的氮化硼/聚芳醚腈纳米复合材料 $\ln[-\ln(1-X_t)]$ 随 $\ln t$ 演变曲线。通过计算曲线的截距和斜率成功地获得了 $\ln K_t$ 和指数 n。从表 2-3 中可以看出，纯聚芳醚腈的 Avrami 指数 n 值约为 2，因为纯聚芳醚腈的成核能垒较高，在初级成核过程中仅有一小部分球晶由片晶折叠生成，所以纯聚芳醚腈的晶体生长维数主要为二维。然而，改性氮化硼的引入明显提高了 Avrami 指数 n。例如，当加热速率为 5℃/min 时，当改性氮化硼的含量从 0wt%增加到 2wt%时，指数 n 从 2.23 明显增加到 3.31。这证明了聚芳醚腈中引入氮化硼后晶体生长为三维生长，此外，改性氮化硼的引入也提高了聚芳醚腈的结晶速率，这表明了改性氮化硼优异的异相成核能力。

此外，聚合物结晶活化能(E_a)可以通过 Kissinger 法计算，结晶活化能数据列于表 2-3 中。从图 2-12 可以发现纯聚芳醚腈的结晶活化能为 359.66kJ/mol（由斜率可得），然而引入 2wt%功能化的氮化硼后，聚芳醚腈的结晶活化能(E_a) 有效地降低至 292.84kJ/mol。这是由于氮化硼作为纯聚芳醚腈基体的成核表面，可降低晶体的折叠表面自由能和成核活化能，使聚芳醚腈结晶更加容易。

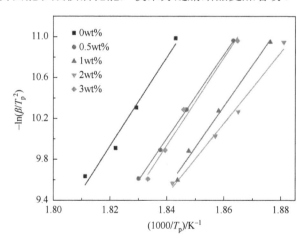

图 2-12　不同含量功能化氮化硼/聚芳醚腈纳米复合材料结晶活化能图

我们通过 WAXD 研究了不同含量改性氮化硼/聚芳醚腈纳米复合薄膜的结晶度和晶体结构，如图 2-13 所示。可以注意到改性氮化硼的引入并未改变聚芳醚腈衍射峰的位置($2\theta = 18.8°$，$26.6°$)，证明改性 h-BN 的添加不会改变聚芳醚腈的晶体结构。随着改性氮化硼含量的增加，聚芳醚腈衍射峰先变强后变弱。可以发现纯聚芳醚腈的结晶度为 6.56%，然而引入 2wt%功能化的氮化硼后，聚芳醚腈的结晶度增至最大 14.90%。当改性氮化硼的含量增加至 3wt%时，部分纳米填料阻碍了分子链段的运动，这在一定程度上导致结晶度降低。该结果与 DSC 分析结果一致，表明微量的功能化的氮化硼可明显增强聚芳醚腈的结晶度。

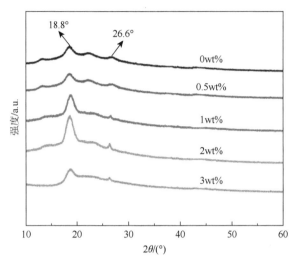

图 2-13 功能化氮化硼/聚芳醚腈纳米复合材料 WAXD 图

为了探索功能化氮化硼对聚芳醚腈晶体尺寸的影响，我们研究了改性氮化硼/聚芳醚腈纳米复合薄膜在 260℃等温结晶 2h 后的 SEM 图。如图 2-14 所示，纯聚芳醚腈的平均球晶直径大约为 2.5μm。然而，改性氮化硼的引入使得球晶密度增大且球晶尺寸减小，当改性氮化硼的含量为 2wt%时，这种现象最为明显，此时聚芳醚腈的平均球晶尺寸降至 0.5μm 左右。这表明改性氮化硼极大地改善了 PEN 的异质初级成核能力。首先，氮化硼较大的成核表面降低了聚芳醚腈在初级成核过程中的成核能垒，然后改性氮化硼表面大量的极性基团与聚芳醚腈基体可发生氢键相互作用，进一步增强高分子基体与纳米粒子之间的相互作用力。以上实验数据表明，改性氮化硼可作为一种以聚芳醚腈为基体的有效成核剂。

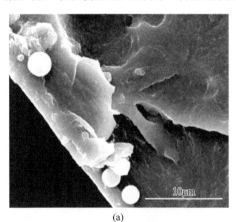

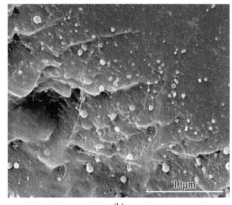

(a)   (b)

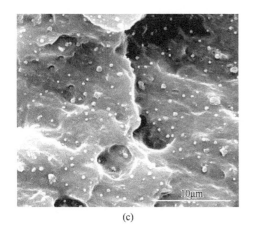 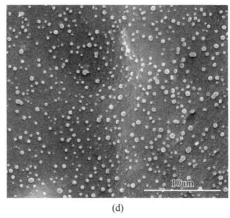

(c)　　　　　　　　　　　　　　　　　(d)

图 2-14　不同含量的功能化氮化硼/聚芳醚腈纳米复合材料在 260℃下等温结晶
2h 后的刻蚀 SEM 图

(a) 0wt%；(b) 0.5wt%；(c) 1wt%；(d) 2wt%

2.2.2　成核剂对结晶过程的影响

杨伟[14]以联苯二酚为基体树脂，研究了碳纳米管对联苯二酚型聚芳醚腈结晶的成核作用。图 2-15(a) 和 (b) 分别为 F-MWNT[①]/PEN 和 MWNT/PEN 复合材料的 DSC 曲线。对于 F-MWNT/PEN，F-MWNT 刚加入时 (含 MWNT 0.1%) 复合材料晶体的熔融峰减小，MWNT 含量 0.3%时熔融峰开始增大，并在 0.5%时达到最大值，之后迅速减小。而 MWNT/PEN，MWNT 含量小于 0.3%时，材料的熔融峰随含量增加而减小，0.5%时熔融峰开始增大，含量 1%时熔融峰与纯 PEN 接近。F-MWNT 或 MWNT 进入 PEN 基体时同时引入了两种竞争性作用。第一种是 F-MWNT 或 MWNT 与 PEN 分子链相互作用，阻碍了分子链运动，妨碍分子链段进行规整有序排列，从而起到降低聚合物结晶度的作用；第二种是 F-MWNT 或 MWNT 作为成核剂存在，为 PEN 引入异相成核作用，诱导 PEN 分子链的结晶，从而提高聚合物结晶度。当 F-MWNT 或 MWNT 含量较低时，阻碍分子链运动和破坏分子链段规整排列的作用占据主导地位，因此结晶度会降低；随着含量进一步提高，异相成核效果起主导作用，因此 PEN 的结晶度呈现增加趋势；当 F-MWNT 的添加量超过异相成核所需的最大值后第一种作用增强，所以结晶度达到最大值后材料结晶度开始下降。同时，两种材料的熔程与结晶度成反比，结晶度越大，熔程越短；结晶度越小，熔程越大。除了 0.5%的 F-MWNT/PEN 曲线只有一个较为尖锐的熔融峰以外，F-MWNT/PEN 的其他曲线和 MWNT/PEN 的所有曲线都呈现出两个熔融峰。这表明 0.5%的 F-MWNT/PEN 中只有一种晶体，且晶体尺寸较

---

① MWNT：多壁碳纳米管；F-MWNT：填充型多壁碳纳米管。

为均一，其他组分的材料晶体尺寸不均一，甚至可能存在两种晶体。

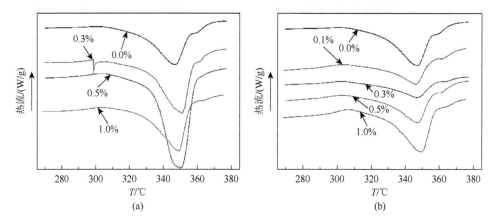

图 2-15   F-MWNT/PEN 和 MWNT/PEN 复合材料的 DSC 曲线

此外，两种复合材料中晶体的熔点都随着 MWNT 含量的增加而有所提高。

高分子不含成核剂而均相成核结晶时，晶体厚度越大则熔点越高[15]，然而两种复合材料的熔点都与结晶度变化规律不相符，所以熔点的提高很可能是由于 MWNT 对 PEN 分子链运动的阻碍引起的[16-18]。图 2-16 为不同 MWNT 含量 F-MWNT/PEN 与 MWNT/PEN 的熔融焓对比图，很明显含量 1% 以下时，F-MWNT/PEN 材料的熔融焓总是大于 MWNT/PEN 的，特别是在 0.5% 时，F-MWNT/PEN 的熔融焓为 41.13J/g，是纯 PEN（15.39J/g）的约 2.7 倍，为 MWNT/PEN（10.44J/g）的近 4 倍。所以 F-MWNT 比 MWNT 的成核效果更优异，能以更低的含量大幅度地提高 PEN 的结晶度。

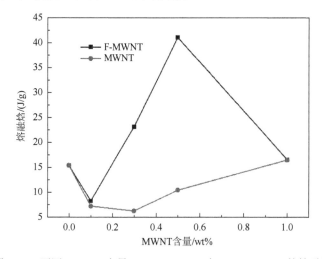

图 2-16   不同 MWNT 含量 F-MWNT/PEN 与 MWNT/PEN 的熔融焓

图 2-17(a)为纯 PEN 基体的晶体形貌,与绝大多数高分子材料一样,纯 PEN 在自然结晶条件下生成的晶体主要是球晶。从图中可以看出,完整的球晶直径约为 6μm,然而还有很多球晶不完整,分布不均匀,部分仍处于生长阶段。晶体尺寸不均一是造成材料熔程大、力学性能不佳的重要原因。图 2-17(b) 为 F-MWNT/PEN 含 0.5% MWNT 的晶体形貌。F-MWNT 的加入完全改变了 PEN 的晶体形态,材料中球晶已经不存在了,PEN 晶体都沿着 F-MWNT 外表面附生增长将 F-MWNT 完全包覆起来,晶体表面光滑,没有呈现出特殊形貌,且晶体在基体中分布比较均匀。纯 MWNT 的外径在 30~50nm,而图中晶体直径在 710~1140nm,也就是 F-MWNT 表面 PEN 晶体厚度为 330~555nm,比较均一。对于结晶型高分子材料,晶体尺寸越均一,分布越均匀,材料的力学性能越好。

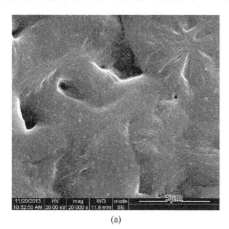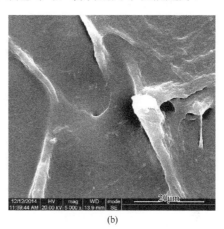

(a)　　　　　　　　　　　　　　(b)

图 2-17　纯 PEN(a) 和 F-MWNT/PEN(含 0.5% MWNT) (b) 的晶体 SEM 图

2.3　热拉伸对聚芳醚腈结晶性的影响

除了上面所说的成核剂能提高聚芳醚腈的结晶性能以外,通过热拉伸等物理手段,也能提高聚芳醚腈的结晶行为及宏观性能。一些研究团队利用热拉伸的方法来改善纳米纤维的分子取向、力学性能和结晶性能[19, 20],本书以联苯型聚芳醚腈为例,利用热拉伸来提高聚芳醚腈的结晶性能及力学性能。

图 2-18 为联苯型聚芳醚腈(BP-PEN)在不同温度下进行不同拉伸倍率的力学性能图。由图可看出,每个温度下,随着 BP-PEN 薄膜拉伸倍率的增加,其力学强度明显增大,以 280℃为例,从热拉伸前 121.5MPa 增加到拉伸倍率为 200%后的 451.5MPa,由此可见,热拉伸倍率的不同对力学强度的影响比较明显,这是由于在热拉伸过程中,高分子链规整度提高,薄膜随着应力拉伸方向有一个明显的取向。

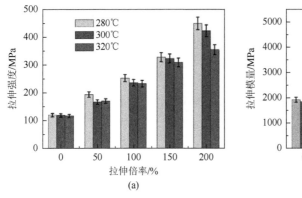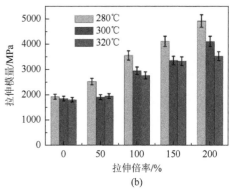

图 2-18　联苯型聚芳醚腈(BP-PEN)在不同温度下进行不同拉伸倍率的力学性能

以 280℃不同拉伸倍率为例，由图 2-19 可以看出，随着热拉伸倍率的增加，BP-PEN 薄膜的熔融峰逐渐明显，半峰宽减小，由此可以表明，在热拉伸的过程中，薄膜中的不完整晶体逐渐消失或转变成比较完整的晶体；同时，熔点(T_m)也随着拉伸倍率的增加而逐渐升高，由 330.4℃升高到 346.3℃，这是由于薄膜中晶体随着拉伸倍率的增加而逐渐变厚；此外，随着拉伸倍率的增加，熔融焓逐渐增大，由 1.9J/g 逐渐增大到 17.0J/g。由此可以看出，随着热拉伸倍率的增加，BP-PEN 薄膜的结晶度增大，这是由于在拉伸过程中，一些不规则的晶体在热拉伸后变得更加完整，一些非晶区逐渐转变为晶区，使得结晶度有所增加；另外，玻璃化转变温度(T_g)也逐渐升高，从 214.2℃变化到 218.2℃。280℃不同拉伸倍率的热学性能如表 2-4 所示。

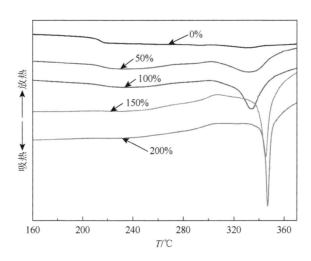

图 2-19　联苯型聚芳醚腈(BP-PEN)在 280℃进行不同拉伸倍率的 DSC 图

表 2-4　联苯型聚芳醚腈(BP-PEN)在 280℃进行不同拉伸倍率的热学性能

拉伸倍率/%	T_g/℃	T_m/℃	ΔH_m/(J/g)
0	214.2	330.4	1.9
50	216.4	332.5	10.3
100	217.1	333.9	12.7
150	217.3	344.6	15.8
200	218.2	346.3	17.0

表 2-5 为 280℃下联苯型聚芳醚腈(BP-PEN)薄膜的 XRD 结晶度表。由数据可知，在 280℃下，不同拉伸倍率薄膜的结晶度逐渐增大，由拉伸倍率为 50%时的 6.25%逐渐增大至拉伸倍率 200%时的 19.16%，由此可以看出，这与 DSC 熔融焓的变化规律一致，也进一步验证在热拉伸的过程中，结晶度逐渐增大。

表 2-5　280℃下联苯型聚芳醚腈(BP-PEN)薄膜的结晶度

拉伸倍率/%	0	50	100	150	200
结晶度/%	—	6.25	14.35	16.83	19.16

图 2-20 为 BP-PEN 薄膜热拉伸前后的 SEM 图，其中图 2-20(a)为未进行热拉伸薄膜的表面刻蚀的 SEM 图，图 2-20(b)为热拉伸后薄膜表面刻蚀的 SEM 图，从图中可以清楚地看出热拉伸后薄膜较未拉伸的薄膜具有高度的取向，使得分子链沿着应力方向更加规整地排列。这也进一步验证了热拉伸可以使 BP-PEN 薄膜的结构更加规整，使力学强度得到大幅度的提高。

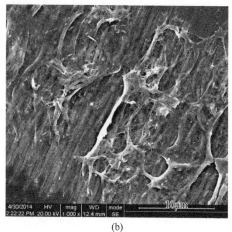

(a)　　　　　　　　　　　　　(b)

图 2-20　BP-PEN 薄膜热拉伸前后的 SEM 图

2.4 小　结

本章主要讲述了结晶聚芳醚腈的研究方法，并对结晶聚芳醚腈的微观形貌、动力学分析、结果与性能的关系进行了详细的描述。成核剂的加入，可降低晶体的折叠表面自由能和成核活化能，增加聚芳醚腈的结晶速率及结晶度。此外，拉伸场的存在也能改善聚芳醚腈的结晶行为及宏观性能。联苯型聚芳醚腈通过热拉伸，其结晶度增加至 19.16%，拉伸强度由 121.5MPa 增加 451.5MPa。

参 考 文 献

[1] Iannace S, Nicolais L. Isothermal crystallization and chain mobility of poly(L-lactide). Journal of Applied Polymer Science, 1997, 64(5): 911-919.

[2] Ke T Z, Sun X Y. Melting behavior and crystallization kinetics of starch and poly(lactic acid) composites. Journal of Applied Polymer Science, 2003, 89(5): 1203-1210.

[3] Lorenzo A T, Arnal M L, Albuerne J, et al. DSC isothermal polymer crystallization kinetics measurements and the use of the Avrami equation to fit the data: guidelines to avoid common problems. Polymer Testing, 2007, 26(2): 222-231.

[4] Qiu Z B, Yang W T. Isothermal and nonisothermal melt crystallization kinetics of a novel poly(aryl ether ketone ether ketone ketone) containing a meta-phenyl linkage. Journal of Applied Polymer Science, 2006, 102(5): 4775-4779.

[5] Liu S J, Sun X B, Hou X, et al. Crystallization kinetics of novel poly(aryl ether ketone) copolymers containing 2, 7-naphthalene moieties. Journal of Applied Polymer Science, 2006, 102(3): 2527-2536.

[6] Cebe P, Hong S D. Crystallization behaviour of poly(ether-ether-ketone). Polymer, 1986, 27(8): 1183-1192.

[7] Hu W B, Cai T. Regime transitions of polymer crystal growth rates: molecular simulations and interpretation beyond Lauritzen-Hoffman model. Macromolecules, 2008, 41(6): 2049-2061.

[8] Crist B, Claudio E S. Isothermal crystallization of random ethylene-butene copolymers: bimodal kinetics. Macromolecules, 1999, 32(26): 8945-8951.

[9] Xu Y T, Wu L B. Synthesis of organic bisurea compounds and their roles as crystallization nucleating agents of poly(L-lactic acid). European Polymer Journal, 2013, 49(4): 865-872.

[10] Tang J G, Wang Y, Liu H Y, et al. Effects of organic nucleating agents and zinc oxide nanoparticles on isotactic polypropylene crystallization. Polymer, 2004, 45(7): 2081-2091.

[11] Bai H W, Huang C M, Xiu H, et al. Toughening of poly(l-lactide) with poly(ε-caprolactone): combined effects of matrix crystallization and impact modifier particle size. Polymer, 2013, 54(19): 5257-5266.

[12] Fanegas N, Gómez M A, Marco C, et al. Influence of a nucleating agent on the crystallization behaviour of isotactic polypropylene and elastomer blends. Polymer, 2007, 48(18): 5324-5331.

[13] Wang Y J, Kai Y, Tong L F, et al. The frequency independent functionalized MoS_2 nanosheet/poly(arylene ether nitrile) composites with improved dielectric and thermal properties via mussel inspired surface chemistry. Applied Surface Science, 2019, 481: 1239-1248.

[14] 杨伟. 聚芳醚腈的结晶及其性能研究. 成都：电子科技大学，2015.

[15]　Righetti M C，Munari A. Influence of branching on melting behavior and isothermal crystallization of poly (butylene terephthalate). Macromolecular Chemistry and Physics，1997，198 (2)：363-378.

[16]　Vaia R A，Sauer B B，Tse O K，et al. Relaxations of confined chains in polymer nancomposites：glass transition properties of poly (ethylene oxide) intercalated in montmorillonite. Journal of Polymer Science Part B：Polymer Physics，1997，35 (1)：59-67.

[17]　Cheng S Z D，Cao M Y，Wunderlich B. Glass transition and melting behavior of poly (oxy-1, 4-phenyleneoxy-1, 4-phenylenecarbonyl-1, 4-phenylene) (PEEK). Macromolecules，1986，19 (7)：1868-1876.

[18]　Lee J Y，Su K E，Chan E P，et al. Impact of surface-modified nanoparticles on glass transition temperature and elastic modulus of polymer thin films. Macromolecules，2007，40 (22)：7755-7757.

[19]　Maensiri S，Nuansing W. Thermoelectric oxide $NaCo_2O_4$ nanofibers fabricated by electrospinning. Materials Chemistry and Physics，2006，99 (1)：104-108.

[20]　McCann J T，Marquez M，Xia Y N. Highly porous fibers by electrospinning into a cryogenic liquid. Journal of the American Chemical Society，2006，128 (5)：1436-1437.

第3章

聚芳醚腈的交联行为与性能

为了进一步提高聚芳醚腈的耐高温性能，科研工作者开发出了一类新型的可交联聚芳醚腈，它在加工以前是热塑性的，因此可以采用热塑性材料的加工方法来加工，加工以后又可以通过交联使其具有热固性材料的耐热温度高的优点。按照交联基团所在分子链位置，可将其分为侧链交联性聚芳醚腈和端基交联型聚芳醚腈，按照交联基团类型，可将其分为邻苯二甲腈型可交联聚芳醚腈(PEN-Ph)和丙烯基型可交联聚芳醚腈(DBA-PEN)。

3.1 邻苯二甲腈型聚芳醚腈的交联与性能

聚合物的交联反应动力学的研究对材料在具体工艺条件下的制备具有重要的指导意义。通过使用热分析动力学方式，可以计算得到反应的活化能、指前因子等特征动力学参数，从而可以计算、预测材料在不同工艺条件下的反应情况。具体的动力学分析方法主要包含两大类，一类为较为传统的无模型等转化率法，另一类则是模型拟合法。本书中涉及的可交联聚芳醚腈的交联反应较为简单，因此采用无模型等转化率法对其进行动力学分析。

无模型等转化率法假设在确定转化率的情况下，研究对象的反应速率是温度的函数。在恒定升温速率的条件下，得到动力学参数方程如下：

$$\ln\left(\frac{\beta_i}{T_{\alpha,i}^B}\right)=\text{const}-C\left(\frac{E_\text{a}}{RT_\alpha}\right) \tag{3-1}$$

式中，α 是在研究条件下已知的转化率；B 和 C 是对温度进行积分得到的相关参数，根据不同处理方法，不同学者定义了不同的参数 B 和 C。Doyle 等[1-3]通过数据分析将参数 B 和 C 近似为 $B=0$ 和 $C=1.052$，因此，公式(3-1)转化为

$$\ln(\beta_i)=\text{const}-1.052\left(\frac{E_\text{a}}{RT_\alpha}\right) \tag{3-2}$$

但利用公式(3-2)得到的动力学参数在实际应用中预测反应过程时偏离实际

数据较多，得到的活化能也存在较大偏差。后来，Kissinger[4]提出了新的近似参数，将公式(3-1)转化为

$$\ln\left(\frac{\beta_i}{T_{\alpha,i}^2}\right)=\text{const}-\left(\frac{E_a}{RT_\alpha}\right)$$ (3-3)

Kissinger 法在计算活化能时的准确性与 Doyle 法相比有大幅提高，因此，本书中将采用 Kissinger 法对可交联聚芳醚腈的反应活化能进行计算分析。

3.1.1　邻苯二甲腈封端聚芳醚腈的合成及交联行为

图 3-1 为邻苯二甲腈封端联苯对苯型聚芳醚腈的合成路径示意图。影响该聚芳醚腈交联反应的因素有内外两种。内因主要包括聚芳醚腈分子量、邻苯二甲腈封端量等，外因主要包括热处理温度、交联剂、催化剂等。

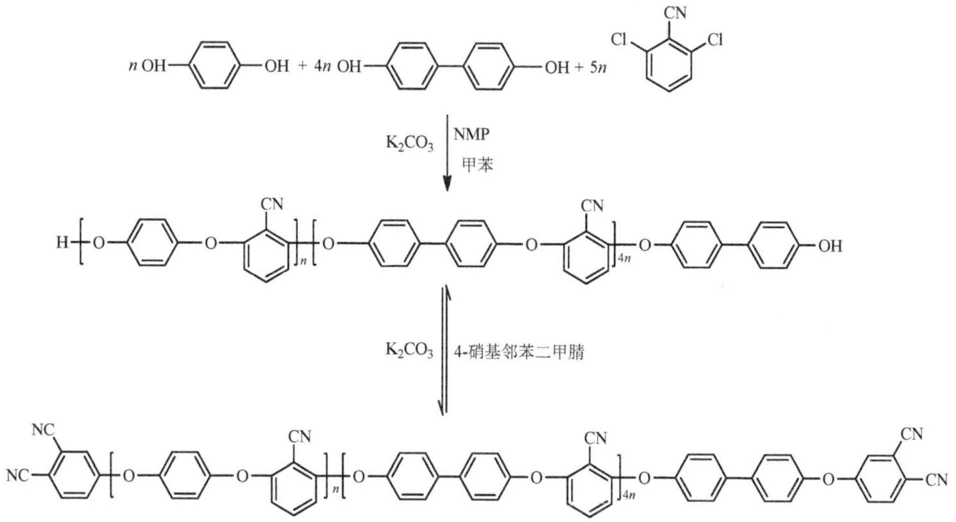

图 3-1　邻苯二甲腈封端聚芳醚腈的合成

为了计算上述可交联聚芳醚腈交联反应的活化能，通过 Kissinger 法对其进行计算。图 3-2 为聚芳醚腈不同升温速率的 DSC 扫描曲线图。随着升温速率的增加，可交联聚芳醚腈的交联固化峰的峰值温度随之增加，固化峰的焓值也随之增加。

Kissinger 法计算可交联聚芳醚腈的交联活化能时只需要不同升温速率 DSC 扫描时交联固化峰的峰值温度。通过 $-\ln(\beta/T_p^2)$ 对 $1000/T_p$ 作图，曲线拟合得到直线的斜率和截距，如图 3-3 所示，利用斜率的值计算得到交联活化能的值。通过计算，可交联聚芳醚腈的交联反应活化能约为 174.8kJ/mol。

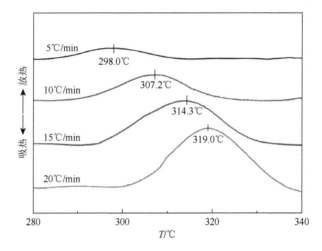

图 3-2   聚芳醚腈不同升温速率的 DSC 扫描曲线图

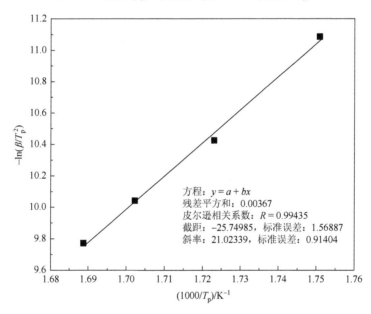

图 3-3 $[-\ln(\beta/T_p^2)]$-$(1000/T_p)$ 图

3.1.2   不同温度对邻苯二甲腈型聚芳醚腈的交联行为与性能的影响

研究者发现，邻苯二甲腈的交联反应需要在适宜的温度下进行。温度过低，反应速率太慢；温度过高，反应速率太快而不好控制或导致分子出现分解。因此，研究不同处理温度对可交联聚芳醚腈性能的影响显得尤为重要。

尽管可交联聚芳醚腈的交联固化反应与双邻苯二甲腈树脂类似，但是其分子量比双邻苯二甲腈大得多，因此氰基相互之间的碰撞概率将大幅度降低，导致交联反应的发生条件比双邻苯二甲腈树脂要苛刻得多。研究者们对不同热处理温度的聚芳醚腈薄膜进行了详细研究。

图 3-4 为不同温度处理的可交联聚芳醚腈的 DSC 曲线和 TGA 曲线。由 DSC 曲线可知，随着处理温度的升高，其玻璃化转变温度逐渐升高，从 190.3℃ 升至 220.4℃。通过热处理，玻璃化转变温度升高了 30.1℃。此外，当处理温度从 260℃ 升高至 300℃ 时，玻璃化转变温度虽有增加，但是增加幅度较小，但当处理温度升至 320℃ 时，玻璃化转变温度剧烈增加，比 300℃ 处理的样品，增加了近 8℃，而当处理温度升至 340℃ 时，玻璃化转变温度的增加幅度则更加明显，增加了近 17℃。由此看出，随着处理温度的上升，玻璃化转变温度的增加幅度越来越明显。由于树脂间发生了交联固化反应，形成了交联网络结构，因此阻碍了分子链段的运动，导致玻璃化转变温度升高。所以，玻璃化转变温度的升高程度可以间接证明交联固化反应的发生程度。由此得知，随着热处理温度的升高，交联反应进行得越来越剧烈，交联程度越来越大。

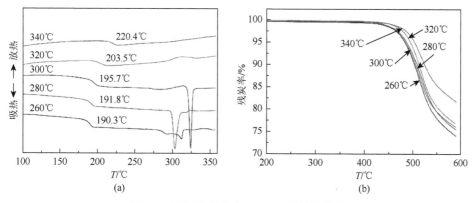

图 3-4　不同温度处理 PEN-Ph 的热学性能

(a) DSC 曲线；(b) TGA 曲线

图 3-4(b) 展示了不同温度处理的聚芳醚腈薄膜的热失重性能。由图可知，随着热处理温度的升高，聚芳醚腈分子链两端的邻苯二甲腈发生交联固化反应的程度越大，可交联聚芳醚腈薄膜的初始分解温度越高，但其 5wt% 分解温度都在 500℃ 以上。

为了进一步验证热处理温度对可交联聚芳醚腈交联固化反应的影响，利用索氏提取法对不同温度处理的可交联聚芳醚腈薄膜的凝胶含量进行了表征，结果如图 3-5 所示。随着热处理温度的升高，样品的凝胶含量越来越大，样品中的交联程度越来越大，这与 DSC 的分析结果完全吻合。在 280℃ 热处理前，样品中发生交联反应的程度较小，而当温度达到 300℃ 时，样品中的凝胶含量大幅度增加，意味着聚芳醚腈在 300℃ 或更高温度下发生交联反应较为剧烈。

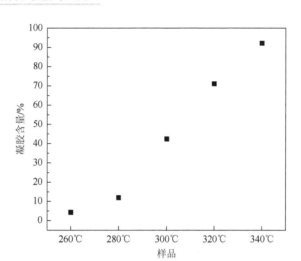

图 3-5   不同温度处理的 PEN-Ph 薄膜样品的凝胶含量

图 3-6 为不同温度热处理的可交联聚芳醚腈薄膜的力学性能测试结果。当热处理温度从 260℃ 升高至 320℃ 时,薄膜的拉伸强度由 93.1MPa 增加至 110.2MPa,但当处理温度升高至 340℃ 时,薄膜的拉伸强度又有所下降,但与 260℃ 热处理的几乎不存在交联反应的样品相比,其拉伸强度还是高了 15.1MPa,为 108.2MPa。薄膜的弹性模量则随着热处理温度的升高而逐渐增加。这些结果的产生原因主要为:随着热处理温度的升高,样品中发生的交联程度越来越大,形成的交联网络使其力学性能提升;但当交联程度过高,样品的脆性变大,导致拉伸强度有所降低。

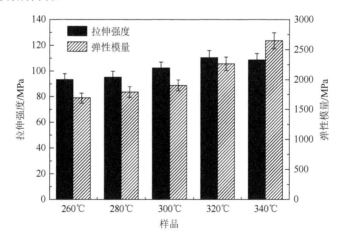

图 3-6   不同温度处理 PEN-Ph 薄膜样品的力学性能

由于交联反应的发生而形成的酞菁环对聚芳醚腈薄膜的电学性能必定有一定

的影响，本实验对不同温度处理的聚芳醚腈的介电常数、介电损耗、体积电阻率进行了表征，结果如图 3-7 所示。所有的可交联聚芳醚腈薄膜的介电常数对频率的依赖性都很小，介电常数为 3.6～4.1。随着热处理温度的升高，介电常数大致呈现先降低后升高的趋势。在交联反应进行的初期，聚芳醚腈薄膜中极性基团氰基的减少，导致介电常数降低，而随着交联反应的进行，材料中酞菁环数量的增加又使材料的介电常数再次升高。图 3-7(b) 为不同温度处理的聚芳醚腈的介电损耗图，由图可知，聚芳醚腈薄膜的介电损耗角正切对频率的依赖性很小，其值约为 0.02。

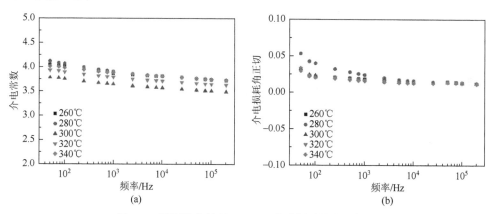

图 3-7　不同温度处理 PEN-Ph 薄膜样品的电学性能

(a)介电常数；(b)介电损耗角正切

3.1.3　不同分子量的邻苯二甲腈型聚芳醚腈的交联行为与性能

　　聚合物分子量的大小必然会影响聚合物的性能，而对于可交联聚芳醚腈，由于分子链端有可发生交联反应的邻苯二甲腈基团，因此，分子量的大小将影响可交联聚芳醚腈的交联度。通过调节二元酚与 2,6-二氯苯甲腈的摩尔比，可以合成出具有不同分子量的可交联聚芳醚腈，分子量的具体数据列于表 3-1。图 3-8 为不同分子量的端基交联型聚芳醚腈在 320℃固化处理后得到的样品的 DSC 曲线及 TGA 曲线。由表 3-1 所示的 GPC 测试结果可知，端基交联型聚芳醚腈的数均分子量存在数量级的差异。众所周知，高分子的热学性能受分子量的影响极大，但从 DSC 曲线中可以看到，其玻璃化转变温度的变化甚小，都在 210℃左右。从 TGA 曲线可知，其热稳定性变化也不是很大。这是由于邻苯二甲腈封端的聚芳醚腈在高温下可发生交联反应，生成结构稳定的酞菁环及三嗪环，从而使得样品的热学性能大幅度提升[5]。虽然 d 样品的分子量极低，但由于链端的邻苯二甲腈所占比例较大，因此其交联程度也随之加大，其热学性能与分子量较高的 a 样品相差无几。

表 3-1　不同分子量聚芳醚腈的特性黏度和 GPC 测试结果

样品	特性黏度/(dL/g)	$\bar{M}_n$	$\bar{M}_w$	$\bar{M}_w / \bar{M}_n$
a	2.41	75423	119394	1.583
b	1.13	44009	78560	1.789
c	0.85	34128	65579	1.921
d	0.68	9352	22457	2.401

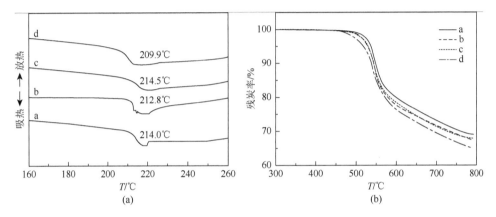

图 3-8　封端聚芳醚腈的 DSC 曲线(a)及 TGA 曲线(b)

　　图 3-9 为不同分子量的端基交联型聚芳醚腈在 320℃固化处理后得到的样品的力学性能测试结果。由图可知，随着分子量的降低，力学拉伸强度出现先增加后降低的趋势，其中，b 样品的拉伸强度最大，为 110MPa 左右，但是尽管 d 样品的分子量比 a 样品低一个数量级，但其拉伸强度相差无几。这主要是通过交联固化反应生成结构稳定的酞菁环和三嗪环，使得样品中呈现网络结构，导致其力学性能增强。

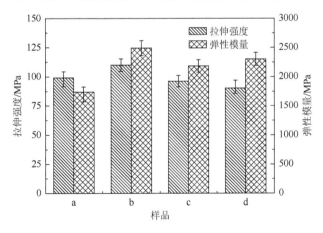

图 3-9　不同分子量的封端聚芳醚腈的力学性能

3.1.4 交联剂对邻苯二甲腈型聚芳醚腈的交联与性能的影响

TPh 是一种含有三个邻苯二甲腈基团的化合物，它可以作为一种交联剂，有效地提高邻苯二甲腈封端的聚芳醚腈的交联密度[6]。杨瑞琪等[7]通过溶液共混法制备了 PEN-Ph/TPh 复合薄膜，并将其在 360℃高温热处理，得到 PEN-Ph/TPh 交联薄膜，命名为 C-PEN。图 3-10 为 PEN-Ph/TPh 交联反应结构示意图，PEN-Ph 分子主链链端的邻苯二甲腈与 TPh 上的邻苯二甲腈在 4,4-二氨基二苯砜（DDS）的催化下，发生反应形成了结构稳定的酞菁环，使得这个体系中形成了交联网络结构。在该体系中，TPh 的分子量较小，在体系中的活动相对自由，使得分子链端的邻苯二甲腈与 TPh 更容易发生化学反应，形成交联网络结构，因此，TPh 的加入将大大提高可交联聚芳醚腈体系的交联度，从而提高其热学性能和力学性能。

同时，研究人员还研究了不同含量 TPh 对复合薄膜的性能影响。表 3-2 为 PEN-Ph/TPh 交联复合薄膜的交联度表征，发现随着 TPh 含量的增加，其交联度由 90.3%逐渐增加至 97.8%。

图 3-11 是不同含量 TPh 的 C-PEN 薄膜的 TGA 曲线。从图 3-11 可以看到，实验中的所有样品在氮气气氛下具有极其优异的热稳定性，在 450℃之前几乎不发生分解。当测试温度超过 450℃后，样品开始分解。对 TGA 曲线分析可得样品 C-PEN-0、C-PEN-1、C-PEN-2 及 C-PEN-3 对应于 5%质量损失温度分别为 533.6℃、521.9℃、513.2℃和 510.9℃，这相较于该结构未发生交联的薄膜提高了超过 30℃[7]，同样其最大分解速率温度也相应地在向高温方向移动且均大于 525℃。发生这些显著变化的原因在于，经过高温交联后原本只是在物理结构上相互缠结的高分子链通过化学键合使整个聚合物本体形成一种网状结构，而要破坏这种结构并使其分解显然要比使 PEN-Ph 分解的活化能高得多，因此通过交联极大地提高了聚芳醚腈的耐热性。此外，随着 TPh 含量的增多，C-PEN 的热稳定性并未提升，反而出现了降低。C-PEN-0 的 5wt%分解温度为 533.6℃，最大分解速率为 551.0℃ 而 C-PEN-3 的 5wt%分解温度为 510.9℃，最大分解速率温度为 533.0℃，均出现了超过 10℃的降低。这可能是由以下原因共同作用的结果。首先，交联反应会使交联薄膜的热稳定性提升。其次在交联过程当中小分子 TPh 具有更高的反应活性，会发生 TPh 之间自聚副反应而不是作为交联点与 PEN-Ph 反应，而通过自聚生成的齐聚酞菁能够通过后面的交联薄膜断面 SEM 图观察到。齐聚酞菁具有较低的热稳定性，在较低温度下就会发生分解反应[8]，因此在表观上反映为交联薄膜的热稳定性降低。此外，随着 TPh 的不断增多，形成的齐聚酞菁的浓度也在不断地升高，因此表现为 C-PEN 薄膜热稳定性随 TPh 增多而不断降低。

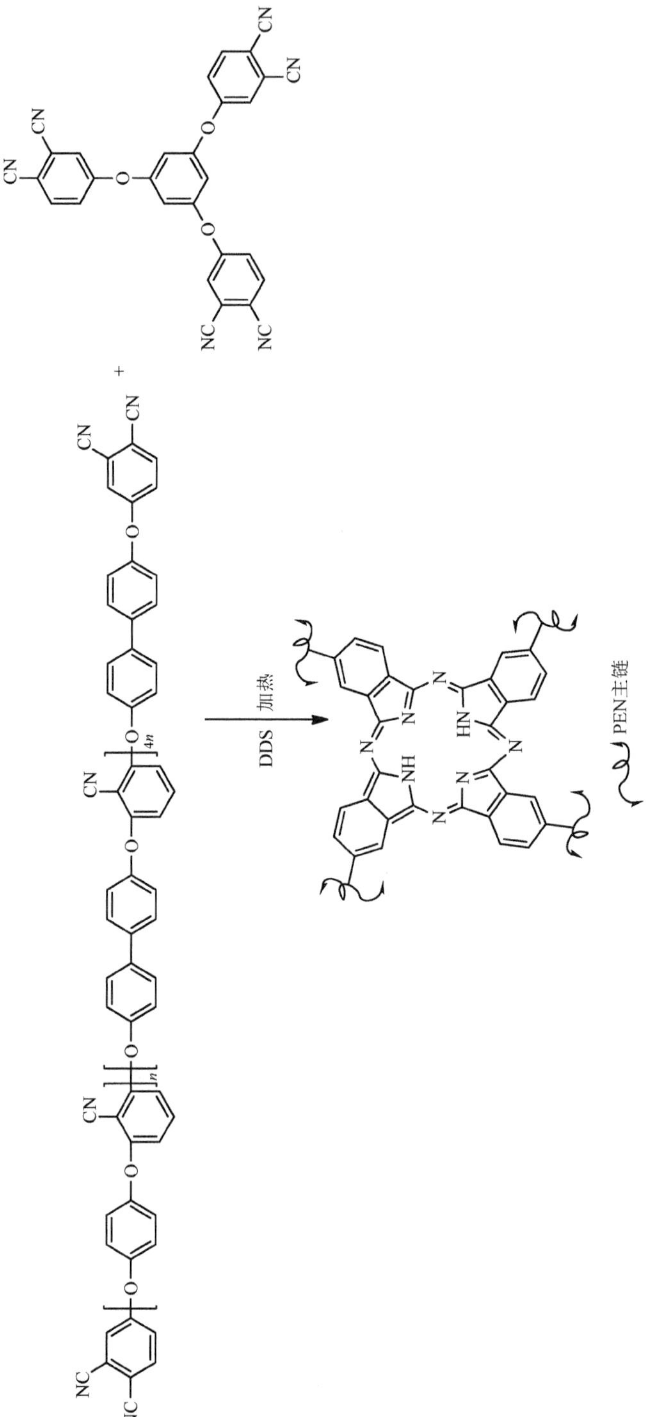

图 3-10 PEN-Ph/TPh 复合薄膜交联反应结构示意图

表 3-2　交联聚芳醚腈薄膜的凝胶含量

样品	C-PEN-0	C-PEN-1	C-PEN-2	C-PEN-3
凝胶含量/%	90.30	93.20	95.70	97.80

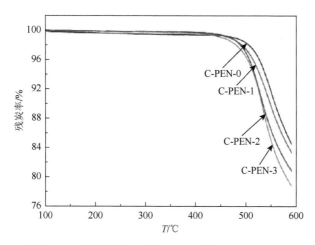

图 3-11　不同含量 TPh 的 C-PEN 薄膜的 TGA 曲线

因为交联聚芳醚腈的 T_g 超过了 DSC 测试仪器的测试温度范围，因此在这里以 C-PEN-0 为例，采用动态力学分析(DMA)得到了 C-PEN-0 的玻璃化转变温度，如图 3-12 所示。在 300℃以前，tanδ 为 0.033 左右，几乎保持不变，当温度超过 300℃后，tanδ 不断增大，在 386.6℃附近达到极大值。这说明 C-PEN-0 的 T_g 在 386.6℃左右。

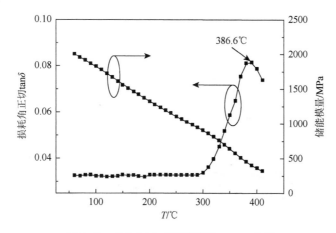

图 3-12　C-PEN-0 交联薄膜的 DMA 曲线

C-PEN 的平均线性膨胀系数仅为 0.871μm/℃。C-PEN 的尺寸稳定性来源于其交联结构。对于 PEN-Ph，随着温度的升高，会发生热膨胀，并且高分子链之间以非化学键结合，随着温度的不断升高，高分子链段运动加剧，在受力或不受力情况下，会发生高分子链间滑移而使材料的尺寸稳定性遭到破坏；对于 C-PEN，同样会发生链段运动，但是随着温度的升高，材料的形变并不会有突然的改变，这是由于在热形变过程中，高分子链由最初的无规线团状态变为伸直状态。而当达到伸直状态后，材料更大的形变将主要由链间滑移产生，但是交联结构对高分子链的固定作用，使得其在不破坏交联结构的前提下不能产生更大的形变，因此 C-PEN 被赋予了极为优异的在宽温度范围内的尺寸稳定性。不同含量的 TPh 对邻苯二甲腈封端的聚芳醚腈的交联度有促进作用，那么不同的温度处理对聚芳醚腈的交联度及其性能又有什么影响呢？下面将进行详细介绍。

为了提高可交联树脂的综合性能，科研工作者们通常采用加入催化剂、交联剂等手段以提高树脂的交联度从而达到耐高温、易加工等要求[9-12]。本书中，采用了新型的 TPh 作为交联剂、DDS 作为催化剂，制备高交联度的聚芳醚腈薄膜。

图 3-13 为 PEN-Ph/TPh 体系交联前后的 SEM 图。图 3-13(a) 为未经任何高温热处理的聚芳醚腈薄膜的断面 SEM 图，由图可知，交联前，样品的断面出现了相分离的现象。随着热处理温度的升高以及时间的增长，样品断面的两相分离现象有所改善。当热处理温度达到 320℃时[图 3-13(b)]，样品具有光滑且紧密的断面，该断面为脆性断面。这是由于聚芳醚腈分子链两端的邻苯二甲腈基团与 TPh 单体上的邻苯二甲腈基团在高温下发生交联固化反应，生成刚性的酞菁环结构，整个系统由两相结构转为单一相结构。微观形貌的改变将影响复合材料的宏观性能，这将在后面的分析中进行阐述。

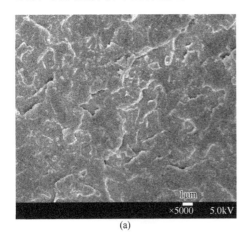 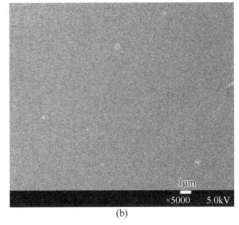

(a)　　　　　　　　　　　　　(b)

图 3-13　交联前(a)、后(b) PEN-Ph/TPh 复合薄膜的 SEM 图

图 3-14 为可交联聚芳醚腈/TPh 复合材料不同温度处理的 DSC 扫描曲线图。

当不经过任何高温热处理时，复合材料的玻璃化转变温度约为 148.6℃，随着热处理温度及时间的增加，复合材料的玻璃化转变温度逐渐升高。样品 b、c、d、e 的玻璃化转变温度分别为 176.5℃、194.7℃、232.3℃、236.7℃。340℃热处理后样品的玻璃化转变温度比不经过热处理的样品足足提高了 88.1℃。而当处理温度达到 360℃时，复合材料中交联程度过大，形成了紧密的交联网络结构，使得其在 DSC 扫描曲线上的玻璃化转变温度不明显。此外，当不经过热处理时，样品的 DSC 扫描曲线在 270～300℃的温度范围内有一个吸热峰，该峰为聚芳醚腈晶体的熔融峰，由于在 DSC 扫描升温的过程中，聚芳醚腈晶体出现熔融又再次结晶的情况，因此该熔融峰较宽。当样品在 280℃经过热处理后，其 DSC 扫描曲线上晶体的熔融峰向高温移动，且熔融峰的半峰宽变窄，这是由于当样品在 280℃热处理时生成了结构较为完善的聚芳醚腈晶体。而当热处理温度达到 300℃时，样品的 DSC 扫描曲线上晶体的熔融峰消失，与纯的聚芳醚腈样品相比，加入了 TPh 及 DDS 催化剂后，在 300℃时，聚芳醚腈容易发生交联反应以至抑制了结晶的产生。结晶峰消失的同时，该 DSC 曲线在 290～320℃的范围内出现了一个放热峰，该放热峰即为体系中的交联固化峰。这些结果表明，通过高温热处理，可交联聚芳醚腈/TPh 复合材料的热学性能有了大幅度的提高。

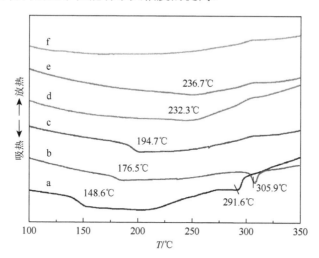

图 3-14　不同温度处理的可交联聚芳醚腈/TPh 复合材料的 DSC 扫描曲线图

可交联聚芳醚腈/TPh 复合材料的热失重分析如图 3-15 所示，具体热失重数据列于表 3-3。随着热处理温度的升高及热处理时间的增加，失重 5wt%的温度从未经热处理样品的 475.34℃增加至经 360℃热处理样品的 543.96℃，失重 10wt%的温度从未经热处理样品的 534.93℃增加至经 360℃热处理样品的 576.70℃，残炭率从未经热处理样品的 60.61%增加至经 360℃热处理样品的 71.29%。此外，样品

a、样品 b 及样品 c 在 DTG 曲线上有两个分解峰，这是由该三个样品中存在两相分离所造成的。所以，高温热处理能够有效提高交联聚芳醚腈/TPh 复合材料的热稳定性。

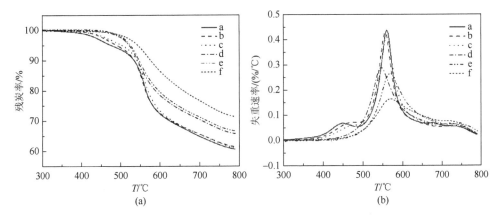

图 3-15　PEN-Ph/TPh 复合材料的热失重分析

(a) TGA 曲线；(b) DTG 曲线

表 3-3　不同温度处理的 PEN-Ph/TPh 复合材料 TGA 分析结果

样品	$T_{5\%}$/℃	$T_{10\%}$/℃	残炭率/%
a	475.34	534.93	60.61
b	490.09	535.31	61.32
c	504.56	542.26	60.99
d	522.39	543.78	65.67
e	525.68	547.59	66.54
f	543.96	576.70	71.29

　　可交联聚芳醚腈/TPh 复合材料的力学性能包括拉伸强度、弹性模量及断裂伸长率，具体数值列于表 3-4。不经热处理以及在 280℃热处理的样品，由于两相分离的现象造成可交联聚芳醚腈/TPh 复合材料的力学性能极差，不具备测试宏观力学性能的条件。当处理温度达到 300℃时，复合材料的拉伸强度为 57.71MPa，由此可见，TPh 在该复合材料中起到交联剂的作用，使得该复合材料比纯可交联聚芳醚腈更容易发生交联反应。随着热处理温度的升高，复合材料的断裂伸长率逐渐降低，由此说明复合材料中的交联密度逐渐增加，导致材料的刚性逐渐增加。材料的拉伸强度随着其交联密度的增加而增加，但由于该复合材料的刚性较大，在样品的制备及测试过程中，会存在一定误差。在拉伸测试时，其断裂处往往会由于受到夹具的压力而发生断裂，因此其拉伸强度呈现出先增加后降低的趋势。

表 3-4　不同温度处理的 PEN-Ph/TPh 复合材料的力学性能

样品	断裂伸长率/%	拉伸强度#/MPa	弹性模量#/MPa
a	—	—	—
b	—	—	—
c	3.57	57.71	2041.89
d	3.64	53.45	1909.69
e	2.95	45.83	2028.03
f	1.59	27.85	1817.05

注：—表示不经过高温热处理的样品易脆，无法测试其宏观力学性能；
#由于样品刚性较大，测试过程中受夹具压力发生断裂，其测量值存在一定误差。

3.1.5　催化剂对交联型聚芳醚腈交联与性能的影响

蹇锡高团队研究了不同催化剂对邻苯二甲腈封端的含二氮杂萘酮聚芳醚腈交联固化行为的影响[10]。该结构的可交联聚芳醚腈的合成路径如图 3-16 所示。

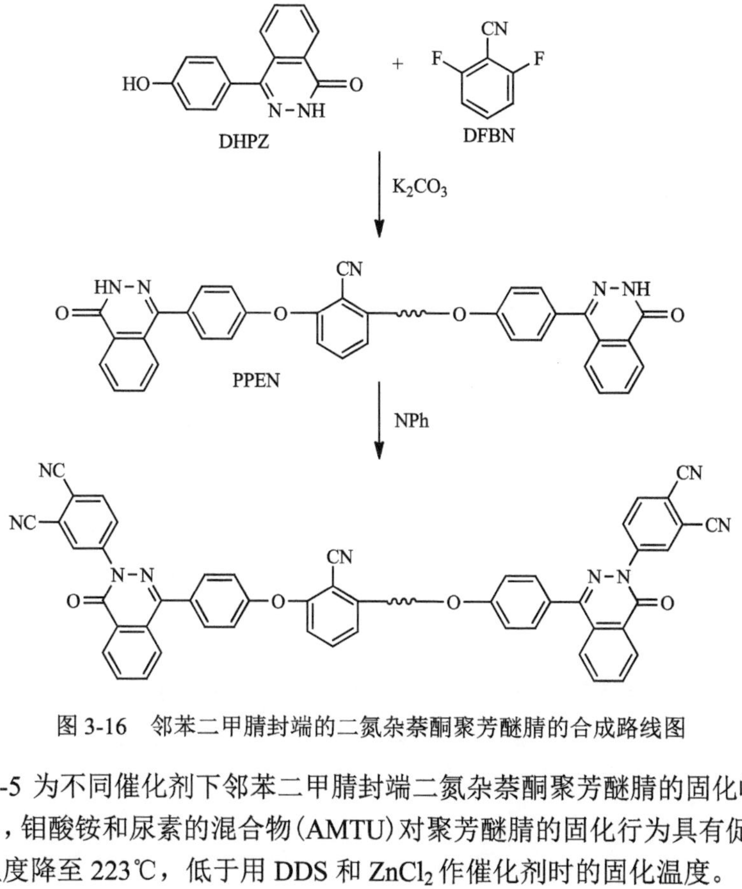

图 3-16　邻苯二甲腈封端的二氮杂萘酮聚芳醚腈的合成路线图

表 3-5 为不同催化剂下邻苯二甲腈封端二氮杂萘酮聚芳醚腈的固化峰温度，可以看出，钼酸铵和尿素的混合物(AMTU)对聚芳醚腈的固化行为具有促进作用，其固化温度降至 223℃，低于用 DDS 和 ZnCl₂ 作催化剂时的固化温度。

表 3-5   不同催化剂下邻苯二甲腈封端二氮杂萘酮聚芳醚腈的固化峰温度

催化剂	T_{p0}/℃	T'_{p0}/℃
DDS	245.5	332.0
ZnCl₂	268.5	360.5
AMTU	223.0	338.5

注：T_{p0} 为第一个固化峰温度，T'_{p0} 为第二个固化峰温度。

表 3-6 列出了不同催化剂(4, 4′-二氨基二苯砜、氯化锌、钼酸铵和尿素的混合物)下邻苯二甲腈封端二氮杂萘酮聚芳醚腈通过 Kissinger 法计算得到的交联活化能，发现用 DDS 和 AMTU 作催化剂时，其交联反应活化能远远低于用 ZnCl₂ 作催化剂时的活化能。综合固化温度和交联反应活化能的结果，提出钼酸铵和尿素的混合物作为催化剂可以有效地催化邻苯二甲腈封端的二氮杂萘酮聚芳醚腈发生交联反应，从而生成结构稳定的三嗪环，使得该聚合物热学性能和力学性能得到进一步提升。

表 3-6   不同催化剂下邻苯二甲腈封端二氮杂萘酮聚芳醚腈的交联活化能

催化剂	E_a/(kJ/mol)	
	Kissinger 方程	Ozawa 方程
DDS	66.7	72.2
ZnCl₂	201.5	200.3
AMTU	78.4	82.9

3.2   烯丙基型聚芳醚腈的交联行为与性能

图 3-17 为烯丙基交联型聚芳醚腈的合成路径示意图[13]。表 3-7 为不同结构含烯丙基聚芳醚腈的热性能数据。DBA-PEN 的 T_g 值为 136℃，相对较低，这是由烯丙基双酚 A 本身分子结构造成的：烯丙基双酚 A 分子不共面，同时存在烯丙基侧基，这增加了聚合物的自由体积，使得聚合物链段运动更加容易。同时，在引入其他双酚单体后，聚合物的 T_g 值出现了不同程度的增加。以 DBA-PP-PEN 为例，它的 T_g 为 175℃，虽然酚酞单体不共面，但是分子内部环氧环限制了分子的运动，而且不存在侧基来增加自由体积，所以较 DBA-PEN 的 T_g 增加了约40℃。

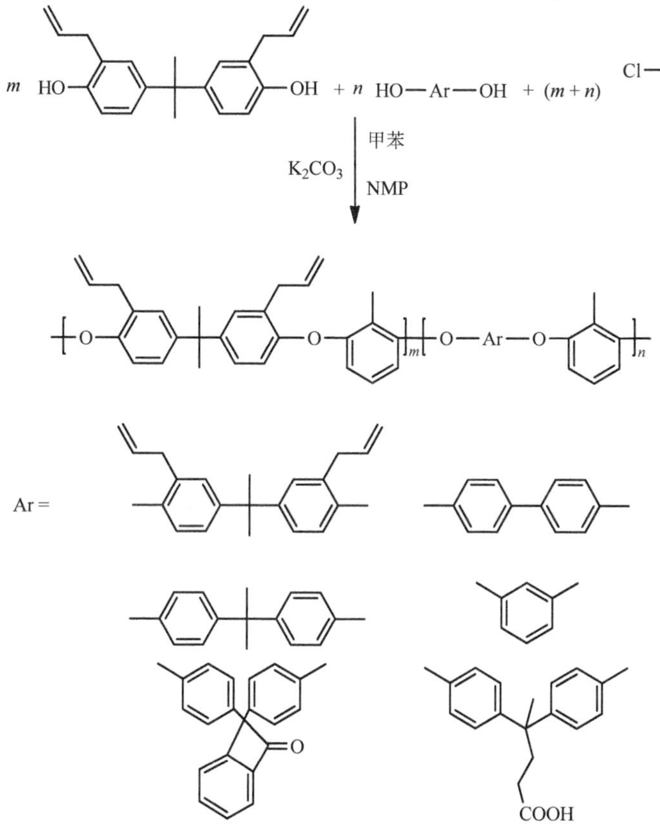

图 3-17　烯丙基交联型聚芳醚腈的合成

表 3-7　不同结构含烯丙基聚芳醚腈热性能数据

样品	T_g/℃	$T_{d5\%}$/℃[a]	$T_{d10\%}$/℃[a]	$T_{d5\%}$/℃[b]	$T_{d10\%}$/℃[b]
DBA-PEN	136	406	419	419	429
DBA-BP-PEN	186	445	471	439	495
DBA-BPA-PEN	162	426	441	408	448
DBA-RS-PEN	140	416	428	389	433
DBA-DPA-PEN	142	411	429	407	435
DBA-PP-PEN	175	416	427	100	433

a. 氮气气氛；

b. 空气气氛。

以烯丙基双酚 A（DBA）和联苯二酚（BP）为二元酚单体，与 2, 6-二氯苯甲腈缩聚合成的聚芳醚腈（DPEN）为例，改变 DBA 与 BP 的摩尔比，制备了不同含量烯丙基的聚芳醚腈，DBA 与 BP 的摩尔比分别为 0∶10、1∶9、2∶8、3∶7、4∶6，聚芳醚腈分别标为 DPEN-0、DPEN-10、DPEN-20、DPEN-30、DPEN-40。表 3-8、

表 3-9 为 DPEN 的热性能数据和力学性能数据。

表 3-8　DPEN 聚芳醚腈热性能数据

样品	T_g/℃	$T_{d5\%}$/℃ [a]	$T_{d10\%}$/℃ [a]	$T_{d5\%}$/℃ [b]	$T_{d10\%}$/℃ [b]
DPEN-0	207	511	542	471	497
DPEN-10	194	477	508	462	510
DPEN-20	186	445	471	439	495
DPEN-30	176	430	448	422	468
DPEN-40	169	423	437	402	445

a. 氮气气氛；
b. 空气气氛。

表 3-9　DPEN 聚芳醚腈力学性能数据

样品	拉伸强度/MPa	断裂伸长率/%
DPEN-0	105	13.4
DPEN-10	97	7.7
DPEN-20	87	7.3
DPEN-30	83	5.9
DPEN-40	79	4.5

由于烯丙基在高温下可以发生交联反应，从而提高聚芳醚腈的综合性能，以 DPEN-20 为例，对不同热处理后的性能进行了表征，具体数值列于表 3-10。随着处理温度的提高，DPEN-20 拉伸强度明显增加，在 240℃处理后拉伸强度由 87MPa 增至 96MPa，但当处理温度为 280℃时，拉伸强度却降低至 77MPa。高温下丙烯基双键发生交联，并且温度越高交联密度越大，分子间通过双键相互连接增强了分子间的作用力，分子间不易发生滑移并且分子不易断裂，故提高了拉伸强度，但是处理温度过高，交联密度过大，分子可能发生降解使得薄膜变脆，导致拉伸强度降低。同时随交联温度的增加，DPEN-20 断裂伸长率逐渐减小，这是因为双键交联减小了自由体积，限制了分子链段的伸展。

表 3-10　不同温度处理后 DPEN-20 性能汇总

性能	无处理	200℃	240℃	280℃
T_g/℃	186	191	217	—
介电常数	3.59	3.51	3.45	3.03
介电损耗角正切	0.012	0.012	0.013	0.014
拉伸强度/MPa	87	89	96	77
断裂伸长率/%	7.3	7.1	5.6	3.4

3.3　侧链含邻苯二甲腈基团型聚芳醚腈的交联行为与性能

此外，交联型聚芳醚腈还有侧链含邻苯二甲腈基团型聚芳醚腈[14]，其反应路径如图 3-18 所示。

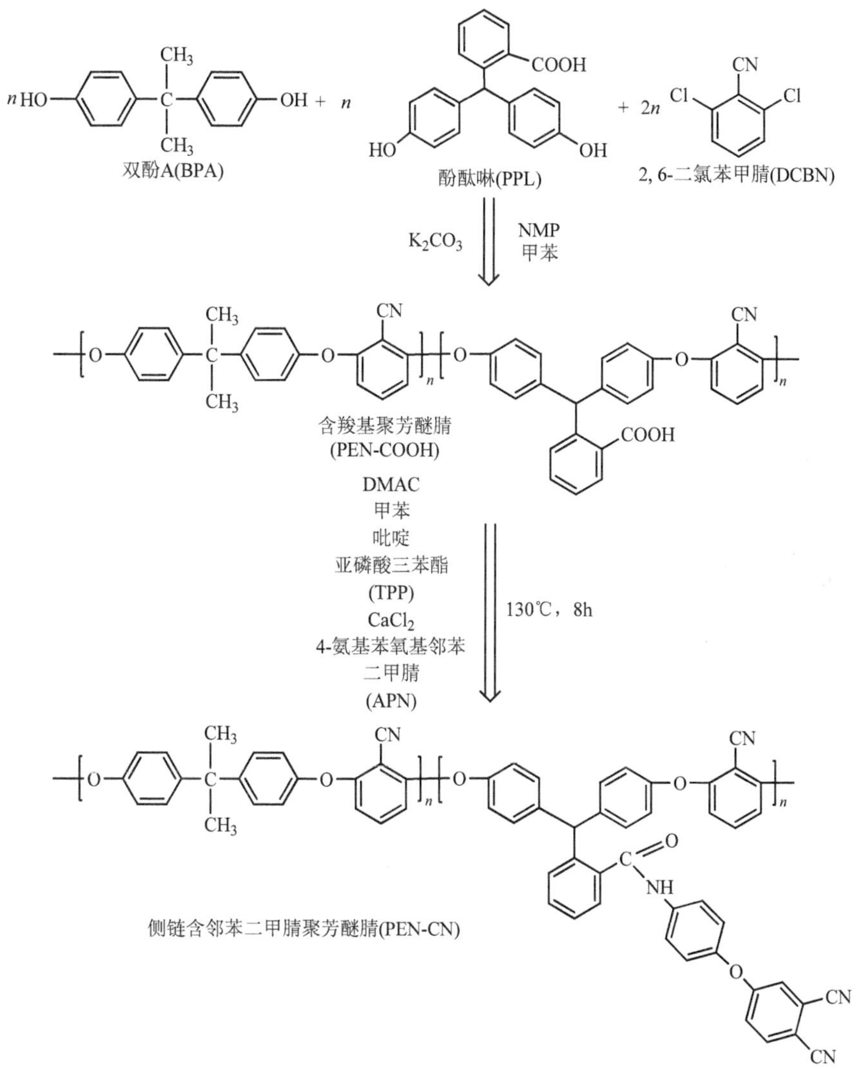

图 3-18　侧基交联型聚芳醚腈的合成

对侧链含羧基聚芳醚腈(PEN-COOH)和侧链含邻苯二甲腈的聚芳醚腈(PEN-CN)以及其固化后的样品(PEN-CN sec)进行 DSC 分析，分析结果如图 3-19 所示。

侧链含羧基的聚芳醚腈的玻璃化转变温度大约在 211℃，表现出的是典型的热塑性树脂的特性。在侧链接上邻苯二甲腈之后，PEN-CN 在 250℃到 280℃出现了一个很大的固化峰，在经过固化反应后，我们发现这个固化峰消失了，并且玻璃化转变温度也很难发现，由此说明聚芳醚腈已经转变为热固性树脂。

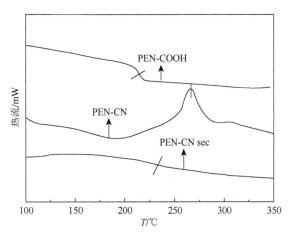

图 3-19　PEN-COOH 和 PEN-CN 以及 PEN-CN sec 的 DSC 曲线

从图 3-20 的热失重分析可以发现 PEN-COOH 的 5%的分解温度和 10%的分解温度分别只有 253℃和 383℃，这个结果比 PEN-CN 的 5%的分解温度和 10%的分解温度(434℃和 476℃)小。这个结果表明了侧链氰基的热稳定性高于侧链羧基的热稳定性。再者，当温度达到 275℃时，交联反应开始，邻苯二甲腈基形成更稳定的酞菁环。PEN-CN 的残炭率由于这个原因也提高了很多。这为侧链交联型 PEN 在高温下使用提供了条件。

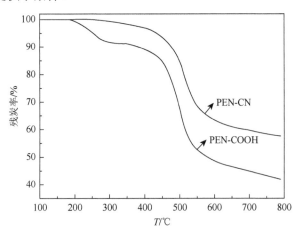

图 3-20　PEN-CN 和 PEN-COOH 的 TGA 曲线

图 3-21 为 PEN-COOH 和 PEN-CN 的 DTG 曲线图，由图所示，PEN-CN 的 DTG 曲线有两个峰，第一个分解峰是由于羧基的断裂，第二个分解峰是由于分子开始碳化。并且可以看见由于氰基的存在，PEN-CN 的最大分解温度比 PEN-COOH 的最大分解温度提高了很多。这是由氰基良好的热稳定性和邻苯二甲腈基固化导致的。

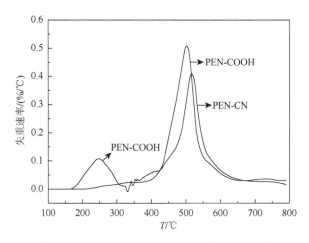

图 3-21　PEN-COOH 和 PEN-CN 的 DTG 曲线

3.4　小　　结

可交联聚芳醚腈主要包括邻苯二甲腈型可交联聚芳醚腈和烯丙基型可交联聚芳醚腈，而邻苯二甲腈型可交联聚芳醚腈包含端基交联型聚芳醚腈和侧基交联型聚芳醚腈。本章通过 Kissinger 法，计算得到邻苯二甲腈封端可交联聚芳醚腈的交联反应活化能为 174.8kJ/mol。并阐述了分子量大小对可交联聚芳醚腈交联度及宏观性能的影响。同时，还研究了热处理温度以及交联剂对可交联聚芳醚腈性能的影响。当分子量较低的邻苯二甲腈封端型可交联聚芳醚腈中加入交联剂 TPh 后，在高温处理后体系中发生交联反应形成交联网络结构，使得该体系中由两相结构转为单一相结构，提升其热学性能和力学性能。此外，通过采用不同的催化剂对聚芳醚腈的交联行为进行了研究，发现钼酸铵和尿素的混合物作为催化剂可以有效地催化邻苯二甲腈封端的二氮杂萘酮聚芳醚腈发生交联反应。

参 考 文 献

[1]　Ozawa T. A new method of analyzing thermogravimetric data. Bulletin of the Chemical Society of Japan，1965，38(11)：1881-1886.

[2]　Flynn J H，Wall L A. General treatment of the thermogravimetry of polymers. Jouranl of Research National Bureau

of Standards: Part A, 1966, 70(6): 487-523.

[3] Doyle C D. Estimating isothermal life from thermogravimetric data. Journal of Applied Polymer Science, 1962, 6(24): 639-642.

[4] Kissinger H E. Reaction kinetics in differential thermal analysis. Analytical Chemistry, 1957, 29(11): 1702-1706.

[5] Tong L F, Jia K, Liu X B. Novel phthalonitrile-terminated polyarylene ether nitrile with high glass transition temperature and enhanced thermal stability. Materials Letters, 2014, 128: 267-270.

[6] Tong L F, Pu Z F, Huang X, et al. Crosslinking behavior of polyarylene ether nitrile terminated with phthalonitrile(PEN-t-Ph)/1,3,5-tri-(3, 4-dicyanophenoxy)benzene(TPh)system and its enhanced thermal stability. Journal of Applied Polymer Science, 2013, 130(2): 1363-1368.

[7] Yang R Q, Li K, Tong L F, et al. The relationship between processing and performances of polyarylene ether nitriles terminated with phthalonitrile/trifunctional phthalonitrile composites. Journal of Polymer Research, 2015, 22(11): 210.

[8] 杨瑞琪. 高热稳定性聚芳醚腈电介质薄膜的制备与性能研究. 成都: 电子科技大学, 2017.

[9] Keller T M, Moonay D J. Phthalonitrile resin for high temperature composite applications. Tomorrow's Materials: Today, 1989, 34: 941-949.

[10] Weng Z H, Fu J Y, Zong L S, et al. Temperature for curing phthalonitrile-terminated poly(phthalazinone ether nitrile)reduced by a mixed curing agent and its curing behavior. RSC Advances, 2015, 5(112): 92055-92060.

[11] Du R H, Li W T, Liu X B. Synthesis and thermal properties of bisphthalonitriles containing aromatic ether nitrile linkages. Polymer Degradation and Stability, 2009, 94(12): 2178-2183.

[12] Yang J, Tang H L, Zhan Y Q, et al. Photoelectric properties of poly(arylene ether nitriles)-copper phthalocyanine conjugates complex via in situ polymerization. Materials Letters, 2012, 72: 42-45.

[13] 沈世钊. 含丙烯基聚芳醚腈结构、性能及复合研究. 成都: 电子科技大学, 2016.

[14] Yang J, Yang X L, Zou Y K, et al. Synthesis and crosslinking behavior of a soluble, crosslinkable, and high young modulus poly(arylene ether nitriles)with pendant phthalonitriles. Journal of Applied Polymer Science, 2012, 126(3): 1129-1135.

第4章

聚芳醚腈的功能化与性能

聚芳醚腈作为一类综合性能优异的新型热塑性特种工程塑料，具有耐高温、高机械强度、抗蠕变性、耐化学腐蚀和阻燃性好等优良特性，可被应用于轨道交通、核能发电、航空航天、机械工业、电子信息等高技术领域，因此聚芳醚腈的需求量也逐年递增。与此同时，随着电子信息材料和元器件的发展，对耐高温高分子材料的功能要求也越来越多，综合性能更加优异、功能多样化的功能性高分子材料得到了人们的广泛需求。因此除了常规性能之外，还要求高分子材料具备特殊的光、电、磁等功能性。在第一代聚芳醚腈和第二代聚芳醚腈的基础上，第三代聚芳醚腈即功能型聚芳醚腈应运而生。如何赋予聚芳醚腈功能化是一个非常重要的研究方向。通常聚合物的功能化手段就是在聚合过程中引入官能团或者聚合后通过大分子反应引入功能点。聚合后通过大分子反应引入功能点具有的缺点主要是不可控性，表现在功能化的位置和官能团的数量上不可控，因此往往不容易得到优良的功能性高分子材料。相反，通过功能化单体的聚合反应得到功能高分子材料可以很好地避免这些不可控因素，并有利于研究结构与性能关系。因此刘孝波团队通过功能化单体的引入，合成了一系列功能型聚芳醚腈，其主要包括含氟聚芳醚腈、磺化聚芳醚腈和侧链羧酸型聚芳醚腈。

4.1 含氟聚芳醚腈的结构与性能

随着电子信息技术的快速发展，电子信息产品朝着高频高速、多功能化及小型超薄轻量化的方向发展。同时，超大规模集成电路的发展，使芯片中的互联密度不断增加，互连线的宽度和间距不断减小，由互连电阻(R)和电容(C)所产生的寄生效应越来越明显，进而使信号发生严重延迟。因此，对于具有良好性能的低介电常数材料有着迫切需求。

近年来，低介电常数材料是半导体行业研究的热门话题。低介电常数材料按材料特征可以分为无机物与有机物高分子两大类。无机物具有高稳定性、耐腐蚀性和低收缩性等优点，有机物高分子具有分子设计多样化和加工性能好等优点。低介电常数材料通过降低集成电路中所使用的介电材料的介电常数，来降低导线之间的电容效应，降低集成电路的漏电电流和电路发热等。其中高分子材料与低介电常数材料的研究密切相关，因此发展高分子低介电常数材料，具有重要的意义。

目前业内普遍使用造孔技术来降低介电常数。具体方法是把空气引入固体薄膜微孔中，已知空气介电常数为 1，所以可以大幅度降低绝缘层介电常数。但此方法存在缺点，即微孔固体中孔的尺寸难以掌控，并且孔的存在会导致薄膜力学性能很差，吸水性增加，从而影响薄膜的性能。近年来，含氟聚合物一直备受关注，因为一是 C—F 键比 C—H 键有更小的极化率，二是氟原子能增加自由体积。所以在聚合物中引入氟原子，可以使聚合物具有很低的介电常数。

刘孝波团队通过在聚芳醚腈中引入氟原子，来降低聚芳醚腈的介电常数，合成了新型的含氟聚芳醚腈，其合成反应方程式如图 4-1 所示。

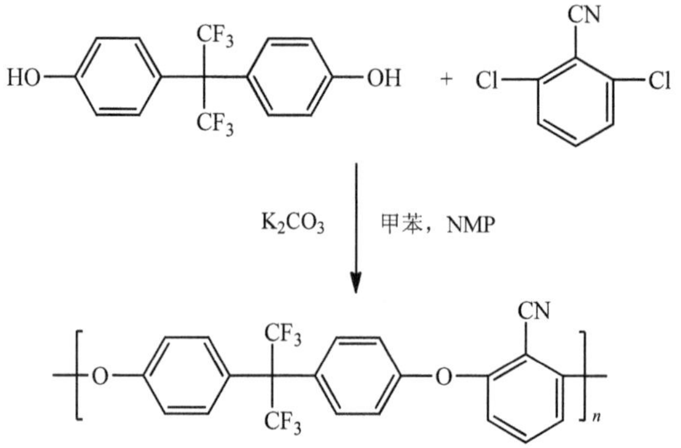

图 4-1　含氟聚芳醚腈的合成路线

含氟聚芳醚腈的 DSC 曲线如图 4-2 所示，由图可知此聚合物的玻璃化转变温度为 173℃，无熔融吸收峰，这表明了其属于无定形聚合物且具有较高的玻璃化转变温度。图 4-3 为该聚合物的 TGA 曲线，从曲线中很容易看出在氮气中其 5%的热失重温度为 512℃，在 600℃高温下残炭率高达 65%以上。图 4-4 为该聚芳醚腈经凝胶渗透色谱(GPC)测试结果，数据显示所得到的聚芳醚腈数均分子量(M_n)为 105416g/mol，重均分子量(M_w)为 157788g/mol，分子量分布指数 PDI 为 1.50。这证明所合成的含氟聚芳醚腈具有高的分子量且分子量分布较窄。尽管所得到聚合物的分子量很高，但是此聚合物的溶解性非常好，可溶于常见的非极性溶剂，如氯仿、四氢呋喃等。

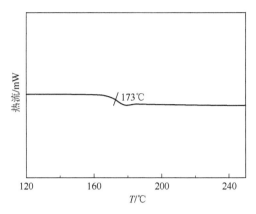

图 4-2　含氟聚芳醚腈的 DSC 曲线

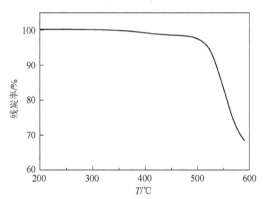

图 4-3　含氟聚芳醚腈的 TGA 曲线

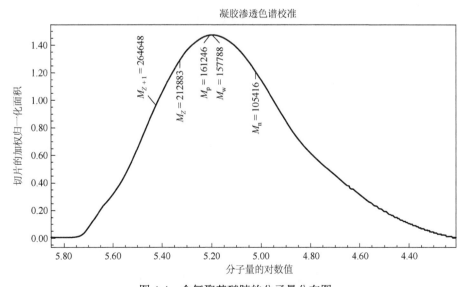

图 4-4　含氟聚芳醚腈的分子量分布图

所得到的含氟聚芳醚腈以 *N*-甲基吡咯烷酮为溶剂,通过流延成膜法制备薄膜,其外观透明,柔韧性好,具有良好的机械性能,其拉伸强度高达 92MPa,拉伸模量为 2.4GPa,断裂伸长率为 6.1%。随后含氟聚芳醚腈薄膜的介电性能也被报道,如图 4-5 所示,1MHz 的外加频率下,它的介电常数为 2.98,介电损耗为 0.0121。如此优异的介电性能使其可以作为本征型聚合物,同时刘孝波团队进一步对其进行深入研究,以其作为基体已制备出超低介电常数复合材料,相关成果将在后续章节详细报道。

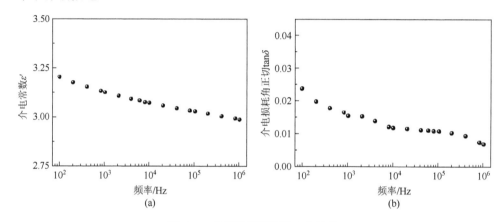

图 4-5   含氟聚芳醚腈的介电性能

4.2   磺化聚芳醚腈的结构与性能

随着现代社会的快速发展,能源危机和环境污染的问题日益严峻,因此开发新型清洁能源迫在眉睫。燃料电池被称为继水力、火力、核能之后的第四代发电装置和替代内燃机的动力装置,同时被国际能源界誉为 21 世纪最有吸引力的发电方法之一。它是一种只要连续供给燃料,使之与氧化剂发生反应,就能高效、环境友好地将化学能直接转化为电能的装置。它不受卡诺循环的限制,实际能量转换效率可达 50%以上,优于常规发电和化学电源。20 世纪 90 年代,质子交换膜燃料电池(PEMFC)技术取得了突破性进展,得到了迅速的发展。1993 年加拿大 Ballard 电力公司展示了一辆以质子交换膜燃料电池为动力的公交车,引发了全球性燃料电池电动车的研究开发热潮。近年来,质子交换膜燃料电池以其输出功率密度高、近乎零污染物排放、工作温度低、启动迅速等诸多优点在航天、军事、能源和交通等领域具有广阔的应用前景,成为燃料电池研究和开发的热点之一。质子交换膜燃料电池,又被称为聚合物电解质膜燃料电池,作为继碱性燃料电池、磷酸燃料电池、熔融碳酸盐燃料电池和固体氧化物燃料电池后开发的第五代燃料电池，由于运用了高分子膜作为固态电解质，因此具有能量转化率高、低温启动、无电解质泄漏、无腐蚀、寿命长等优点，其主要应用于备用电源、便携式电源、分布式发电厂、运输装备和特种车辆等。

4.2.1　磺化聚芳醚腈的研究背景

质子交换膜是 PEMFC 中最为核心的部位，它作为高效清洁的能源设备的核心，拥有巨大的应用潜力与价值。在电池工作中，它不仅能隔离燃料和氧化剂，防止它们直接发生反应，而且还承担着提供阴阳极之间离子传递通道的作用。质子交换膜的性能可以直接影响到 PEMFC 的最终性能，这就要求质子交换膜必须具备优异的综合性能。作为 PEMFC 的核心部件，质子交换膜应该同时满足下列要求：①高的质子传导率，保证在高的电流密度下，膜的电阻小，从而提高电池的效率；②良好的热稳定性和机械性能以及耐酸碱性；③膜在保持良好水合能力的同时，也要维持良好的尺寸稳定性；④很好地隔离氧化剂和燃料，降低燃料的渗透率，阻碍两者在电极区发生反应进而影响到电池效率；⑤价格与性能比适中。质子交换膜性能受诸多因素影响，主要有以下两个：①膜的水合程度：膜的水合程度越高，质子的传导速率越快，但是相对地，机械性能、尺寸稳定性及燃料渗透性都可能会被牺牲，因此如何在这几种性能之间达到平衡是研究的重点与难点。②膜的厚度：膜的厚度较小时不仅可以减少膜的制备成本，也可以加快膜水合进程，降低质子透过膜时的阻力从而达到增强质子传导性的目的。

现今使用的最为广泛的质子交换膜当属杜邦公司生产的 Nafion 膜，此外，类似 Nafion 结构的全氟磺酸聚合物膜，还有 Asahi Glass 公司生产的 Flemion 膜、Asahi 化学公司生产的 Aciplex 膜和 Dow 化学公司研发的 Dow 膜，它们的化学结构如图 4-6 所示。从图中可以看出：这些膜的化学结构都很类似，只是共聚物链段比例和醚支链的长度略有不同，其中 Nafion 膜、Flemion 膜和 Aciplex 膜为长支链型，而 Dow 膜为短支链型，也正是这个原因，使得 Dow 膜较其他全氟磺酸质子交换膜具有更高的质子传导率，同时也使其合成工艺更加复杂，成本较高，从而导致 Dow 膜的价格昂贵，现已停止生产。从化学结构上看，这些聚合物主链由聚四氟乙烯构成，其中含有大量碳氟键且碳氟键键能较大（485kJ/mol），为聚合物提供了优良的机械性能、化学稳定性和疏水性。同时，氟原子的电负性较大，主链上具有强烈的吸电性，使侧链上的磺酸基的酸性更强。因此，在低含量水的条件下，磺酸基就可以解离提供质子传递的场所，从而促进质子的传递。此外，磺酸基还具有良好的亲水性，聚合物中同时具有疏水的碳氟主链和亲水的磺酸侧链且这两部分相距较远，在水环境中可以形成明显的微观相分离，亲水性的磺酸基聚集形成离子簇，离子簇通过水分子连接形成连续的质子传递通道，质子在连续的离子簇通道中进行传递。

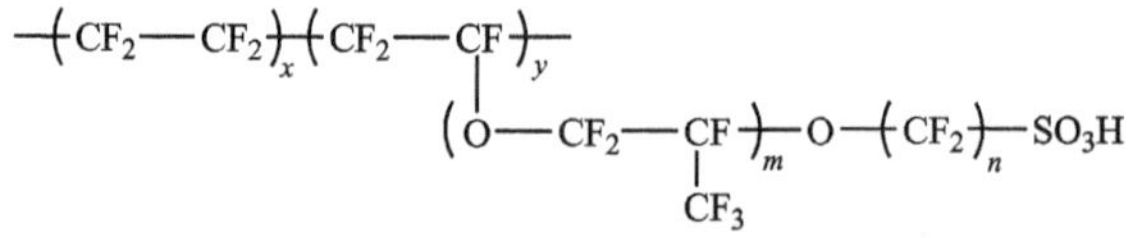

$$-(CF_2-CF_2)_x(CF_2-CF)_y$$
$$(O-CF_2-CF)_m-O-(CF_2)_n-SO_3H$$
$$CF_3$$

Nafion	$m \geqslant 1, n = 2, x = 5 \sim 13.5, y = 1000$
Flemion	$m = 0, 1, n = 1 \sim 5$
Aciplex	$m = 0, 3, n = 2 \sim 5, x = 1.5 \sim 14$
Dow	$m = 0, n = 2, x = 3.6 \sim 10$

图 4-6 全氟磺酸聚合物的化学结构

虽然全氟磺酸膜是目前应用最多的质子交换膜，但是由于膜的电性能过度依赖膜的水含量，要求膜在低于 100℃ 的温度下工作，实际上超过 80℃ 其性能就开始下降；膜的燃料渗透率较高，特别是使用甲醇作为燃料时，造成开路电压大幅度减小，使其电池的性能大大下降；合成工艺复杂，造成了膜的成本过高；此外，含氟材料带来的污染问题也不容忽视。全氟磺酸膜的上述缺点刺激了针对全氟磺酸膜的改性以及新型质子交换膜的研究。目前研究主要集中于两大方面：一是在现有的全氟磺酸膜基础上进行改进，进一步降低成本，提高性能；二是开发新型的质子交换膜材料替代全氟磺酸膜。

为了降低质子交换膜的成本，使 PEMFC 真正成为绿色环保能源装置，并同时改善质子交换膜的综合性能，近十年来，研究者们着重开始对新型的质子交换膜材料进行研究，并取得了较大的进展。磺化聚芳醚类聚合物具有热和化学稳定性好、抗水解能力强、结构多样且价格相对较低等优点，是目前研究最多，也是最有希望成为替代 Nafion 等全氟磺酸膜的质子交换膜材料之一。主要包括磺化聚醚酮、磺化聚醚砜、磺化聚苯醚、磺化聚苯硫醚等系列聚合物。最早制备磺化聚芳醚的方法是后磺化方法。首先，合成聚芳醚聚合物，然后利用磺化试剂对聚合物进行后磺化。最具代表性的就是磺化聚芳醚砜和磺化聚醚醚酮系列聚合物。磺化试剂主要有浓硫酸、三氧化硫-磷酸三乙酯、氯磺酸等。聚合物中磺酸基含量主要由反应时间、反应温度及所用磺化试剂的浓度来控制。此方法虽然具有合成方法简单、母体聚合物大多已实现大规模工业生产、可以直接买到等优点，但是用发烟硫酸和氯磺酸甚至浓硫酸作磺化剂时往往易造成聚合物的降解。这是后磺化方法的一个致命缺点。另一个缺点是磺化度难以精确控制。因此，目前用得比较多的是直接聚合法，即先开发磺化单体，再进行聚合。Wang 等采用含有磺酸的单体聚合的方法制得了质子交换膜。以碳酸钾为催化剂，将 3,3'-二磺酸钠-4,4'-二氯二苯砜，与 4,4'-二氯二苯砜以及对苯二酚，通过直接亲核取代反应，缩聚得到了新型的磺化聚芳醚砜[1]。事实证明利用磺化单体的直接聚合不仅避免了交联和其他副反应的发生，同时也很好地控制了磺化度。

4.2.2　磺化聚芳醚腈的合成与性能

磺化聚芳醚腈(BP-SPEN)是主链含有氰基的一类磺化聚芳醚，分子结构中柔性的醚键和氰基的相互协同作用进一步提高了其耐热性和化学稳定性。更重要的是，侧链的氰基可以增强分子间的偶极-偶极相互作用，减少膜的溶胀，并且可以增强聚合物与膜电极组件的催化剂之间的黏附作用。早从 2005 年开始，Guiver等发展了一系列低溶胀的磺化聚芳醚腈共聚物并证明了其优异的电池性能[2-7]，其结构式如图 4-7 所示。电池的寿命也是实用化过程中面临的一个问题，虽然有些膜的性能优于 Nafion，但是膜和 Nafion 修饰电极的界面不相容性往往局限了电池长时间的有效运行[8]。在随后的研究中，Kim 等合成了聚芳醚腈砜，实现了与 Nafion修饰电极良好的界面相容性，使电池能够连续稳定工作长达 2000h[9]。

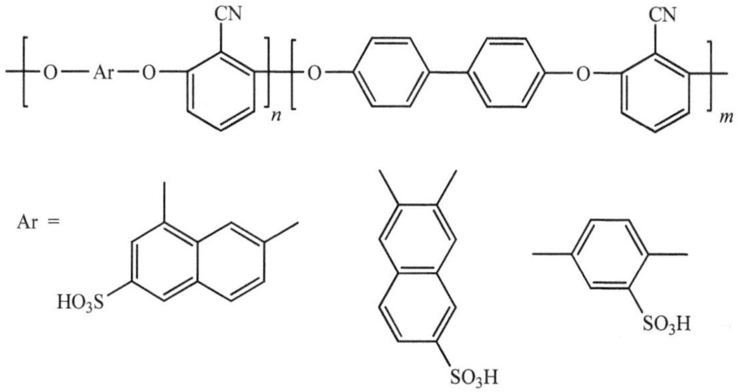

图 4-7　Guiver 等报道的磺化聚芳醚腈共聚物

随后，刘孝波团队对磺化聚芳醚腈共聚物的结构进行了更加深入细致的研究，首先他们通过控制磺酸单体的含量(磺酸二元酚和共聚二元酚摩尔比为 6∶4)，改变共聚二元酚单体的结构(联苯二酚、间苯二酚、对苯二酚、双酚 A 及酚酞啉型)，合成了一系列具有不同结构的磺化聚芳醚腈，系统地研究了结构与性能间的构效关系，其合成示意图如图 4-8 所示。

不同结构的磺化聚芳醚腈通过红外图谱进一步表征，如图 4-9 所示。从图中可以看出，在 2230cm^{-1} 处的特征吸收峰属于磺化聚芳醚腈主链氰基的伸缩振动峰；在 1600cm^{-1}、1500cm^{-1} 和 1460cm^{-1} 处的吸收峰属于苯环的特征吸收峰。所有的磺化聚芳醚腈在 1251cm^{-1} 处都有一处明显的吸收峰，这属于醚键的特征峰；在 1089cm^{-1} 和 1028cm^{-1} 两处的特征吸收峰则属于磺酸基团对称和非对称的伸缩振动峰。其中不同的是，在 2970cm^{-1} 处的特征吸收峰为双酚 A 型磺化聚芳醚腈共聚物(BPA-SPEN)中甲基 C—H 键伸缩振动，1720cm^{-1} 处的峰则为酚酞啉中羧基

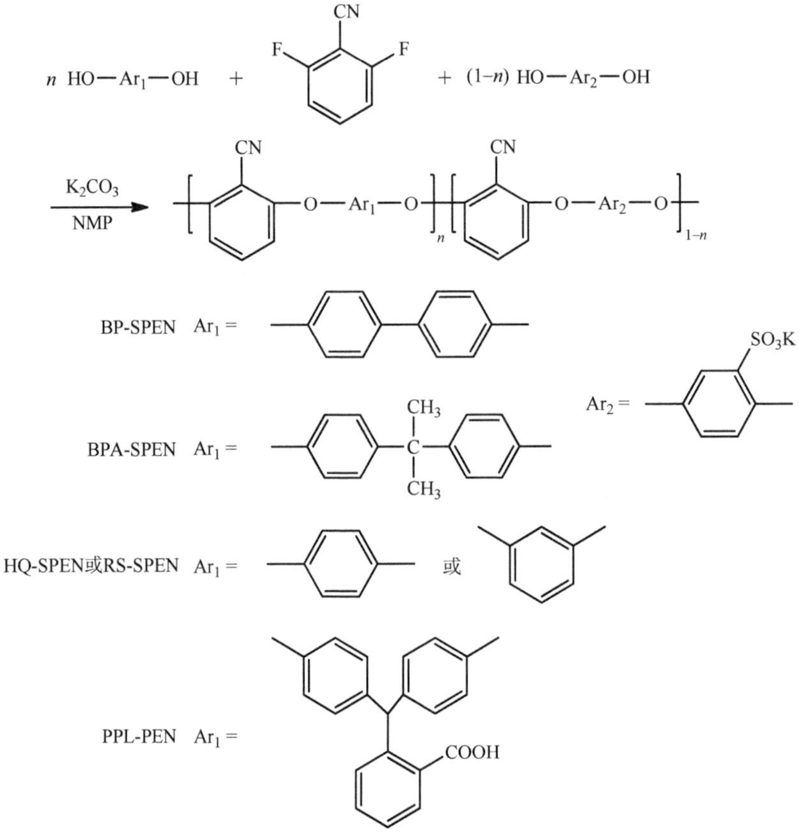

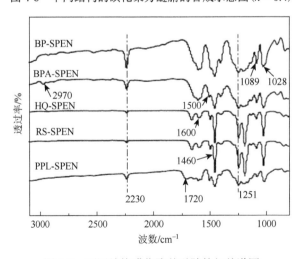

图 4-8 不同结构的磺化聚芳醚腈的合成示意图($n = 0.4$)

图 4-9 不同结构磺化聚芳醚腈的红外谱图

基团的特征吸收峰。红外图谱证明了聚合反应的成功进行。为了进一步证明磺化聚芳醚腈的成功合成，以 BP-SPEN 为典型对其进行核磁共振测试，如图 4-10 所示。从核磁图谱中可以看出，磺化聚芳醚腈上的氢都一一对应核磁氢谱相应的位置，这证明了 BP-SPEN 结构的正确性。

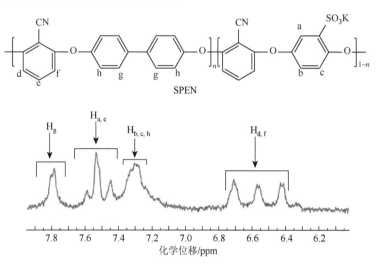

图 4-10　磺化聚芳醚腈共聚物(BP-SPEN)的核磁氢谱图

　　在聚合反应中，由于不同的酚单体结构具有不同的反应活性，最终合成的聚合物分子量可能也有所不同，而分子量的不同在一定程度上会影响聚合物的性能。因此不同结构磺化聚芳醚腈的特性黏度也被研究，其结果如表 4-1 所示，BP-SPEN、BPA-SPEN、HQ-SPEN、RS-SPEN 和 PPL-SPEN 的特性黏度分别为 3.35dL/g、3.27dL/g、3.46dL/g、3.43dL/g 和 1.68dL/g。测试结果表明，除了 PPL 结构，其他结构磺化聚芳醚腈的特性黏度都较为接近，说明聚合物的分子量相对相近。相近的分子量有助于聚合物性能的比较。

表 4-1　不同结构磺化聚芳醚腈的特性黏度

聚合物	BP-SPEN	BPA-SPEN	HQ-SPEN	RS-SPEN	PPL-SPEN
$[\eta]/(dL/g)$	3.35	3.27	3.46	3.43	1.68

　　随后磺化聚芳醚腈薄膜可通过流延成膜法制备，其作为质子交换膜的一系列基础性能被进一步研究。不同结构磺化聚芳醚腈薄膜的热性能可通过在氮气气氛下的热失重分析来研究，结果如图 4-11 所示。从图中可以看出，所有膜都呈现出两个分解台阶，一个是磺酸基团的分解温度，另一个是聚芳醚腈主链的分解温度。BP-SPEN、BPA-SPEN、HQ-SPEN、RS-SPEN 和 PPL-SPEN 膜的热

失重 5%分解温度分别为 356℃、327℃、362℃、368℃和 311℃。不同结构磺化聚芳醚腈热性能的差异主要在于分子结构单元的热稳定性不同。BPA-SPEN 和 PPL-SPEN 膜的热稳定性相较其他结构更低，这主要是因为主链连有烷基碳。此外，在氮气气氛下，不同结构磺化聚芳醚腈的残炭率依次为 64.4%、57.9%、66.3%、68.7%和 69.4%，磺化聚芳醚腈优异的热稳定性主要归功于其主链上含有大量的芳环结构。总体来说，该系列的磺化聚芳醚腈膜优异的热稳定性使其足以作为质子交换膜使用。

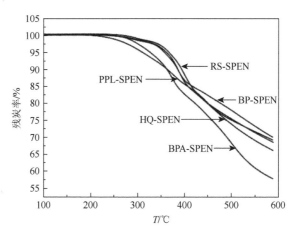

图 4-11   不同结构的磺化聚芳醚腈膜材料在氮气气氛下的热性能

机械性能是决定膜材料实际应用可能性的重要指标，其决定了膜的使用范围和使用寿命。对于质子交换膜来说，膜的实际应用环境一般为湿态，因此膜在湿态下的机械性能也尤为重要。图 4-12 是不同结构的磺化聚芳醚腈膜样品在干态与湿态下的机械性能。从图中可以看出，所有聚合物膜在湿态下的强度和模量都比干态下低，这是由于水在膜中的塑化作用。在干态下，磺酸基团倾向于通过离子相互作用来增强膜的机械强度，然而在湿态下磺酸基团与水之间形成的氢键取代了部分离子相互作用。另外，膜中的水分削弱了其刚性网络结构，降低了拉伸强度。在所有结构的磺化聚芳醚腈中，无论是在干态还是湿态下，BP-SPEN 膜的拉伸强度和模量是最高的，分别为 85MPa 和 2274MPa，其次是 RS-SPEN、BPA-SPEN、HQ-SPEN。这主要是由于 BP 具有更大的共轭 π 体系，因此具有更高的刚性，其显示的拉伸强度自然最高。然而，在它们当中，PPL-SPEN 显示了最差的机械性能，这是因为 PPL 的结构单元是非共平面的螺旋桨式结构，三个苯环并不共平面，因此引起苯环彼此之间较大的空间位阻效应。尽管如此，所有结构的磺化聚芳醚腈膜都具有良好的机械性能，即使是在湿态的条件下，仍可以完全满足作为质子交换膜使用的要求，为材料下一步的开发奠定了基础。

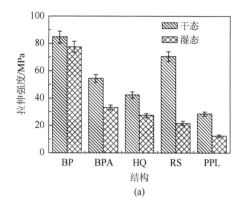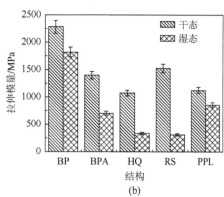

图 4-12　常温下不同结构的磺化聚芳醚腈在干态和湿态下的机械性能

(a)拉伸强度；(b)拉伸模量

　　质子交换膜最重要的作用就是传递质子，而在传递质子的过程中，水是最重要的媒介，足够多的水分是促进质子传输的必要条件。因此，水在质子交换膜中占据举足轻重的位置。但是，如果吸水过多会导致膜材料的机械性能下降甚至膜破裂，这样就会失去膜材料的实际使用价值，因此，对膜的吸水性和溶胀性进行表征是很有必要的。对于磺化聚芳醚腈来说，磺酸基团是亲水性基团，赋予膜材料一定的吸水性，而主链结构却是疏水的，这就可以保证在吸水后膜材料仍具有一定的机械强度。图 4-13(a)是不同结构的磺化聚芳醚腈在不同温度下的吸水率。由图 4-13(a)可知，联苯结构的磺化聚芳醚腈吸水率最低，常温下仅为 26.63%，其次依次是 BPA 型、PPL 型、HQ 型，RS 型的磺化聚芳醚腈吸水率显示为最高，常温下达到 54.83%，表明不同的分子结构会对膜材料的性能造成很大的影响。相对来说，BP-SPEN 的刚性要强于 BPA-SPEN，因此导致其具有更低的吸水率。RS-SPEN 显示了比 HQ-SPEN 更强的吸水性，因此在湿态下 RS-SPEN 的机械强度要弱于 HQ-SPEN，这是由于规整的分子结构有利于形成更通畅的水传输与吸收通道，增加膜的吸水性。所有膜的吸水率都是随着温度的升高而增加，对于 BP 和BPA 结构单元的 SPEN 来说，在高温下的吸水率变化不是很大，但是对于 HQ 和RS 结构单元的 SPEN 来说，在高温下吸水率增加很大。RS-SPEN 膜在 80℃下发生过度溶胀甚至溶解在水中，因此无法准确地计算出吸水率数值，这与膜的刚性是有关系的。质子交换膜的溶胀率是表征其水溶胀性的重要参数，一般来说，质子交换膜含水量越大，膜的尺寸变化越大，这样会导致膜的机械强度有所下降，从而影响到膜的正常使用。因此，在探究膜吸水率的同时，也应该考量膜的尺寸稳定性，即溶胀率的变化。如图 4-13(b)所示，该系列结构单元的磺化聚芳醚腈膜的溶胀率趋势与吸水率是大致相同的,这是因为膜吸水引起尺寸的变化。BP-SPEN溶胀率最低，在常温和 80℃下，其溶胀率分别为 8.78%和 17%，展现出最优异的尺寸稳定性。除了 RS-SPEN 膜,该系列结构单元的其他磺化聚芳醚腈都显示了高温下良好的尺寸稳定性,可以满足其作为质子交换膜使用时对尺寸稳定的要求,而 RS-SPEN 膜则失去了它的实际应用价值。

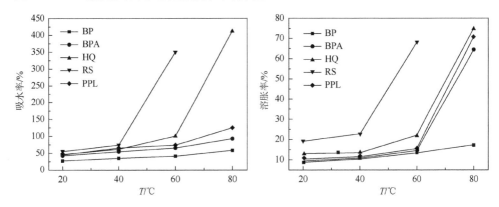

图 4-13   不同结构的磺化聚芳醚腈在不同温度下的吸水溶胀性

(a)吸水率; (b)溶胀率

离子交换容量(IEC)是指每克聚合物膜材料中所有进行离子交换的基团的毫克当量数(meq),其值大小直接反映了聚合物中离子基团含量的多少,在磺化聚合物膜材料中,它直接反映了聚合物中磺酸基团的含量,IEC 值越大,说明聚合物的磺化度越大,IEC 值的大小也决定着聚合物膜材料的吸水率和质子传导率。聚合物膜的 IEC 可通过传统的酸碱滴定法来得到。表 4-2 是不同结构磺化聚芳醚腈的 IEC 测试结果。从表中可以看出,IEC 的数值变化大小为 PPL-SPEN<BP-SPEN<BPA-SPEN<HQ-SPEN<RS-SPEN。虽然不同结构的磺化聚芳醚腈在合成时都控制了酚单体与磺酸单体相同的摩尔比,但是由于聚合物主链结构的不同,膜材料的刚柔性不一致,导致膜具有不一样的吸水性,从而引起离子交换速率快慢不一,因此不同结构的磺化聚芳醚腈呈现出了不同的 IEC 值。

表 4-2   不同结构的磺化聚芳醚腈的 IEC 值

聚合物	BP-SPEN	BPA-SPEN	HQ-SPEN	RS-SPEN	PPL-SPEN
IEC/(meq/g)	1.290	1.421	1.503	1.511	1.287

膜材料的电导率是衡量质子传输速率的重要参数,电导率是质子在膜内传输速率的体现,反映了质子在膜内迁移速率的大小,决定着质子交换膜的应用价值。一般来说,质子电导率越高,质子在膜内的传输越快。很多因素可以影响到质子电导率,如聚合物的结构、膜中磺酸基团的含量、温度及微观结构等。图 4-14 是不同结构磺化聚芳醚腈在不同温度下的质子电导率。质子电导率是通过交流阻抗

法测试的，所有磺化聚芳醚腈膜测试前先吸水 24h 以达到吸水平衡，测试的时候保持全湿状态。从图中可知，在常温下，除了 PPL-SPEN 膜，BP-SPEN 膜的质子电导率最小，为 0.044S/cm，而 RS-SPEN 膜的电导率是最高的，高达 0.099S/cm。质子电导率的变化规律与膜的吸水溶胀性和 IEC 的变化规律是基本一致的，这都由聚合物主链的结构所决定。虽然质子电导率较低的 BP-SPEN 仅有 0.044S/cm，但仍已达到作为质子交换膜使用的要求（>0.01S/cm）。图 4-14 同时也展示了不同结构的磺化聚芳醚腈的质子电导率随温度的变化规律。所有膜的电导率都随温度的升高而增加，这是由于磺酸基团在水中的解离活化能降低，质子的移动速度提高，即质子在膜中的交换速度加快。值得注意的是，由于 RS-SPEN 膜在 80℃下已经溶解在水中，因此无法测试其具体的质子电导率，该膜也失去了其自身的使用价值。

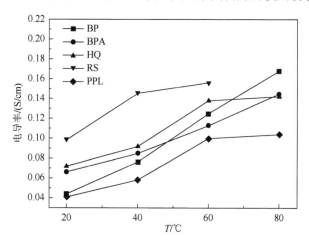

图 4-14　不同结构的磺化聚芳醚腈在不同温度下的质子电导率

　　通过系统地研究磺化聚芳醚腈结构与性能之间的关系，可以发现 BP-SPEN 结构的膜具有最为优异的综合性能。BP-SPEN 质子传导的机理也被研究，通过原子力显微镜（AFM）可以看出薄膜表面的微观形态。图 4-15 是在轻敲模式下薄膜的 AFM 图，相图中的暗区域代表亲水区域的柔软部分，而明亮区域则为疏水区域的硬段部分，其中暗区可以被当成离子通道形成的区域即离子簇。从图 4-15 中可以看出，SPEN 膜内部形成了局部分散的离子簇，这些离子簇的形成有益于质子传导。然而由于在质子交换膜实际使用过程中，燃料也可以通过质子传输通道渗透，那么离子簇过大有可能导致燃料的渗透性增加。以燃料甲醇为例，甲醇可以透过质子交换膜从电池的阳极渗透到阴极，造成阴极中毒，降低电池效率，因此理想质子交换膜不仅需要具有良好的质子传导性，还应具有良好的阻醇性能。因此 BP-SPEN 的甲醇渗透也被研究，此膜同时具有良好的阻醇性能，甲醇渗透率仅为 $4.12 \times 10^{-7} \mathrm{cm}^2/\mathrm{s}$。

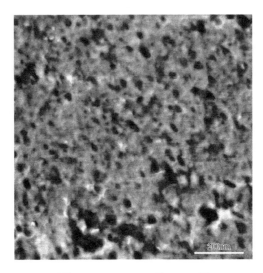

图 4-15   BP-SPEN 的 AFM 图

刘孝波团队通过分子结构设计已经制备出综合性能优异的磺化聚芳醚腈 BP-SPEN 膜，以期可作为燃料电池的质子交换膜使用。与此同时，磺化聚芳醚腈作为功能化聚芳醚腈的一个重要分支，也将在未来进一步扩展其应用范围。

4.3   侧链羧酸型聚芳醚腈的结构与性能

侧链羧酸型聚芳醚腈作为功能化聚芳醚腈家族的一员，由于羧基官能团的引入，大大扩宽了聚芳醚腈的应用。侧链羧酸型聚芳醚腈具有扭曲的双酚结构，通过加大分子链之间的距离，减弱分子间的作用力，破坏聚芳醚腈的结晶性，有利于溶剂分子扩散到分子链之间，大大改善了聚芳醚腈的溶解性能。同时，其具有较高的耐热性能、较大的共轭刚性平面及高活性的羧基，使得此类高分子不仅具有一定的荧光性，同时也可以左右载体与稀土化合物配位反应获得荧光性更加优异的耐高温复合材料。

4.3.1   侧链羧酸型聚芳醚腈的合成与性能

张海春等开发了一种酚酞型的聚芳醚酮并在 1987 年公开了其制备方法，他们通过在聚芳醚酮主链中引入酚酞结构单元，扭曲非共平面的双酚结构使酚酞型聚芳醚酮具有良好的溶解性，同时由于酚酞侧基的位阻作用限制了分子链的自由旋转，其玻璃化转变温度进一步提高。受此启发，刘孝波团队通过分子结构设计，在聚芳醚腈主链上引入含羧基单体酚酞啉，得到了一系列新型的可溶性含羧基侧基聚芳醚腈。通过分子结构设计可知，酚酞啉结构中具有体积庞大的苯甲酸侧基基团，破坏了分子结构的规整性，使分子链之间的堆积比较松散，增加了自由体积，有利于溶剂分子向分子链间的孔隙扩散；再者，强极性基团羧基的引入，可加速溶剂分子向聚合物内部的扩散，故可实现侧链羧酸型聚芳醚腈在常见的 NMP、DMSO、DMF、DMAC、THF 等溶剂中具有良好的溶解性。

　　侧链羧酸型聚芳醚腈中的酚酞啉单体首先是通过价廉易得的酚酞在氢氧化钠和锌粉的条件下还原，内酯基开环后可得到活性的羧酸盐，再加入盐酸酸化，可析出白色的粉末，即为带有羧基的酚酞啉，如图 4-16 所示。利用所得到的酚酞啉单体，通过先前相似的反应历程可得到侧链羧酸型聚芳醚腈，合成路线如图 4-17 所示。

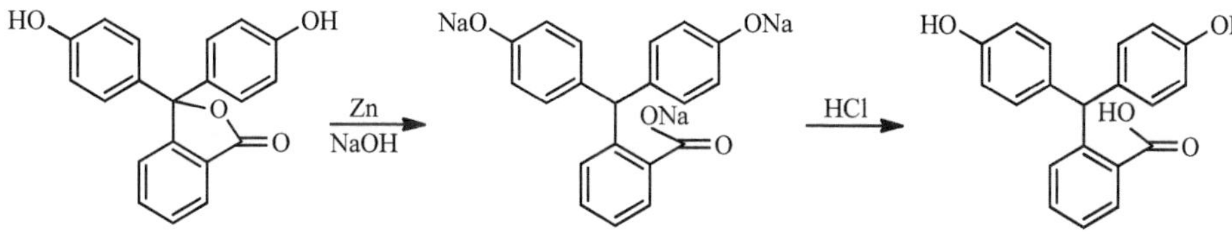

图 4-16　酚酞啉的合成示意图

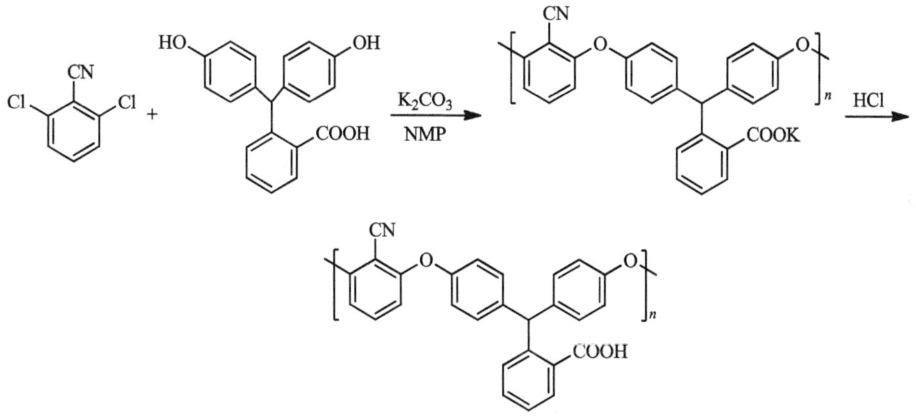

图 4-17　侧链羧酸型聚芳醚腈的合成

　　通过图 4-18 中的 DSC 曲线可知所合成的侧链羧酸型聚芳醚腈具有较高的玻璃化转变温度（$T_g = 237{℃}$），这大大提高了其实际可使用的温度。图 4-19 为该聚合物的 TGA 曲线，在氮气中其 5% 的热失重温度为 373℃，在 600℃ 高温下残炭率还能保持在 60% 以上，这也说明了其耐热性能良好。利用乌氏黏度计表征此聚合物的特性黏度 $[\eta]$，在 NMP 为溶剂、30℃ 条件下可得聚合物 $[\eta] = 0.67 dL/g$。图 4-20 为该聚芳醚腈经凝胶渗透色谱（GPC）测试结果，其数据显示所得到的聚芳醚腈数均分子量（M_n）和重均分子量（M_w）分别为 51683 和 76967，其分子量分布指数 PDI 为 1.49。这些数据证明所合成的侧链羧酸型聚芳醚腈具有高的分子量且分子量分布较窄。

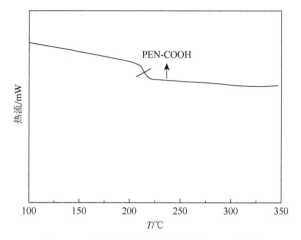

图 4-18   侧链羧酸型聚芳醚腈的 DSC 曲线

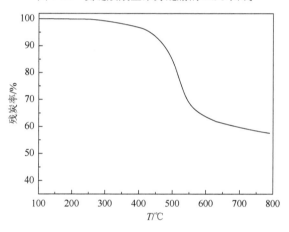

图 4-19   侧链羧酸型聚芳醚腈的 TGA 曲线

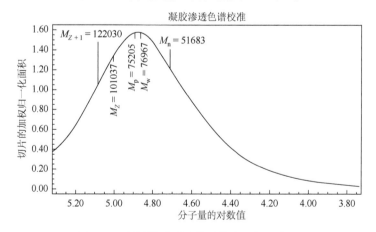

图 4-20   侧链羧酸型聚芳醚腈分子量分布图

4.3.2　侧链羧酸型聚芳醚腈的应用

侧链羧酸型聚芳醚腈共聚物目前主要应用于以下方面。

1. 荧光材料

刘孝波团队采用价廉易得的 2, 6-二氯苯甲腈与酚酞啉以及间苯二酚、对苯二酚、双酚 A、酚酞四种常见双酚单体分别共聚获得系列不同结构的新型含羧基侧基聚芳醚腈共聚物,并系统性地研究了这些共聚物的结构与性能关系[10]。它们具有较高的玻璃化转变温度(195~251℃)以及优异的热稳定性和热氧稳定性;力学性能结果显示其力学强度达 83.1~104.7MPa;荧光测试结果显示含羧基侧基聚芳醚腈在 280~330nm 紫外光区具有强吸收,并具有在紫外激发下发出蓝色荧光的功能特性,如图 4-21 所示。随后他们又以其作为基体树脂,分别采用稀土填充法和稀土离子配合法制备出一种具有高柔性、高透明性、高热稳定性、高力学强度且荧光颜色可调的荧光复合材料。具体内容详见后面章节。

(a)　　　　　　　　　　　　　　　(b)

图 4-21　不同结构单元侧链羧酸型聚芳醚腈的 NMP 溶液实物照片(彩图请扫封底二维码)

(a)自然光照射下;　(b)365nm 紫外光照射下

2. 无机纳米填料的表面改性剂

由于侧链羧酸型聚芳醚腈的羧基侧基具有化学配位活性的特征,刘孝波等利用侧链羧酸型聚芳醚腈作为无机纳米填料的表面接枝处理剂,对纳米钛酸钡进行表面接枝处理,如图 4-22 所示,然后将其作为介电填料制备了具有耐高温、高强度、柔韧性好并兼具优异介电性能的聚芳醚腈/表面接枝纳米钛酸钡介电功能复合材料[11]。

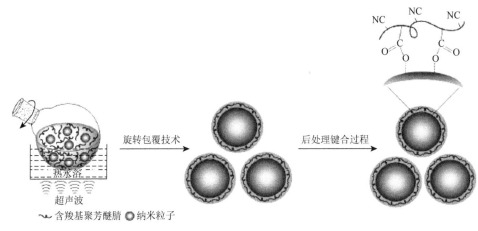

图 4-22　侧链羧酸型聚芳醚腈对无机纳米颗粒表面接枝的示意图

3. 质子交换膜

刘孝波团队通过将酚酞啉引入磺化聚芳醚腈骨架中，同时利用羧酸基团的可反应性，即羧酸的 Friedel-Crafts 自交联策略或外加交联剂策略（小分子交联剂 2, 5-二羟基苯磺酸钾、高分子交联剂磺化聚乙烯醇等），得到了一系列尺寸稳定性高、阻醇性好，同时拥有高质子电导率的交联型质子交换膜[12-14]。

4. 重金属离子吸附剂

大连理工大学王忠刚团队合成了侧链羧酸型聚芳醚腈并将其转变成钠盐，以其为吸附剂来吸附水溶液中的铜离子和铅离子。通过系统地考察溶液 pH、溶液浓度、吸附时间、温度等因素对吸附量的影响，得出铜和铅离子的最大吸附量分别为 61.34mg/g 和 175.4mg/g，适宜的溶液 pH 范围为 4～7。动力学研究表明此吸附过程遵循二阶动力学模型。通过进一步吸附和脱附的实验，测试了吸附剂的再生性能，结果表明 3 次循环后，其吸附量仍然达到初始的 95%以上，这说明了该吸附材料可能在重金属处理领域有巨大的实际应用价值[15]。

4.4　小　　结

通过聚芳醚腈合成技术与方法不难看出，聚芳醚腈是一类新型的高性能聚合物，通过方便的合成技术而改变分子结构可以获得均聚物和共聚物；既可以制造出高性能的结晶性聚芳醚腈，也可以合成出具有较高耐热性能的无定形聚芳醚腈；通过分子设计，可以合成出端基交联的高分子量聚芳醚腈，也可以合成出侧链交联的高分子量聚芳醚腈。同时通过官能团的引入，还可以扩宽其应用范围。这些方法和聚合物的构建对于丰富和发展聚芳醚腈系列规格产品和功能应用开发是具有重要的科学意义和现实意义的。

参 考 文 献

[1] Wang F, Hickner M, Kim Y S, et al. Direct polymerization of sulfonated poly(arylene ether sulfone) random(statistical) copolymers: candidates for new proton exchange membranes. Journal of Membrane Science, 2002, 197(1-2): 231-242.

[2] Gao Y, Robertson G P, Guiver M D, et al. Synthesis of copoly(aryl ether ether nitrile)s containing sulfonic acid groups for PEM application. Macromolecules, 2005, 38(8): 3237-3245.

[3] Gao Y, Robertson G P, Guiver M D, et al. Low-swelling proton-conducting copoly(aryl ether nitrile)s containing naphthalene structure with sulfonic acid groups meta to the ether linkage. Polymer, 2006, 47(3): 808-816.

[4] Gao Y, Robertson G P, Kim D S, et al. Comparison of PEM properties of copoly(aryl ether ether nitrile)s containing sulfonic acid bonded to naphthalene in structurally different ways. Macromolecules, 2007, 40(5): 1512-1520.

[5] Kim D S, Kim Y S, Guiver M D, et al. High performance nitrile copolymers for polymer electrolyte membrane fuel cells. Journal of Membrane Science, 2008, 321(2): 199-208.

[6] Kim Y S, Kim D S, Liu B J, et al. Copoly(arylene ether nitrile)s: high-performance polymer electrolytes for direct methanol fuel cells. Journal of the Electrochemical Society, 2007, 155(1): B21.

[7] Shin D W, Lee S Y, Kang N R, et al. Durable sulfonated poly(arylene sulfide sulfone nitrile)s containing naphthalene units for direct methanol fuel cells(DMFCs). Macromolecules, 2013, 46(9): 3452-3460.

[8] Mehmood A, Scibioh M A, Prabhuram J, et al. A review on durability issues and restoration techniques in long-term operations of direct methanol fuel cells. Journal of Power Sources, 2015, 297: 224-241.

[9] Kim Y S, Pivovar B S. The membrane-electrode interface in PEFCs Ⅳ. The origin and implications of interfacial resistance. Journal of the Electrochemical Society, 2010, 157(11): 1616-1623.

[10] Tang H L, Pu Z J, Huang X, et al. Novel blue-emitting carboxyl-functionalized poly(arylene ether nitrile)s with excellent thermal and mechanical properties. Polymer Chemistry, 2014, 5(11): 3673-3679.

[11] Tang H L, Wang P, Zheng P L, et al. Core-shell structured BaTiO₃@ polymer hybrid nanofiller for poly(arylene ether nitrile) nanocomposites with enhanced dielectric properties and high thermal stability. Composites Science and Technology, 2016, 123: 134-142.

[12] Liu J C, Feng M N, Liu X B. Cross-linked sulfonated poly(arylene ether nitrile)s membranes based on macromolecule cross-linker for direct methanol fuel cell application. Ionics, 2017, 23(8): 2133-2142.

[13] Zheng P L, Liu J C, Liu X B, et al. Cross-linked sulfonated poly(arylene ether nitrile)s with high selectivity for proton exchange membranes. Solid State Ionics, 2017, 303: 126-131.

[14] Liu J C, Zheng P L, Feng M N, et al. Preparation and properties of crosslinked hybrid proton exchange membrane based on sulfonated poly(arylene ether nitrile) with improved selectivity for fuel cell application. Ionics, 2017, 23(3): 671-679.

[15] 施启荣. 羧基功能化聚芳醚腈：合成、重金属吸附及其稀土配合物的荧光性能. 大连：大连理工大学, 2013.

第5章

聚芳醚腈增强复合材料及应用

近年来，飞机、汽车、交通等产业耗费能源和污染环境等涉及全球发展的问题受到越来越多的关注。为了实现可持续发展，节能环保成为航空航天、汽车制造和轨道交通等制造领域的首要考虑问题。在全球节能减排的大背景下，轻量化成为新材料发展的重要方向[1-5]。民用飞机、新型汽车、轨道交通等利用轻质量材料、改善结构设计、轻量化加工技术等手段达到轻量化的目的。增强树脂基复合材料因其优良的强度和耐热耐腐蚀等性能在众多轻质材料中脱颖而出。当可持续发展和环境保护成为全球关注的问题后，热固性树脂基复合材料的成型速度慢、成型过程复杂及难回收等特点成为如今限制其使用的致命伤。与热固性树脂相比，热塑性树脂加热熔融、降温结晶固化的特点使其适用于快速加工制成外形较复杂的产品，并且所制预浸料能长期稳定保存而不用在特殊环境中限期存放，同时，热塑性树脂为线形分子链结构，可通过加热熔化实现回收再利用，对生态环境污染小，使得热塑性复合材料从早期主要作为廉价日用品材料转化为高附加值、高技术含量材料在高新技术领域中得到广泛应用。图5-1为纤维增强树脂基复合材料在各领域中的应用产品实例。随着新型高性能热塑性复合材料在交通运输、电气化工、机械建筑及武器装备上的广泛应用，对热塑性复合材料的设计制备及加工工艺提出越来越高的要求。设计制备和加工时复合材料制造全过程中生产高质量、低成本新产品的关键，是将新研究新设计转化为可用的器件、系统和产品的核心。因此，开展复合材料的设计加工研究是材料科学与工程基础研究领域中的重要部分。本章将系统地介绍基于聚芳醚腈的热塑性树脂基复合材料的设计制备及性能特点，阐述聚芳醚腈复合材料的组成设计、结构调控、聚集态控制等的操作方法，揭示复合材料的微观结构与宏观性能间的作用机制，以期为新型高性能树脂基复合材料的设计开发提供新的设计思路和研究方向。

聚芳醚腈作为高性能聚芳醚类高分子家族中的一员，具有高耐热、耐腐蚀、高强度的基本特性。同时因为分子主链结构中含有极性氰基基团，聚芳醚腈又表现出区别于聚芳硫醚、聚芳醚酮等的特性，如强的分子间作用力、与填料间强的界面作用力。为系统展示聚芳醚腈复合材料的结构与性能特点，本章简要介绍研究组在增强聚芳醚腈复合材料领域的研究内容和工作进展，并与现有热塑性复合材料的性能进行对比，从而深入讨论聚芳醚腈复合材料的构效关系。

图 5-1　纤维增强树脂基复合材料

(a)笔记本电脑的上盖；(b)3D 打印制备的碳纤维增强树脂基飞机结构件；(c)纤维增强树脂基复合材料制备的行李箱；(d)短切碳纤维增强树脂复合材料制备的轮盘；(e)纤维增强树脂基复合材料汽车引擎盖；(f)纤维增强树脂基复合材料 LED 显示幕展架

5.1　碳材料增强聚芳醚腈复合材料

作为高性能聚芳醚类高分子的代表之一，聚芳醚腈具有高强度、高模量、耐高温等性能，在航空航天、军工电子、机械舰船等领域具有广阔的应用前景。聚芳醚腈上的极性氰基基团具有一定的黏结性,且聚芳醚腈容易成型,因此是制备先进复合材料的优秀载体。目前,针对新型聚芳醚腈复合材料而开展的大量研究中,增强粒子和纤维填充增强聚芳醚腈复合材料是研究的主要方向。

5.1.1 粒子填充增强聚芳醚腈复合材料

聚芳醚腈具有优异的性能,通过与填料复合可以制备出具有不同功能的增强材料、功能材料和结构材料,在电子材料和电子元器件以及汽车、航天、航空等领域具有潜在的应用前景[6-10]。

粒子增强聚芳醚腈复合材料是指通过填料加工改性而得到性能增强的聚芳醚腈复合材料。同其他高分子一样,在一定条件下(通常有加热塑化、剪切、混合、配制溶液等),利用各种方法将其成型为具有特定形状和使用价值的物件,并冷却定型、修整和后加工,制成要求的制品。粒子增强聚芳醚腈复合材料制品的生产过程一般分为如下三个步骤:混合或混炼、加工成型及后加工(图5-2)。

图 5-2   离子增强聚芳醚腈制品的加工过程

在粒子增强聚芳醚腈复合材料生产过程中,混合或混炼是必不可少的步骤。混合或混炼的目的可以概括为三点:①提高聚芳醚腈的使用性能,这是混合或混炼的主要目的;②改善聚芳醚腈的加工性能,这对于高黏度类聚芳醚腈特别重要;③降低成本。

目前,对于聚芳醚腈,混合或混炼的主要方法有:

(1)机械共混法:将聚芳醚腈及配合组分在混合设备中混合和混炼,制备出分散度高、均匀度好的聚合物共混料的过程,称为机械共混法。机械共混时,可以通过聚芳醚腈粉料共混达到均匀,也可以通过聚芳醚腈粒料熔融共混达到混炼的目的。机械共混法又可以分为简单物理共混法和反应-机械共混法。简单物理共混法主要是物理掺混;反应-机械共混法是在机械剪切力作用场下,共混伴随着某些化学结构的改变或者化学反应的进行。该方法的优点是操作简单,无需溶剂,比较环保,并且能够实验大规模生产,为目前工业制备聚芳醚腈复合材料最常用的方法。利用此方法可以制备聚芳醚腈合金混合物,聚芳醚腈/传统填料混合物,近年来也被用于聚芳醚腈/纳米填料混合物。缺点是配料可能与聚芳醚腈混合不均匀,可能影响聚芳醚腈产品的最终各项性能和稳定性。

(2)溶液共混法:溶液共混法是将聚芳醚腈和配合组分溶解在共同溶剂中,再除去溶剂得到聚芳醚腈共混物。相比机械共混,此方法能够实现较好的配料分散,混合均匀度好,特别适合于纳米填料的分散。缺点是只能实现小规模生产,需要溶剂，不环保，并且残留的微量溶剂也可能对产品最终性能具有一定影响。

（3）共聚-共混法：这是制备聚芳醚腈复合材料的化学方法。共聚-共混法主要有接枝共聚-共混法和嵌段共聚-共混法。接枝共聚-共混法应用更加普遍和重要。接枝共聚-共混法的过程是：先制备聚芳醚腈聚合物，然后将其溶解于另一种聚合物的合成单体中，得到分散良好的反应溶液，然后加入引发剂促使单体和聚芳醚腈共聚，且单体能够自身聚合，形成少量的均聚物，此方法对于制备聚芳醚腈类合金共混物至关重要。另外，还可以先对填料进行改性，使其含有官能团，然后加入到聚芳醚腈单体中，通过单体聚合形成聚芳醚腈-填料共混物。该方法也就是所谓的原位聚合法，对制备聚芳醚腈类纳米材料至关重要。此方法的优点是：与机械共混法和溶液共混法相比，共聚-共混法所得共混物均匀度最高，所得最终产品性能最好。但是，此方法的缺点是操作麻烦，纯化未反应的微量单体伴随着填料的流失，并且同溶液共混法一样，需要溶剂，不环保。

（4）互穿网络聚合物（IPN）制备技术：这是一种化学方法制备物理共混物的方法。其典型的制备过程是：借助聚芳醚腈潜在交联氰基基团，将其溶胀在含有交联剂的其他高分子单体中，一同聚合，此时其他单体反应生成的高分子聚芳醚腈上氰基交联的聚芳醚腈网络相互贯穿，实现了两种聚合物网络互穿的共混。此方法对于含有潜在交联氰基基团的聚芳醚腈具有重要的意义。例如，可以通过改进互穿网络聚合物制备技术，先把聚芳醚腈和热固性预聚物直接机械共混混合，然后进行交联处理，可以直接得到互穿网络类复合材料。也可以通过填料改性，使其含有可交联氰基基团，然后与聚芳醚腈的氰基发生共交联，从而实现优化界面和提高产品的最终性能。总的来说，由于经济原因和工艺操作方便的优势，机械共混法在聚芳醚腈工艺生产上使用极其广泛，特别适用于大规模制备聚芳醚腈类增强复合材料的共混物和混炼物。而溶液共混法和共聚-共混法由于其分散相对均匀，主要用于实验室探索和制备聚芳醚腈类功能复合材料或者多功能高性能聚芳醚腈复合材料的混合物。

聚芳醚腈复合材料的加工成型方式多种多样，选择制备聚芳醚腈的复合材料的加工成型方法主要依赖于用户对产品形状、性能的要求上。对于不同要求选取不同的加工技术至关重要，常见的有：①流延成型；②挤出成型；③注射成型；④热压成型。

聚芳醚腈复合材料后加工的目的主要是进一步提高制品的性能。最常用的方法有：

（1）退火处理：对于低温成型的聚芳醚腈制品，为了提高制品的性能，消除内应力，保持产品性能和尺寸的稳定性，可以将制品放入烘箱中进行退火处理，退火的条件依据制品的厚度和尺寸而决定，通常温度为 200～250℃，时间为 3～5h。对于低温成型的制品，其退火温度相应降低。由于退火处理是制品内部的一个结晶过程，它会使制品发生再收缩现象而造成制品尺寸的变化，因此退火过程应该循序渐进地升温，升温速率尽量慢一些。

(2)交联处理：所有聚芳醚腈均含有潜在的可交联氰基基团，部分结构的聚芳醚腈含有邻苯二甲腈片段。由于氰基在 300℃ 以上可以发生交联，因此对于部分结构聚芳醚腈的制品进行热处理可以促使其交联，生成大分子网络，聚芳醚腈分子链也由柔变硬，使得玻璃化转变温度显著提高，并且机械强度也大大改善。

粒子增强聚芳醚腈复合材料可以划分为聚芳醚腈功能复合材料和聚芳醚腈增强复合材料。聚芳醚腈功能复合材料是指具有光电磁类等功能的聚芳醚腈复合材料。客观而言，聚芳醚腈功能复合材料处在实验室探索阶段，所采用的加工方法主要是溶液流延成型。该方法需要使用 NMP 等高沸点溶剂才能将聚芳醚腈溶解，对环境污染较重，不易于实现工业化生产。本章主要介绍粒子增强聚芳醚腈结构材料。

5.1.2　碳纳米管增强聚芳醚腈复合材料

1. 氰基化碳纳米管

1991 年，Iijima 在观测电弧石墨产物时，采用电子显微镜发现了多壁碳纳米管(MWNT)。MWNT 完全是由原子碳构成的，是碳的另一种同素异形体，MWNT 的直径通常小于几十纳米(nm)，长度则通常小于几百微米(μm)或者毫米(mm)，但最长的甚至有分米(dm，1dm = 10cm)量级，是一种新型的一维纳米碳材料[8, 9]。

自从碳纳米管被发现后，碳纳米管因其在各个领域的潜在应用价值而引起了人们的广泛关注。据报道，碳纳米管能够在纳米电子器件、光电池设备、超导设备、电装置制动器、电化学电容器、纳米线和纳米复合材料等领域应用。碳纳米管可以根据其壁的层数分为：单壁碳纳米管(SWNT)、双壁碳纳米管(DWNT)和多壁碳纳米管(MWNT)。SWNT 和 DWNT 分别由一个或者两个六元环，以及卷曲的石墨烯微片构成。碳纳米管具有极其优秀的力学、电学、热学和磁性能。这些性能的好坏不仅与碳纳米管本身的直径等有关，也与单壁、双壁、多壁有关。具体的 SWNT、DWNT 和 MWNT 的各项性能如表 5-1 所示。

表 5-1　SWNT、DWNT 和 MWNT 的各项性能

性能	SWNT	DWNT	MWNT
拉伸强度/GPa	50~500	23~63	10~60
弹性模量/TPa	约 1	——	0.3~1
断裂伸长率/%	5.8	28	——

续表

性能	SWNT	DWNT	MWNT
密度/(g/cm³)	1.3~1.5	1.5	1.8~2.0
电导率/(S/m)	约10⁶	约10⁶	约10⁶
半径/nm	1	约5	约20
热稳定性/℃	>700(空气氛围)	>700(空气氛围)	>700(空气氛围)
比表面积/(m²/g)	10~20	10~20	10~20

2004 年，Novoselov 直接观测和表征到通过机械剥离制备的新型一维碳纳米材料——单层石墨烯。自此以后，无论是科学还是工程学界，都引发了人们对石墨烯的研究。石墨烯具有六方晶系填充晶格的单层碳片结构，其同碳纳米管一样，具有优良的性能，如表 5-2 所示。

表 5-2　石墨烯的各项性能

性能	数值
高载流子迁移率/[cm²/(V·s)]	10000
比表面积/(m²/g)	约2630
透过率/%	约97.7%
杨氏模量/TPa	约1
热导率/[W/(m·K)]	3000~5000
热稳定性/℃	>700(空气氛围)

后来，随着石墨烯研究的深入和石墨烯制备技术的发展，人们发现石墨烯的性质依赖于石墨烯的层数，因此，可以分为单层石墨烯、双层石墨烯以及多层石墨烯和石墨烯微片[11-14]。严格地讲，石墨烯是单层的石墨片，科学界也习惯把双层的石墨片称为石墨烯。多层石墨烯是指由 x~260 层单层石墨烯构成的，而石墨烯微片是由 20~50 层单层石墨烯构成的，大于 50 层单层石墨烯的结构习惯上被称为纳米石墨片。由于石墨烯层数的不同，这些石墨烯种类性能相差很大，根据目前研究，在电学、热学、力学性能方面，单层石墨烯优于双层石墨烯，双层石墨烯优于多层石墨烯，多层石墨烯优于石墨烯微片，而石墨烯微片优于纳米石墨片。此外，由于石墨烯层数的不同，可加工性和在聚合物中的分散性也有以上规律。

一些研究团队针对碳材料填充聚芳醚腈复合材料及其性能方面展开了系列研究，分别设计制备了碳纳米管和石墨烯增强聚芳醚腈复合材料的试验探索，一起深入研究碳材料对聚芳醚腈复合材料的增强作用及两者间的界面作用如何影响复合材料的力学性能[15-18]。对碳纳米管在聚芳醚腈中的分散性表征发现，未经处理的碳纳米管在溶剂中和聚芳醚腈基体中都极易沉降和团聚，如图 5-3 所示。

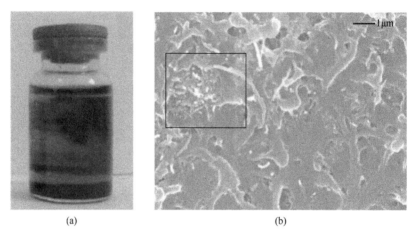

(a) (b)

图 5-3　(a)未经处理的碳纳米管；(b)未经处理的碳纳米管在聚芳醚腈基体中的分散
图(b)方框中为碳纳米管的团聚现象

结合聚芳醚腈的分子结构及碳纳米管在基体树脂中的分散性改善原则，刘孝波团队对碳纳米管进行表面处理，分别对其进行氰基化和酰氯化，图 5-4 为碳纳米管的表面处理过程示意图。图 5-5 为纯碳纳米管和氰基化碳纳米管 TEM 图。

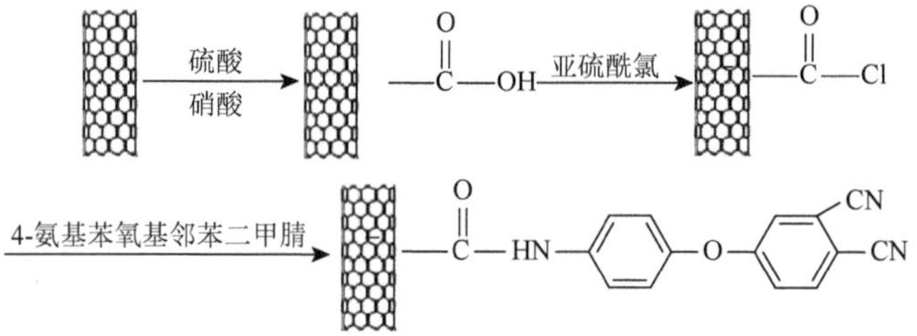

图 5-4　氰基化碳纳米管的制备过程示意图

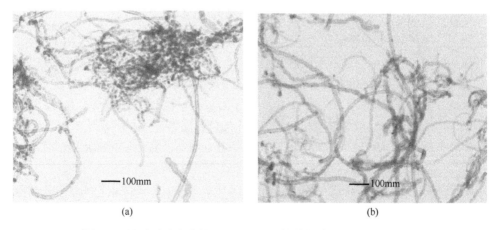

(a) (b)

图 5-5　(a)纯碳纳米管的 TEM 图；(b)氰基化碳纳米管的 TEM 图

对表面处理及未处理的碳纳米管进行测试表征，可明显看出，采用氰基化处理的碳纳米管的团聚现象明显改善，碳纳米管的表面明显变粗糙。利用粒子与基体树脂间的浸润相容和机械啮合增容原理，可制备改性碳纳米管增强的聚芳醚腈复合材料[19, 20]。

图 5-6 展示了不同功能化碳纳米管的分散性的变化。氰基化的碳纳米管在 NMP 中具有很好的分散性，能够形成长期稳定和均匀的分散液。这主要归因于氰基化的碳纳米管上的极性氰基基团能够与极性溶剂分子相互作用。酸化碳纳米管也具有较好的分散性，而纯碳纳米管的分散性则比较差［图 5-3(a)］，在底部明显能够观测到碳纳米管的沉积。分散性的改善一

(a)　　　　　(b)

图 5-6　(a)氰基化碳纳米管；(b)酸化碳纳米管

方面说明了氰基化碳纳米管的成功合成，另一方面为制备聚芳醚腈/氰基化碳纳米管复合材料提供了便利。

图 5-7 为聚芳醚腈/氰基化碳纳米管纳米复合薄膜断面 SEM 图。从图 5-7(a)可以看出，低含量的聚芳醚腈/氰基化碳纳米管复合材料中碳纳米管分散良好，碳纳米管主要是折断，没有明显的拔出现象，表明氰基化碳纳米管和聚芳醚腈基体具有良好的界面相容性。图 5-7(b)的高含量碳纳米管也分散良好，没有明显团聚现象，也没有碳纳米管的剥离现象，表明通过对碳纳米管的氰基化功能改性能够解决分散和团聚的问题，达到了预期的目标。相反，参照图 5-3(b)的聚芳醚腈纯碳纳米管复合材料的 SEM 图可以看出，在观测范围内，有大面积的碳纳米

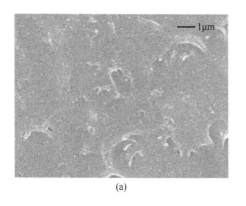
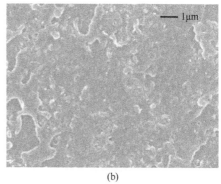

(a)　　　　　　　　　　　(b)

图 5-7　复合材料的断面 SEM 图

(a)聚芳醚腈/氰基化碳纳米管复合材料；(b)聚芳醚腈/酸化碳纳米管复合材料

管团聚成堆，且明显观测到碳纳米管具有拔出剥离现象，碳纳米管和聚芳醚腈基体也具有较差的界面相容性，黏结力也较差。因此，可以证实，氰基化功能改性是一种解决碳纳米管在聚芳醚腈基体中的分散问题的有效方法。

图 5-8 是聚芳醚腈/氰基化碳纳米管的力学性能。从图 5-8(a)可以看出，随着氰基化碳纳米管含量的升高，聚芳醚腈/氰基化碳纳米管的拉伸强度大幅度增加，随后逐渐达到饱和。从图 5-8(b)可以看出，拉伸模量的趋势和拉伸强度相似，均出现先增高再稳定的趋势。特别地，3wt%氰基化碳纳米管/聚芳醚腈复合材料的拉伸强度从 64.5MPa 增加到 77.5MPa，增加了 20.2%；拉伸模量 2163.5MPa 增加到 2336.7MPa，增加了 8.0%。这表明氰基化碳纳米管对聚芳醚腈具有良好的增强作用。但是高含量聚芳醚腈/氰基化碳纳米管的力学性能轻微下降，这是由于在局部碳纳米管有团聚的现象。从图 5-8(c)可以看出，氰基化碳纳米管含量增加，所得复合材料的断裂伸长率明显下降，这也证实了碳纳米管的存在导致聚芳醚腈韧性减弱，刚性增强。图 5-8(d)展示了聚芳醚腈/氰基化碳纳米管的柔顺性，能够自由卷曲且不断裂。

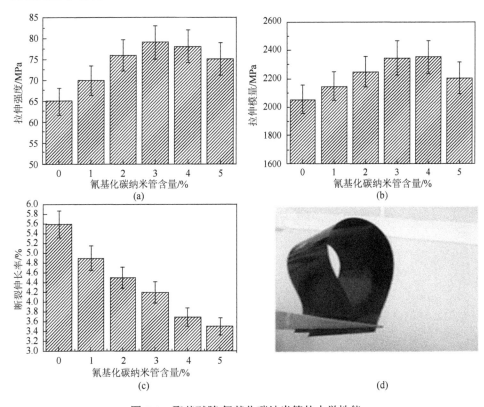

图 5-8　聚芳醚腈/氰基化碳纳米管的力学性能

　　值得注意的是，在 2wt% 填料情况下，聚芳醚腈/氰基化碳纳米管比聚芳醚腈/纯碳纳米管的力学性能优异，这表明对碳纳米管的氰基化具有提高力学性能的作用。这首先是因为氰基化后，碳纳米管的分散性大大改善，从而能够最大限度地发挥碳纳米管的增强作用。其次，碳纳米管接上氰基基团后，由于与聚芳醚腈具有相似的氰基片段，能够增加与聚芳醚腈的相容性，从而使得黏结力改善。最后，氰基化碳纳米管上的氰基能够与聚芳醚腈基体上的氰基发生化学键合作用，可进一步提升力学性能。

　　由上述实验结果可知，碳纳米管的表面处理对其增强复合材料的力学性能影响显著，因此，团队在碳纳米管的表面处理方式上进行革新，开展了多种形式的表面改性试验研究。

2. 表面超支化碳纳米管

　　蒲泽军采用碳纳米管表面超支化的处理方式，制备表面接枝官能团的改性碳纳米管。具体改性示意图如图 5-9 所示[9, 10]。

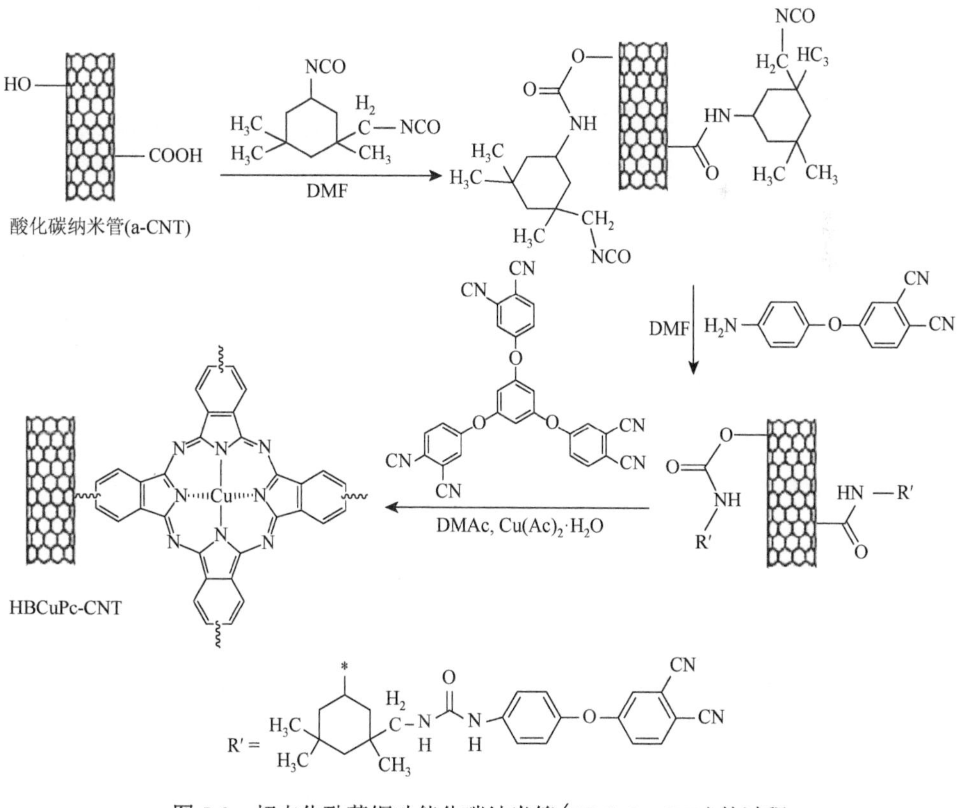

图 5-9　超支化酞菁铜功能化碳纳米管（HBCuPc-CNT）的过程

功能化的 CNT 的 SEM 图和 TEM 图如图 5-10 所示。从图 5-10(a)可以看出酸化碳纳米管(a-CNT)表面光滑并呈疏松分散排列。然而，HBCuPc-CNT 在形貌和结构上与 a-CNT 相比较呈现出巨大的差异。如图 5-10(b)所示，由于酞菁分子的形成，修饰后的 CNT 整个表面被一些不规则的酞菁有机层同轴包覆，因此可以明显地观察到 HBCuPc-CNT 表面变得非常粗糙，与 a-CNT 相比较其管径明显地变粗。这种结构是由 TPh 与 CNT-CN 间的环加成反应产生的叠状式球形 HBCuPc 纳米粒子同轴修饰在 CNT 表面而形成的。a-CNT 和 HBCuPc-CNT 的 TEM 图可以进一步证实这一点，如图 5-10(c)所示，由图可以

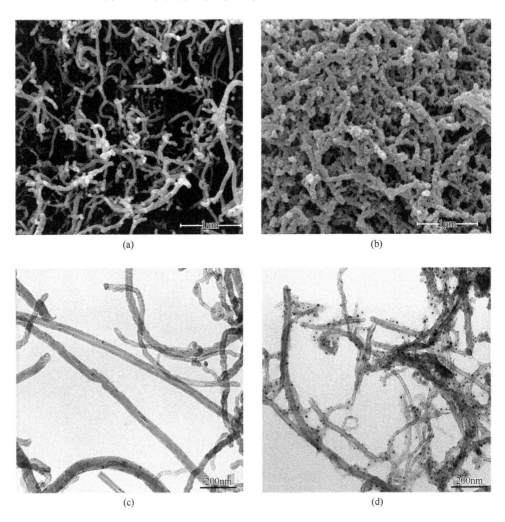

图 5-10　不同功能化 CNT 的微观形貌

(a)a-CNT 的 SEM 图；(b)HBCuPc-CNT 的 SEM 图；(c)a-CNT 的 TEM 图；(d)HBCuPc-CNT 的 TEM 图

看出，a-CNT 表面光滑干净，未见额外相负载在 CNT 表面。然而，HBCuPc-CNT 的 TEM 图[图 5-10(d)]中可以观察到连续的有机功能层包覆了整个 CNT 表面。因此，通过对 CNT 的形貌和结构表征，进一步证实了 HBCuPc 被成功地同轴嫁接到 CNT 表面。

众所周知，CNT 是一种具有高强度、高长径比、优异的力学和热学等物理和化学性质的一维纳米材料。将少量的 CNT 引入高分子基体中，可赋予材料更加优异的性能。但由于 CNT 粒径小且具有巨大的比表面积，表面能极高，很容易在聚合物中发生团聚现象。因此，对 CNT 进行表面接枝改性，可以降低其表面能，减小 CNT 间的团聚力，从而改善 CNT 在聚合物中的分散性。此外，通过对 CNT 表面接枝改性，还可以降低其与聚合物基体之间的两相界面张力，从而提高 CNT 与聚合物基体树脂界面之间的结合力和相容性，进而达到改善聚合物/CNT 复合材料的综合性能的目的。

图 5-11 为纯 PEN 和 PEN/CNT 纳米复合薄膜的断面 SEM 图。SEM 图直观地反映了复合薄膜的断面形貌以及 CNT 在 PEN 树脂基体中的分散情况。从图 5-11(a)可以看出，纯 PEN 具有相当光滑和平整的断面形貌。然而，随着 HBCuPc-CNT 的引入，PEN 复合薄膜的断面形貌也逐渐改变。如图 5-11(b)所示，当填料含量为 5wt%时，HBCuPc-CNT 在 PEN 基体中的分散非常均匀，同时 CNT 完美地嵌入 PEN 基体之中。HBCuPc-CNT 含量增加至 9wt%时，如图 5-11(c)所示，CNT 在 PEN 基体树脂中的密度大大增加，但分散良好。图 5-11(d)为图 5-11(c)的局部放大图，可以观察到 HBCuPc-CNT 主要是折断，没有任何拔出现象，表明 HBCuPc-CNT 和 PEN 基体树脂具有良好的界面相容性。然而，相同填料含量的 PEN/a-CNT 复合薄膜的断面在形貌和结构上与 PEN/HBCuPc-CNT 复合薄膜相比较呈现出巨大的差异。如图 5-11(e)和(f)所示，PEN/a-CNT 复合薄膜的断面形貌呈现了大面积的 CNT 团聚，且观察到 CNT 具有明显的拔出剥离现象，这是由 CNT 的团聚效应以及与 PEN 较差的界面相容性造成的。因此，通过对 CNT 表面进行接枝 HBCuPc 改性是一种解决 CNT 在 PEN 聚合物基体树脂中分散问题的有效方法。

PEN 以其优良的耐热性能和机械性能在新型特种工程塑料领域占有非常重要的地位，具有广泛的应用前景。众所周知，对于聚合物基复合材料而言，CNT 具有优异的力学、热学和电学性能，被广泛地认为是一种具有潜在价值的增强材料。因此，将 CNT 引入 PEN 基体树脂中可制备具有特定功能的复合材料，使得其各方面的性能得到优化。图 5-12 展示了 HBCuPc-CNT 的加入对 PEN 复合材料力学性能的影响。

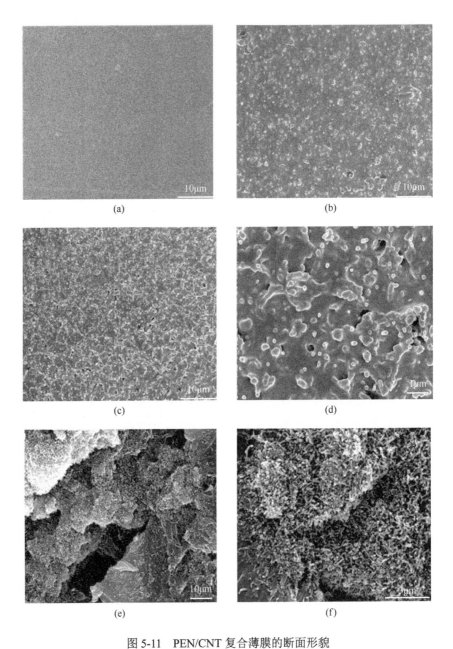

图 5-11   PEN/CNT 复合薄膜的断面形貌

(a)纯 PEN；(b)含 5wt% HBCuPc-CNT；(c)含 9wt% HBCuPc-CNT；(d)(c)的放大图；
(e)含 5wt% a-CNT；(f)(e)的放大图

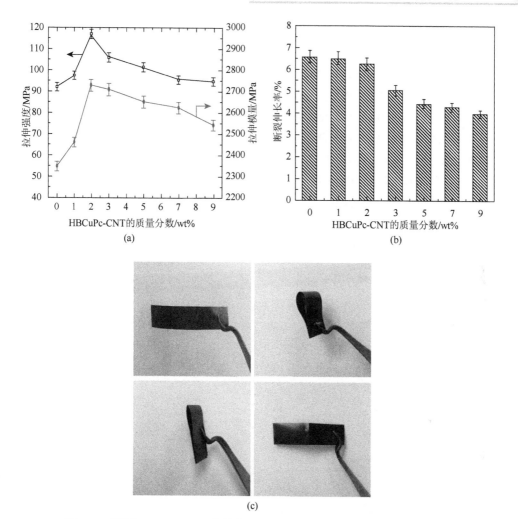

图 5-12　不同 HBCuPc-CNT 含量的 PEN/HBCuPc-CNT 复合薄膜的力学性能

(a)拉伸强度和拉伸模量；(b)断裂伸长率；(c)HBCuPc-CNT 含量为 9.0wt%的复合薄膜弯曲折叠前后的实物照片

由图 5-12(a)可知，HBCuPc-CNT 的加入大幅度提高了 PEN 复合材料的拉伸强度和拉伸模量。对于 1.0wt% HBCuPc-CNT 填充的 PEN/HBCuPc-CNT 复合薄膜，其拉伸强度和拉伸模量分别从纯 PEN 基体树脂的 92MPa 和 2346MPa 提高到 97.5MPa 和 2461MPa，即分别提高了 6.0%和 4.9%，充分体现了 HBCuPc-CNT 对 PEN 树脂的增强作用。由于 CNT 表面凸起的无规则 HBCuPc 粒子与 PEN 基体间存在很强的物理性的机械啮合作用，进而增大了 CNT 与基体树脂间的界面接触，当复合材料在受到外力作用时，可有效地传递应力载荷。因此，将 HBCuPc-CNT 引入 PEN 基体树脂中，其与 PEN 基体树脂之间的物理性缠结和化学界面之间的相互作用，使得 PEN 复合材料的拉伸强度和拉伸模量较纯 PEN 树脂有了大大的提高。当 HBCuPc-CNT 的含量达到 2.0wt%时，PEN/HBCuPc-CNT 复合薄膜的拉伸强度和拉伸模量均达到最大值，分别为 117MPa 和 2729MPa。随着 HBCuPc-CNT 含量的进一步增加，该复合薄膜的拉伸强度和拉伸模量均出现不同程度的下降，但其值始终大于纯 PEN 树脂。这表明 HBCuPc-CNT 对 PEN 具有良好的增强效果。但是高含量 PEN/HBCuPc-CNT 复合薄膜的力学性能有轻微下降，这可能是局部 CNT 有团聚现象并且在复合薄膜中出现微孔隙所造成的。从图 5-12(b) 可以看出，随着 HBCuPc-CNT 含量的增加，所得 PEN 复合材料的断裂伸长率均有所下降，这也证实了 HBCuPc-CNT 的存在导致 PEN 的韧性略有降低，刚性增加。尽管如此，从图 5-12(c) PEN/HBCuPc-CNT 复合薄膜样品经过折叠前后的照片可以看出，即使 HBCuPc-CNT 含量达到了 9.0wt%，其薄膜仍然具有很好的柔性，能够自由折叠或者卷曲而不发生断裂。

3. 表面粗糙化碳纳米管

采用超支化分子对 CNT 进行表面改性可以发现，活性基团的引入可明显改善 CNT 与聚芳醚腈的界面相容性，进而提高复合材料的力学性能[20-25]。在本部分工作基础上，团队进一步改性 CNT，在引入超支化分子的同时，原位引入功能纳米粒子 Fe_3O_4，设计制备特殊形貌的改性 CNT。图 5-13 给出了 Fe_3O_4 改性 CNT 的示意图。

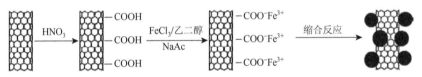

图 5-13　磁性功能化 CNT 的制备过程示意图

不同功能化 CNT 的 SEM 图如图 5-14 所示。图 5-14(a) 为 a-CNT 的 SEM 图，可以看出 a-CNT 表面光滑并呈疏松分散排列。而经过酸化处理后的 CNT 表面有大量的羧基基团，通过溶剂热法，a-CNT 与 $FeCl_3\cdot6H_2O$ 在静电相互作用下通过原位还原反应得到"羊肉串"状的磁性功能化 CNT。从图 5-14(b) 可以看出 CNT 表面被比较均匀的磁性 Fe_3O_4 微球所包覆，且 Fe_3O_4 微球的粒径在 100~150nm 之间。然而，经过引入 HBCuPc 后，生成的 CNT-Fe_3O_4-HBCuPc 在表面形貌和结构上与 CNT-Fe_3O_4 相比较呈现出巨大的差异。如图 5-14(c) 所示，由于金属酞菁的形成，修饰后的 CNT-Fe_3O_4 整个表面被 HBCuPc 层所同轴包覆，同时 CNT 及微球表面的缺陷或者粗糙界面消失。表明 TPH 经环化作用生成 HBCuPc，使得酞菁环的共轭程度增加并以 π-π 堆积的形式在 CNT-Fe_3O_4 表面进行自组装。此外，高温高压的作用，HBCuPc 的端氰基又能够与 Fe_3O_4 中铁元素发生金属配位反应，生成金属酞菁铁。从而实现 HBCuPc 在 CNT-Fe_3O_4 表面的同轴修饰。

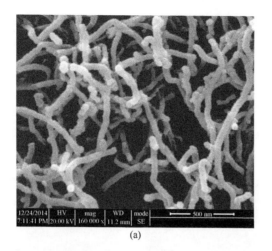

(a)

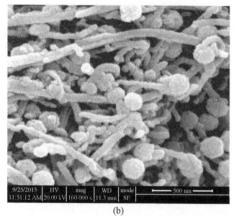

(b)

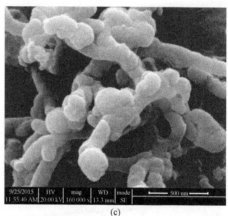

(c)

图 5-14　不同功能化 CNT 的 SEM 图

(a) a-CNT；(b) CNT-Fe$_3$O$_4$；(c) CNT-Fe$_3$O$_4$-HBCuPc 杂化材料

　　图 5-15 为纯 PEN 和 PEN/CNT-Fe$_3$O$_4$-HBCuPc 复合薄膜的断面 SEM 图。SEM
图可直观地反映出复合薄膜的断面形貌以及 CNT 在 PEN 基体中的分散状况。从
图 5-15(a) 可以看出，纯 PEN 的断面是比较平整且光滑的。随着 CNT-Fe$_3$O$_4$-HBCuPc
的引入，PEN 复合材料中的高分子基体与纳米粒子之间没有明显的相界面和“拔
出”现象，表明 CNT-Fe$_3$O$_4$-HBCuPc 杂化粒子与 PEN 基体之间具有良好的界面黏
附性。如图 5-15(b) 和 (c) 所示，2wt% 和 6wt% CNT-Fe$_3$O$_4$-HBCuPc 含量的 PEN 复
合材料中纳米粒子分散性良好，没有观察到明显的团聚现象，表明通过超支化酞菁
铜功能化的 CNT-Fe$_3$O$_4$ 能够有效地阻止 CNT 在基体中的团聚，从而实现良好的分
散。当 CNT-Fe$_3$O$_4$-HBCuPc 含量增加到 10wt% 时，PEN 复合薄膜的断面在形貌和结
构上发生了变化。如图 5-15(d) 所示，过量 CNT-Fe$_3$O$_4$-HBCuPc 的加入明显地增加

了复合薄膜断面的粗糙度，粒子与粒子之间倾向于团聚，从而导致了大量孔隙的产生。然而，纳米粒子与 PEN 基体之间仍然展示了良好的界面黏附性，这主要是由于 CNT-Fe$_3$O$_4$ 的表面被一层致密的 HBCuPc 有机功能层完全包覆，HBCuPc 的端氰基能够与 PEN 苯环上的极性氰基产生较强的界面相互作用。此外，CNT 表面修饰了具有特殊"铆钉"结构的 Fe$_3$O$_4$ 粒子与 PEN 基体间存在很强的机械啮合作用，同时增大了 CNT 与基体树脂间的界面接触，当复合材料在受到外力作用时，可有效地传递应力载荷，从而对 PEN 树脂起到巨大的增强作用。

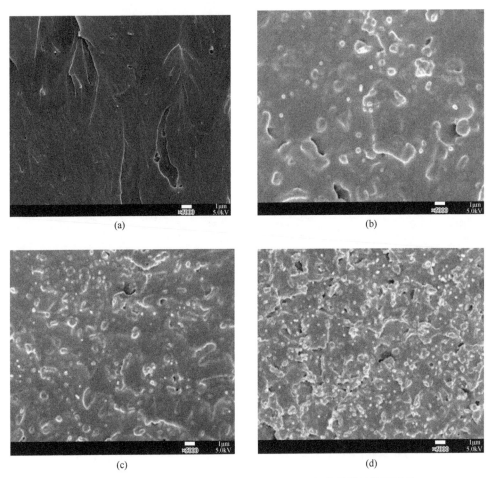

图 5-15   不同含量的 PEN/CNT-Fe$_3$O$_4$-HBCuPc 复合薄膜的断面形貌

(a) 0wt%； (b) 2wt%； (c) 6wt%； (d) 10wt%

图 5-16 分别展示了纯 PEN 和不同 CNT-Fe$_3$O$_4$-HBCuPc 含量的 PEN 复合薄膜的力学性能和柔韧性。同时作为对比，不同 CNT-Fe$_3$O$_4$ 含量的 PEN 复合薄膜的力学性能也被列于表 5-3。从图 5-16(a)、(b) 和表 5-3 中可以看出，当填料的含量较

低时，未功能化的 CNT-Fe$_3$O$_4$ 和超支化酞菁铜功能化的 CNT-Fe$_3$O$_4$ 均对 PEN 的拉伸强度和模量具有一定的增强作用。但是，在相同填料含量下，超支化酞菁铜功能化的 CNT-Fe$_3$O$_4$ 的增强作用更加明显，拉伸强度和模量也随着填料含量的增加而提高。特别地，当 CNT-Fe$_3$O$_4$-HBCuPc 含量为 2.0wt%时，PEN 复合薄膜的拉伸强度和模量分别从纯 PEN 树脂的 102.6MPa 和 2280MPa 提高到 111.2MPa 和 2490MPa，即分别提高了 8.4%和 9.2%。当填料含量为 4.0wt%时，PEN 复合薄膜的拉伸强度达到最大值（121.8MPa），较纯 PEN 的拉伸强度提高了 18.7%。结合其断面 SEM 微观形貌分析，这主要归功于 CNT-Fe$_3$O$_4$-HBCuPc 纳米粒子在 PEN 基体中均匀的分散性和良好的相容性。随着 CNT-Fe$_3$O$_4$-HBCuPc 含量的进一步增加，PEN 复合薄膜的拉伸强度和模量均有轻微的降低，但即使填料的含量为 10wt%时，复合薄膜的拉伸强度和模量仍然大于纯 PEN。从图 5-16（c）中可以观察到，

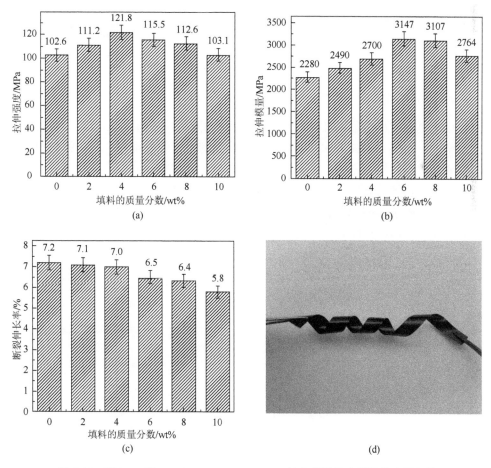

图 5-16　纯 PEN 和 PEN/CNT-Fe$_3$O$_4$-HBCuPc 复合薄膜的力学性能和柔韧性

(a)拉伸强度；(b)拉伸模量；(c)断裂伸长率；(d)复合薄膜卷曲的实物照片

PEN/CNT-Fe$_3$O$_4$-HBCuPc 复合薄膜的断裂伸长率随着填料含量的增加而轻微地降低。这可能是填料含量过高导致 CNT-Fe$_3$O$_4$-HBCuPc 纳米颗粒出现了局部团聚所造成的。此外，凸起的 Fe$_3$O$_4$ 微球类似于"铆钉"能够将 CNT 与 PEN 基体树脂牢固地缠结在一起，与 PEN 基体间产生机械啮合，限制基体高分子的运动[22-24]。图 5-16（d）展示了含量为 10wt%的 PEN/CNT-Fe$_3$O$_4$-HBCuPc 复合材料卷曲后的实物照片，由图可知，该复合材料具有非常好的柔韧性和可缠绕性。

表 5-3　纯 PEN 和 PEN/CNT-Fe$_3$O$_4$-HBCuPc 复合薄膜的力学性能

CNT-Fe$_3$O$_4$ 含量/wt%	拉伸强度/MPa	拉伸模量/MPa	断裂伸长率/%
0.0	102.6	2280	7.2
0.9	104	2250	6.9
1.8	98	2600	6.7
2.7	94	2750	6.1
3.6	87	2640	5.0
4.5	81	2500	3.8

4. 取向碳纳米管对聚芳醚腈复合材料的影响

已知复合材料的最终性能取决于组成复合材料的树脂基体和填料两者共同的作用结果，由上述结果可知碳纳米管的表面处理对聚芳醚腈复合材料的结构强度影响明显，聚芳醚腈基体的聚集态结构是否对复合材料性能也产生明显影响？黄旭利用定向拉伸的处理方式，对酸化碳纳米管增强的聚芳醚腈复合材料进行处理，研究聚芳醚腈基体的聚集态结构对结构强度的影响。图 5-17 为聚芳醚腈复合薄膜定向拉伸处理的示意图。

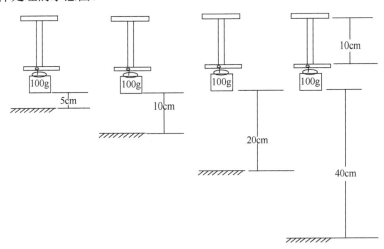

图 5-17　酸化碳纳米管增强的聚芳醚腈的单向拉伸过程示意图

通过SEM研究碳纳米管在聚芳醚腈基体中的分散状态以及取向状态。图5-18(a)和(b)分别为拉伸前和拉伸后的含量为 6wt% PEN/MWNT 复合材料薄膜横截面图。选择 6wt%这个含量主要是因为之前的研究发现 6wt%比较接近但是低于逾渗阈值[26]，因此随着拉伸倍率增大，MWNT-MWNT 的直接接触的数目减小的趋势比远高于或者远低于逾渗阈值时更为明显。图 5-18(a)是未经过拉伸的PEN/MWNT(联苯二酚型)复合材料薄膜的截面形貌。可以看出，未经过拉伸的薄膜里面的 MWNT 为随机分布并且 MWNT 没有任何取向的迹象。作为对照，图5-18(b)是经过单向拉伸后的 PEN/MWNT(联苯二酚型)复合材料薄膜的截面形貌，拉伸倍率为200%。可以看出，当受到拉伸作用之后，复合材料的原始形貌开始出现变化，原本随机排列的 MWNT 开始变得有序起来，从而影响 MWNT-MWNT 之间的直接接触数目。通过比较未拉伸的复合材料薄膜与单向拉伸倍率为 200%的复合材料薄膜的 SEM 图可以看出，聚合物基体里原本随机分布和取向的 MWNT 开始变得有序(发生取向)且取向方向与拉伸力作用的方向平行。

此外，可以得出结论，当取向程度加大后，MWNT 方向平行于拉伸力方向，当拉伸倍率增加到一定程度时，MWNT-MWNT 之间的直接接触数目逐渐下降，从而复合材料的电导率也随之下降。所以，可以对复合材料的拉伸倍率进行控制来实现对复合材料电导率的有效调控。

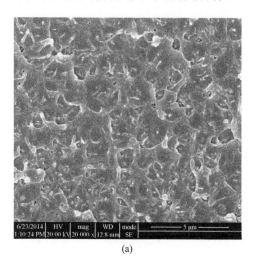 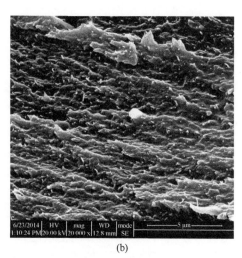

(a)　　　　　　　　　　　　　　　(b)

图 5-18　酸化碳纳米管增强的聚芳醚腈复合材料薄膜横截面 SEM 图

(a)未拉伸；(b)拉伸倍率 200%

正如预期效果一样，样品的拉伸倍率越大，拉伸强度也随之增加。如图 5-19所示，未经过热拉伸的结晶性 PEN/MWNT 复合材料薄膜的拉伸强度为 84MPa，拉伸倍率为 50%、100%、200%及 400%的复合材料薄膜的拉伸强度分别增加到了

150MPa、185MPa、291MPa、313MPa，与未经过热拉伸的结晶性 PEN/MWNT 复合材料薄膜相比分别增加了 79%、120%、246%和 273%。未经过热拉伸的 PEN/MWNT 复合材料薄膜的弹性模量为2805MPa，拉伸倍率为50%、100%、200% 及400%的复合材料薄膜的弹性模量分别增加到了3169MPa、3867MPa、3623MPa 和 3885MPa，与未经过热拉伸的复合材料薄膜相比弹性模量分别增加了 13%、38%、29%和39%。所得结论与之前的一些报道结果相符。SEM 图印证了单向热拉伸导致了聚芳醚腈分子链发生明显取向。拉伸倍率提高，分子链的取向程度随之加大，使得单向热拉伸后的复合材料薄膜的拉伸强度与弹性模量实现明显提高。

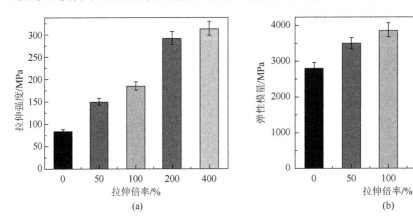

图 5-19　单向热拉伸后的 PEN/MWNT 复合材料薄膜的拉伸强度(a)和弹性模量(b)

5.1.3　石墨烯增强聚芳醚腈复合材料

1. 氰基化石墨烯

石墨烯与碳纳米管类似，都属于多功能纳米碳材料，因此，石墨烯增强的聚芳醚腈复合材料的性能特点同样值得探究。对石墨烯增强的聚芳醚腈复合材料的研究首先从石墨烯的表面处理入手，研究表面特性对复合材料力学性能的影响规律。杨旭林采用表面氰基化处理石墨烯微片(GN)，分别研究改性后的石墨烯微片与聚芳醚腈树脂基体的界面粘接性和对复合材料力学性能的影响[27-29]。图 5-20 为石墨烯微片表面氰基化处理过程示意图。

采用扫描电子显微镜对表面改性的石墨烯微片进行相貌监测。图 5-21(a)、(b) 分别是纯石墨烯微片和氰基化石墨烯微片(GN-CN)的 SEM 图。从图 5-21 可以看出，未改性石墨烯微片半径大约是 20μm，表面光滑。而通过一系列化学改性后的氰基化石墨烯微片半径大约是10μm，表面变得粗糙。并且，从 SEM 图可以看出，未改性石墨烯微片和氰基化石墨烯微片均具有典型的片状结构。但是，未改性石墨烯微片堆叠在一起，说明团聚严重；而通过化学改性后的氰基化石墨烯微片处于一种乱序状态，说明化学改性后的氰基化石墨烯微片的团聚得以减轻。

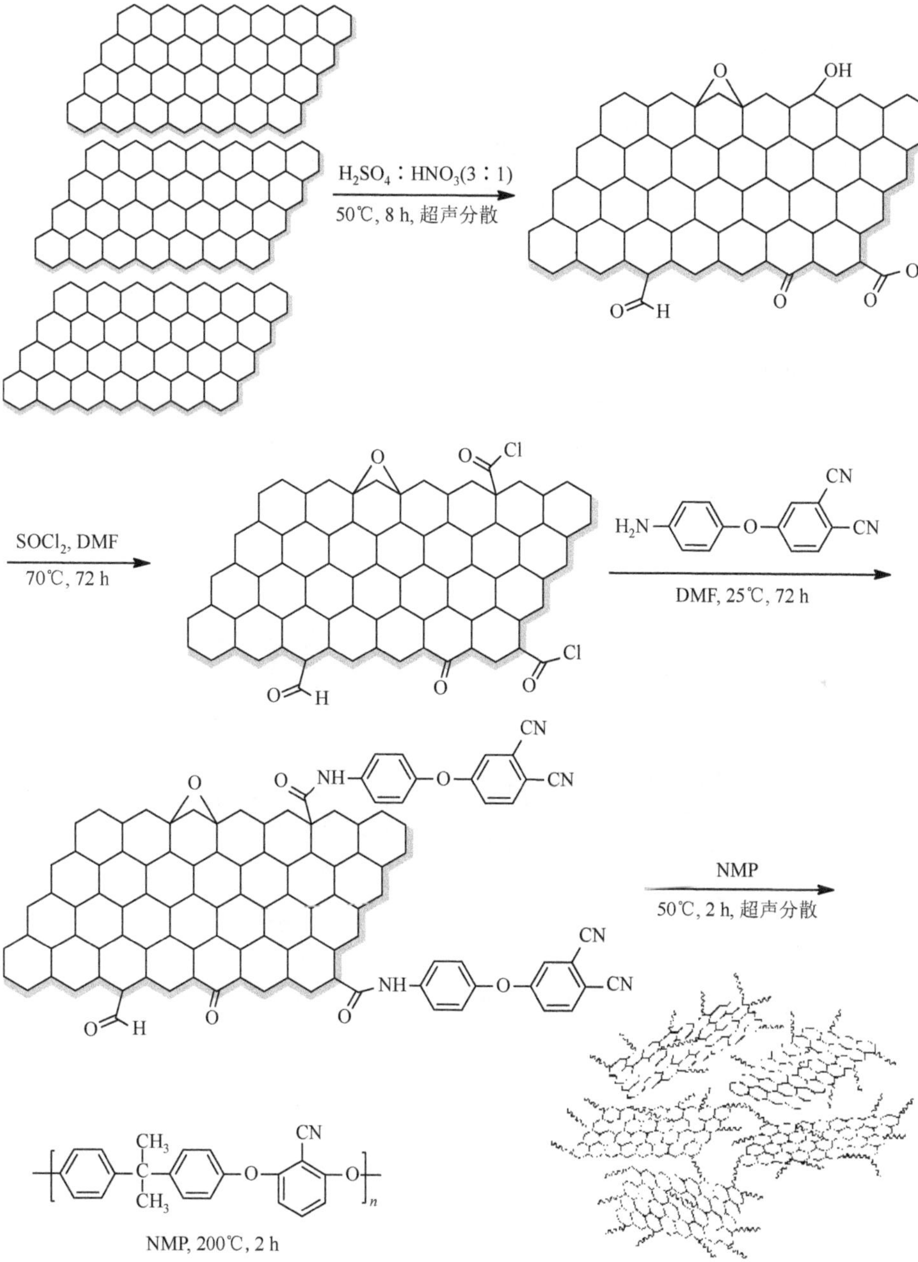

图 5-20　氰基化石墨烯微片以及聚芳醚腈/氰基化石墨烯微片纳米复合薄膜的制备过程示意图

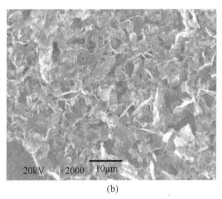

(a)　　　　　　　　　　　　　(b)

图 5-21　(a)未改性的石墨烯微片的 SEM 图；(b)氰基化石墨烯微片的 SEM 图

　　图 5-22 展示了改性前后石墨烯微片的分散性的变化。很明显，纯的石墨烯微片具有较差的分散性，在常用溶剂中无论浓度高低均表现出明显的团聚。但是，氰基化的石墨烯微片在 NMP 中具有很好的分散性，能够形成长期稳定和均匀的分散液[30, 31]。这主要归因于氰基化的石墨烯微片上的极性氰基基团能够与极性溶剂分子相互作用。分散性的改善一方面说明了氰基化石墨烯微片的成功合成，另一方面为制备聚芳醚腈/氰基化石墨烯微片复合材料提供了便利。

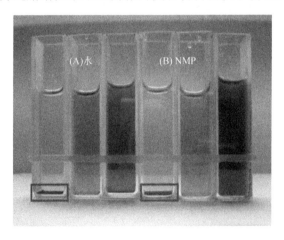

图 5-22　未改性的石墨烯微片(左框)与氰基化石墨烯微片(右框)的分散性照片

　　采用扫描电子显微镜测试对复合材料断面形貌进行监测，评价石墨烯微片的表面处理对其与树脂基体间的界面粘接性的作用的影响。图 5-23 为不同石墨烯微片增强的聚芳醚腈复合材料的断面形貌图。图 5-23(a)表明纯聚芳醚腈的断面是比较光滑和均匀的。但是，加入纯的石墨烯微片和氰基化石墨烯微片很明显地增加了断面的粗糙度。如图 5-23(b)所示，石墨烯微片在聚芳醚腈/纯石墨烯微片材料中与基体树脂表现出较差的分散和键合，并且能够观测到很明显的拔出现象。但是，如图 5-23(b) 和 (c) 所示，即使氰基化石墨烯微片的含量添加到 5wt%，其仍然在基体中分散良好，没有观测到明显的团聚现象，这表明通过对石墨烯微片的氰基化改性能够有效阻止石墨烯微片在基体中的团聚，从而实现良好分散。此外，从图中可以观测到片状的氰基化石墨烯微片与基体树脂键合良好，没有明显的拔出现象。有趣的是，不像图 5-21(b) 中氰基化石墨烯处于一种乱序状态，片状的石墨烯微片被基体包围，且在基体中水平分散在聚芳醚腈/氰基化石墨烯微片纳米复合材料中。这可能是由于改性的氰基主要集中在石墨烯微片的边缘，其能够与聚芳醚腈苯环上的极性氰基相互作用，在重力场作用下导致如此特殊的形貌。石墨烯微片的均匀和水平分散能够使其在复合材料中发挥巨大的潜在增强作用。

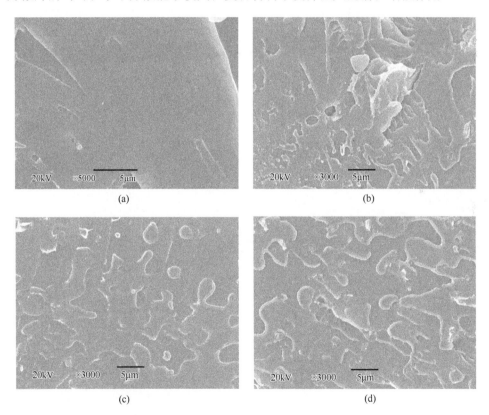

图 5-23　各材料 SEM 图

(a) 纯聚芳醚腈；(b) 聚芳醚腈/纯 GN 纳米复合材料 (2wt% GN)；(c) 聚芳醚腈/GN-CN 纳米复合材料 (2wt% GN-CN)；(d) 聚芳醚腈/GN-CN 纳米复合材料 (5wt% GN-CN)

　　复合材料的力学性能主要取决于基体树脂，同时增强填料与树脂基体间强的界面结合作用也有助于复合材料力学性能的提高。图 5-24 给出了氰基化石墨烯微片/聚芳醚腈复合材料的力学性能。由图 5-24(a)和(b)可以看出,未改性的石墨烯微片与氰基化石墨烯微片均对拉伸强度和模量具有一定的增强作用。但是,在相同填料含量下,氰基化石墨烯微片的增强作用更加明显,拉伸强度和模量也随着氰基化石墨烯微片含量的增加而增加。特别地,5wt%氰基化石墨烯微片/聚芳醚腈复合材料的拉伸强度从 63.5MPa 增加到 75.4MPa,增加了 18.7%;拉伸模量从 2163.5MPa 升高到 2734.7MPa,增加了 26.4%。这也表明氰基化石墨烯微片对模量的增强胜于对强度的增强。由图 5-24(c)可以看出,断裂伸长率随着氰基化石墨烯微片含量的增加而逐渐降低,但均大于 4.0%。但 2wt%的未改性石墨烯微片/聚芳醚腈复合材料的断裂伸长率仅有 3.6%。图 5-24(d)展示了 5wt%氰基化石墨烯微片/聚芳醚腈复合材料的实物照片,表明了其良好的光滑性和延展性。通过这些结果可以看出:与未改性石墨烯微片/聚芳醚腈复合材料和聚芳醚腈基体相比,氰基化石墨烯微片/聚芳醚腈复合材料的力学性能大大增强。

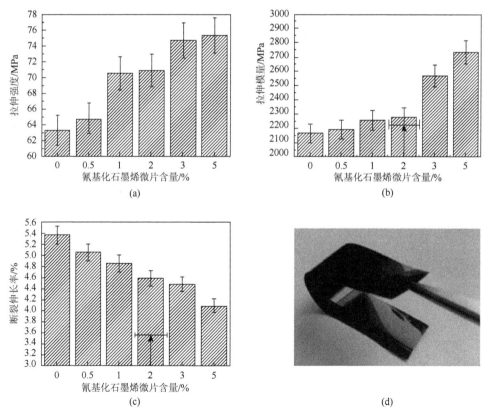

图 5-24   氰基化石墨烯微片/聚芳醚腈复合材料的力学性能
(a)拉伸强度;(b)拉伸模量;(c)断裂伸长率;(d)柔性展示

2. 纳米粒子协同石墨烯

同样作为高性能碳材料，碳纳米管和石墨烯微片分别增强的聚芳醚腈复合材料表现出改善的力学性能，且表面改性后的填料体系对提高复合材料力学性能的作用更明显。考虑到不同维度填料对复合材料性能的协同作用，团队将碳纳米管和石墨烯微片进行组合，设计制备三元共混的聚芳醚腈树脂基复合材料，探究碳纳米管和石墨烯微片的协同作用对复合材料性能的影响规律[19-22]。

在力学性能中，拉伸性能是评价复合材料性能时使用最频繁的参数。图 5-25 是聚芳醚腈/氰基化碳纳米管/氰基化石墨烯微片复合材料的拉伸性能。氰基化纳米碳管/聚芳醚腈的拉伸强度和模量分别为 69MPa 和 2164MPa，氰基化石墨烯微片/聚芳醚腈的拉伸强度和模量分别为 71MPa 和 2255MPa，与纯聚芳醚腈的拉伸强度(64MPa)和模量(2064MPa)相比有所增加。然而，氰基化石墨烯微片/聚芳醚腈复合材料的拉伸增量主要来自以下两个原因：①通过面面相交的接枝氰基之间接触面积更大；②应力转移发生二维而不是一维空间。不过，所有的氰基化碳纳米管/氰基化石墨烯微片/聚芳醚腈复合材料的拉伸增量要高于仅仅是氰基化的石墨烯微片复合材料。

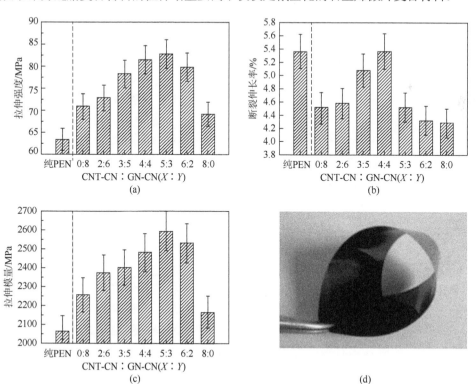

图 5-25　聚芳醚腈/氰基化碳纳米管/氰基化石墨烯微片复合材料的力学性能

随着氰基化碳纳米管/氰基化石墨烯微片含量的增加，拉伸强度和模量先增加再减少；当氰基化碳纳米管/氰基化石墨烯微片含量比例为 5∶3 时达到最大值。在这一点上，氰基化石墨烯微片/聚芳醚腈复合材料的拉伸强度从 71MPa 增加到 83MPa（提升了 16.9%），而拉伸模量从 2255MPa 增加到了 2593MPa（提升了 15.0%）。这个结果表明，同时将碳纳米管和石墨烯微片加入聚芳醚腈中在力学性能上具有协同影响作用。

一般来说，同时将碳纳米管和石墨烯微片加入聚合物中时，随着填充物含量增加，断裂伸长率将会减小。如图 5-25(b) 所示，氰基化碳纳米管/氰基化石墨烯微片/聚芳醚腈复合材料的断裂伸长率减小了，并且随着氰基化碳纳米管/氰基化石墨烯微片含量的增加而呈现先增加后降低的趋势，这再一次证明了氰基化碳纳米管和氰基化石墨烯微片的协同效应。当氰基化碳纳米管/氰基化石墨烯微片比例为 4∶4 时断裂伸长率达到最大值 5.37%，非常接近纯聚芳醚腈的 5.36%。图 5-25(d) 为氰基化碳纳米管/氰基化石墨烯微片/聚芳醚腈比例为 4∶4 时的实物照片，显示出薄膜表面非常光滑柔韧。

纳米填料/聚合物体系的力学性能与纳米填料在聚合物基体中的分布、定向、附着力和稳定性有关。因此，获得复合材料的断裂面图像可以进一步评估它们的力学性能，如图 5-26 所示。纯聚芳醚腈的断裂面十分光滑均匀。对那些仅仅加入氰基化石墨烯微片的复合材料来说，具有一致的分散状态和层间结构，大部分石墨都是水平的和垂直的朝向 [图 5-26(b)]。相比较而言，碳纳米管在聚芳醚腈基质中的分散性也非常好，但是在氰基化碳纳米管/聚芳醚腈纳米复合材料中可以观察到"拉出来"的现象 [图 5-26(c)]。这些结果表明，氰基化石墨烯微片/聚芳醚腈复合材料比氰基化碳纳米管/聚芳醚腈复合材料显示出更优的力学性能。氰基化碳纳米管/氰基化石墨烯微片/聚芳醚腈复合材料的断面显示出石墨烯对聚芳醚腈基质具有较好的吸附能力，并且石墨烯是水平导向的 [图 5-26(d)]。从放大图图 5-26(e) 和 (f) 可以看出，碳纳米管和石墨烯紧密地连接在聚芳醚腈上，可以防止受张力时的滑动。这个结果归因于氰基的作用，促进了氰基化碳纳米管、氰基化石墨烯微片和聚芳醚腈相互间的吸附。复合材料的断面清楚地显示出许多氰基化碳纳米管的断裂段不仅仅是拉出。此外，一些线状氰基化碳纳米管嵌入氰基化石墨烯微片，形成三维碳纳米管石墨网状结构。这种结构尤其对复合材料的力学性能很有利。在拉伸过程中，氰基化石墨烯微片提供了主要的应力转移平面，而线状氰基化碳纳米管稳固了水平导向的石墨烯。所以，氰基化碳纳米管和氰基化石墨烯微片在聚芳醚腈基质中的协同作用有利于转移应力负载，因而减少了界面损失。并且这种协同作用在氰基化碳纳米管/氰基化石墨烯微片质量比为 4∶4 时达到最大。

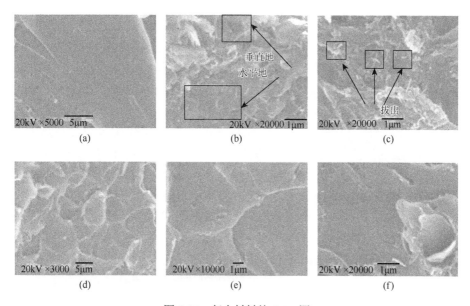

图 5-26　复合材料的 SEM 图

(a)聚芳醚腈；(b)聚芳醚腈/石墨烯微片；(c)聚芳醚腈/碳纳米管；(d)聚芳醚腈/石墨烯微片/碳纳米管；
(e)、(f)为图(d)的放大图

综上，碳材料增强聚芳醚腈复合材料的性能可以通过改善碳材料与聚芳醚腈基体的界面相容性得到改善。在碳材料表面引入高分子链段、引入活性官能团、引入其他种类的纳米粒子形成"铆钉"结构都是改性碳材料的有效手段。

5.2　无机氧化物增强聚芳醚腈复合材料

无机纳米粒子作为填充粒子种类之一，也已广泛地用在树脂基复合材料的制备过程中。根据实际应用需求，选择不同种类的功能纳米粒子，可高效地设计制备个性化的功能材料。同时，根据刚性粒子增强理论，无机氧化物纳米粒子同样对树脂基复合材料的宏观力学性能的改善作用明显[5, 19, 20]。因此，针对聚芳醚腈高分子材料的应用需求，除采用碳材料对树脂体系进行增强改性外，也可选用部分无机氧化物纳米粒子作为增强体，对聚芳醚腈复合材料进行增强改性。

5.2.1　钛酸钡增强聚芳醚腈复合材料

唐海龙等[32]采用钛酸钡(BT)对聚芳醚腈进行功能化改性，在本小节中，重点讨论 BT 的引入对复合材料结构强度的影响。结合作者前期的工作基础，首先对 BT 进行表面改性处理。图 4-22 为 BT 纳米粒子的表面改性过程示意图。

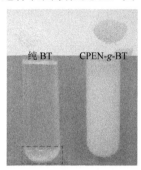

图 5-27　纯 BT 和 12wt%理论接枝量
CPEN-g-BT 的实物照片（上）
以及在 NMP 中的溶解性展示
（下，超声分散后静置 5 周后拍照）
（彩图请扫封底二维码）

从理论上分析，由于含羧基侧基聚芳醚腈（CPEN）在极性有机溶剂中溶解性非常好，BT 表面接枝上 CPEN 后在极性有机溶剂中应该具有比较好的溶解分散性。图 5-27 上图展示了纯 BT 和 12wt%理论接枝量的 CPEN-g-BT 粉末的实物照片，与纯 BT 粉末的纯白色形成鲜明对比，CPEN-g-BT 粉末呈现出类似 CPEN 的土黄色。如图 5-27 下图所示，分别将等量的纯 BT 和 12wt%理论接枝量的 CPEN-g-BT 粉末加入试管中，并分别加入等量的 NMP 溶剂，超声 1h 使其充分分散后静置观察。实验发现纯 BT 分散液在 1h 内即已全部沉降到试管底部，而 CPEN-g-BT 分散液在静置 5 周后依然不沉降不分层，保持良好的分散性。这充分说明了 CPEN 在 BT 纳米颗粒表面形成了有效的包覆层，改变了 BT 纳米颗粒的表面性质。同时也进一步印证了 CPEN 是通过化学接枝的方式包覆在 BT 表面，而非简单的物理包覆，如此 CPEN-g-BT 才能在 NMP 中达到如溶液般的均匀分散，这也为下一步制备 PEN/CPEN-g-BT 复合材料奠定了良好的基础。

正如以往研究报道一样，无机纳米颗粒由于粒径小，表面能高，处于热力学非稳定状态，极易发生团聚现象。因此对无机纳米颗粒进行表面接枝改性，可以降低其表面能，减小纳米粒子间的团聚力，从而提高其在高分子基体中的分散性和分散稳定性。此外，通过高分子对无机纳米颗粒表面接枝改性，还可以降低无机纳米颗粒与高分子基体之间的两相界面张力，从而提高纳米颗粒与高分子基体树脂之间的结合力、润湿性和相容性，进而达到改善复合材料综合性能的目的。

图 5-28 为不同 CPEN-g-BT 含量的 PEN/CPEN-g-BT 复合材料的断面微观形貌。从图中可以看出，复合材料中的高分子基体和纳米颗粒没有明显的相界面，说明 CPEN-g-BT 纳米颗粒与 PEN 基体之间表现出良好的相容性。此外，10wt% CPEN-g-BT 含量的复合材料的断面出现高分子基体树脂的拉扯变形现象，表现出韧性断裂的特征，随着 CPEN-g-BT 含量的增加，薄膜断面逐渐向脆性断裂发展，不过薄膜断面仍然呈现出粗糙的断裂特征，表现出一定的韧性。如图 5-28（a）和（b）所示，10wt%和 20wt% CPEN-g-BT 含量的复合材料中的纳米颗粒分散非常均匀，几乎没有发现纳米颗粒团聚的现象。而 30wt% CPEN-g-BT 含量的复合材料的断面

形貌仅观察到局部小范围内有纳米颗粒聚集的现象，40wt% CPEN-*g*-BT 含量的复合材料中开始出现一定范围的纳米颗粒团聚的现象。此外，由于钛酸钡的相对密度约为 6，因此在制备复合材料过程中经常会出现纳米颗粒沉降到复合材料底部导致纳米颗粒含量上下分层的现象，而在该系列 PEN/CPEN-*g*-BT 复合材料中并没有观察到此现象。这主要归因于 CPEN-*g*-BT 纳米颗粒在 NMP 中具有良好的溶解性和分散稳定性。

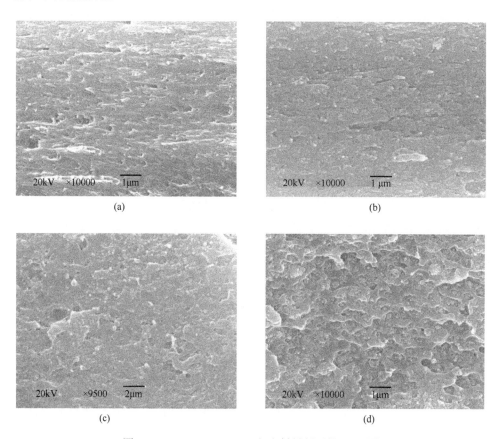

图 5-28　PEN/CPEN-*g*-BT 复合材料断面的 SEM 图

(a) 10wt%；(b) 20wt%；(c) 30wt%；(d) 40wt%

　　聚芳醚腈作为一种新型特种工程塑料，具有非常优异的力学性能，因此 CPEN-*g*-BT 纳米颗粒的加入对 PEN/CPEN-*g*-BT 复合材料的力学性能有何影响值得关注。图 5-29 中 (a) 和 (b) 分别展示了纯 PEN 和不同 CPEN-*g*-BT 含量的 PEN/CPEN-*g*-BT 复合材料的拉伸强度和断裂伸长率。从图 5-29 (a) 中可以看出，10wt% CPEN-*g*-BT 含量的 PEN/CPEN-*g*-BT 复合材料的拉伸强度 (109.8MPa) 与纯 PEN 的拉伸强度 (112.6MPa) 基本相当，随着 CPEN-*g*-BT 含量上升到 20wt%，

PEN/CPEN-*g*-BT 复合材料的拉伸强度略微下降到 104.9MPa。结合其断面 SEM 微观形貌分析，这主要归功于 CPEN-*g*-BT 纳米颗粒在 PEN 基体中保持非常均匀的分散性和良好的相容性。随着 CPEN-*g*-BT 含量的继续增加，30wt%和 40wt% CPEN-*g*-BT 含量的 PEN/CPEN-*g*-BT 复合材料的拉伸强度分别为 90.3MPa 和 72.6MPa，分别出现了 14.6MPa 和 17.7MPa 的下降幅度。究其原因，主要是 CPEN-*g*-BT 含量过高导致 CPEN-*g*-BT 纳米颗粒出现局部团聚，这与 SEM 所观察到的现象是一致的。此外，从图 5-29(b) 中可以观察到，PEN/CPEN-*g*-BT 复合材料的断裂伸长率随着 CPEN-*g*-BT 含量的增加而逐渐降低，这与其由韧性断裂逐步趋于脆性断裂的结果是一致的。总的来说，该系列 PEN/CPEN-*g*-BT 复合材料具有较好的力学性能。尽管高达 40wt%的 CPEN-*g*-BT 含量，其力学强度依然达到 70MPa 以上，完全能够满足大部分应用的需求。

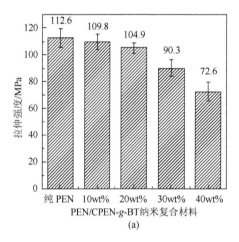
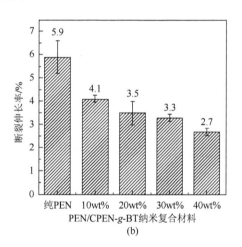

(a)　　　　　　　　　　(b)

图 5-29　纯 PEN 和 PEN/CPEN-*g*-BT 复合材料的力学性能

(a)拉伸强度；(b)断裂伸长率

图 5-30 展示了不同 CPEN-*g*-BT 含量的 PEN/CPEN-*g*-BT 复合材料卷曲 5 圈后的实物照片。由图可知，该系列 PEN/CPEN-*g*-BT 复合材料具有非常好的

图 5-30　PEN/CPEN-*g*-BT 复合材料的多层卷曲实物照片

柔韧性和可缠绕性，即使高达 40wt%的 CPEN-*g*-BT 纳米颗粒的加入也没有影响 PEN 基体的柔韧性，这将在有机薄膜电容器、挠性电子器件等领域具有潜在应用前景。

5.2.2　二氧化钛增强聚芳醚腈复合材料

黄旭[33]采用相似的表面接枝处理方式制备了表面接枝羧基化聚芳醚腈的二氧化钛纳米粒子，使其表面带上一层有机物质，改善无机填料在聚芳醚腈基体里的分散性与界面作用。图 5-31 为表面修饰后的 TiO_2 纳米粒子结构示意图。

文献报道有机相与无机相的分散性与界面作用强烈地影响着复合材料薄膜的力学、热学及介电性能。也就是说，相界面形貌对复合材料薄膜的性能有着巨大影响[34-38]。通过 SEM 观测了 PEN/TiO_2复合材料薄膜的脆断横截面。图 5-32 分别显示了未经过改性的和经过有机改性后的 TiO_2 为填料 PEN/TiO_2 复合材料薄膜，

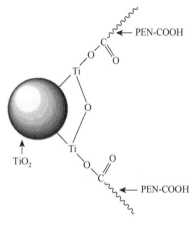

图 5-31　经过聚芳醚腈修饰的 TiO_2

填料含量质量分数都为 30%。很显然，无论 TiO_2 粒子表面有没有经过改性处理，因为 TiO_2 填料粒子的密度(4.3g/cm³)比聚芳醚腈的密度(1.3g/cm³)高许多，再

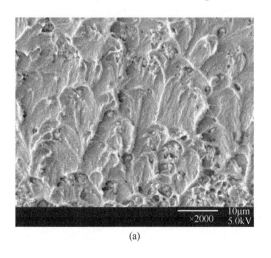

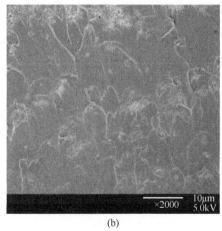

(a)　　　　　　　　　　　　　(b)

图 5-32　通过冷冻脆断处理的 PEN/TiO_2 复合材料薄膜横截 SEM 图

(a)未经过表面处理；(b)经过表面处理

加上是微米尺寸粒子的比表面积比较小(相对于纳米尺寸粒子),所以填料在基体里都发生了明显的沉降现象。然而,值得一提的是,PEN/TiO$_2$(未经过表面处理)复合材料薄膜截面出现很多 TiO$_2$ 粒子被拔出后留下的孔洞,说明纯 TiO$_2$ 粒子与聚芳醚腈基体的界面作用不强,然而,PEN/TiO$_2$(经过表面处理)复合材料薄膜的横断面却没有看到明显的"拔出现象",意味着经过修饰后的 TiO$_2$ 粒子与聚芳醚腈基体的界面作用得到增强。因为修饰后的 TiO$_2$ 粒子表面既有可以与 TiO$_2$ 粒子作用的羧基,也有聚芳醚腈的相似结构单元以及大量的氰基。这些条件使得 TiO$_2$ 粒子与聚芳醚腈基体的界面作用得到提高。这是复合材料薄膜有一个优异的力学以及介电性能的前提条件。

　　PEN/TiO$_2$(表面修饰后和未修饰的)复合材料的力学性能数据列在表 5-4 中。作为特种功能高分子,聚芳醚腈拥有优异的力学性能,拉伸强度达到 110MPa。然而,如图 5-33 所示,在加入 TiO$_2$ 之后,PEN/TiO$_2$(表面修饰后和未修饰的)复合材料力学性能随着填料含量的增加而逐渐降低。与 PEN 相比,含有 40wt% TiO$_2$填料的 PEN/TiO$_2$ 复合材料拉伸强度降低了 56%,约 48MPa。此外,随着纯 TiO$_2$填料的引入,复合材料薄膜断裂伸长率急速下降。当填料含量为 40wt%的未处理TiO$_2$ 填料时,断裂伸长率从 18.00%降到了 3.45%。然而,通过对 TiO$_2$ 填料表面改性后,与未经过改性的填料相比,复合材料的拉伸强度以及断裂伸长率也呈现逐渐下降的趋势,但是与添加未经过处理的填料来比,复合材料的拉伸强度以及断裂伸长率得到明显提高。这主要归因于 TiO$_2$ 填料表面的酚酞啉(PPL)型聚芳醚腈分子链与基体聚芳醚腈分子链之间的物理缠结。主要表现为两方面:一方面,PPL型聚芳醚腈上的—COOH 会与 TiO$_2$ 填料表面的—OH 结合;另一方面,PPL 型聚芳醚腈又会与基体聚芳醚腈产生相互的缠结作用[39],归因于其具有相似的结构单元以及氰基作用。因此,在壳层的 PPL 型聚芳醚腈的帮助下,TiO$_2$ 填料与基体聚芳醚腈有了更强的相互作用。所以,PEN/TiO$_2$(表面修饰后)复合材料的力学性能优于 PEN/TiO$_2$(未修饰的)复合材料。

表 5-4　PEN/TiO$_2$ 复合材料的拉伸强度和断裂伸长率

力学性能		0wt%	10wt%	20wt%	30wt%	40wt%
PEN/TiO$_2$(未修饰的)	拉伸强度/MPa	110	78	67	54	48
	断裂伸长率/%	18.00	3.75	3.65	3.44	3.45
PEN/TiO$_2$(表面修饰后)	拉伸强度/MPa	110	97	79	66	61
	断裂伸长率/%	18.00	6.19	4.56	4.61	4.32

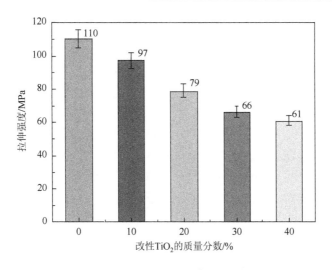

图 5-33　表面修饰后的 PEN/TiO$_2$ 复合材料的拉伸强度

　　纯聚芳醚腈和 PEN/TiO$_2$ 复合材料薄膜的实物图如图 5-34 所示（卷曲成一个 7 层的柱状体）。复合材料薄膜的数码照片显示出所有不同含量的复合材料薄膜都拥有优异的韧性，(a)、(b)、(c)、(d) 和 (e) 分别对应填料含量为 0wt%、10wt%、20wt%、30wt% 和 40wt%。即使填料含量达到了 40wt%，复合材料薄膜仍拥有优异的韧性。由此表明，就薄膜韧性而言，PEN/TiO$_2$ 复合材料薄膜有巨大的潜力应用于有机薄膜电容器领域，因为有机薄膜电容器通常需要进行卷曲。

图 5-34　表面修饰后的 PEN/TiO$_2$ 复合材料缠绕后的实物图

5.2.3　钛酸铜钙增强聚芳醚腈复合材料

　　与钛酸钡的表面修饰方法相同，黄旭[33]采用 PPL 型聚芳醚腈对钛酸铜钙 (CCTO) 进行表面改性，制备表面接枝聚芳醚腈链段的无机氧化物纳米粒子。

　　图 5-35 是 PEN/CCTO（表面经过 PPL 型 PEN 改性）复合材料薄膜的脆断横截面和 PEN/CCTO（表面未经过 PPL 型 PEN 改性）复合材料薄膜的脆断横截面的

SEM 图，其中填料质量分数都为 15wt%。值得一提的是，PEN/CCTO(表面未经过 PPL 型 PEN 修饰)复合材料横截面出现很多填料粒子被拔出后留下的孔洞，填料粒子直接被暴露在外，说明未经过改性的 CCTO 粒子与聚芳醚腈基体的界面作用不强。对 PEN/CCTO(表面经过 PPL 型 PEN 改性)复合材料而言，复合材料薄膜断面没有看到明显的"拔出现象"，也没有明显的缝隙和孔洞，意味着经过修饰后的 CCTO 与聚芳醚腈基体的界面作用得到增强。孔隙的存在会使得界面极化减弱，而且如果存在空气还会使得复合材料的介电常数下降。而改性后的 CCTO 粒子表面既有可以与 CCTO 粒子作用的羧基，也有聚芳醚腈的相似结构单元以及大量的氰基，使得 CCTO 粒子与聚芳醚腈基体的界面作用得到增强。这是复合材料薄膜拥有较强力学性能的前提条件。

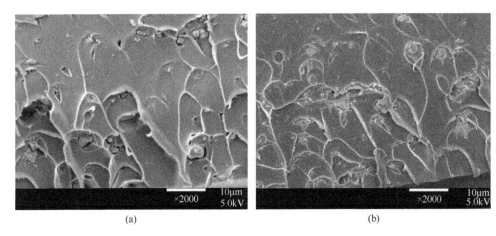

(a)　　　　　　　　　　　　　　　　　　　(b)

图 5-35　15wt%填料含量的 PEN/CCTO 复合材料薄膜

(a)表面未经过改性的 CCTO；(b)表面经过改性的 CCTO

表面修饰后的 PEN/CCTO 复合材料的拉伸强度与弹性模量如图 5-36 所示。作为特种功能高分子，聚芳醚腈拥有优异的力学性能，拉伸强度达到 110MPa。由于当 CCTO 填料含量大于 20wt%时，复合材料薄膜会收缩起皱，影响复合材料的实际使用，所以本实验选取的 CCTO 填料质量分数分别为 5wt%、10wt%、15wt%和 20wt%。可以看出，加入经过表面处理的 CCTO 之后，PEN/CCTO 复合材料拉伸强度随着填料含量的增加逐渐下降。当填料含量增加到 20wt%，复合材料力学性能降低到 75MPa。此外，随着填料的引入，复合材料薄膜弹性模量逐渐增大。当填料含量为 20wt%的时候，复合材料的弹性模量从 2257MPa 增加到 2762MPa。拉伸强度的降低主要归因于刚性的 CCTO 填料太多时，聚芳醚腈基体之间的物理缠结作用会减小，并且复合材料内部出现缺陷的概率相对增多。复合材料弹性模量的增大，主要是因为弹性模量描述的是当外界作用力施加到一个物体上，物体产生的形状改变。聚合物本身具有一定的韧性及回弹性，相对聚芳醚腈而言，CCTO 这种陶瓷填料的刚性远大于 PEN，当加入的 CCTO 含量增大时，PEN/CCTO 复合材料的弹性模量自然会逐渐增加。

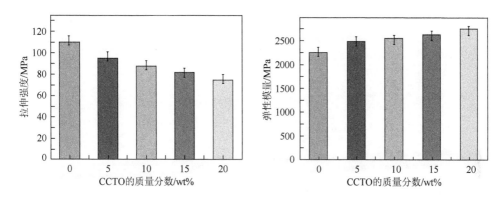

图 5-36　PEN/CCTO（PPL 型 PEN 改性）复合材料薄膜的拉伸强度（a）、
弹性模量（b）与填料含量的关系

5.3　多尺度粒子增强聚芳醚腈复合材料

在上述研究工作的基础上，可总结出无论碳材料还是无机氧化物纳米粒子经表面修饰改性后均对聚芳醚腈复合材料的结构强度产生积极的影响作用，并且纳米粒子的尺寸、形状、添加量等都对力学强度产生明显影响。因此，进一步研究不同尺度纳米粒子组合对复合材料力学性能的影响规律将有利于建立纳米粒子增强树脂基复合材料的基础理论，指导后续高性能树脂基复合材料的设计与制备。

5.3.1　钛酸钡/碳纳米管增强聚芳醚腈复合材料

黄旭[33]研究了钛酸钡与多壁碳纳米管的协同组合对聚芳醚腈复合材料的性能影响。为了研究纳米 BaTiO₃ 填料粒子和多壁碳纳米管（MWNT）在聚芳醚腈中的分散状态以及与 PEN 之间的结合状态，通过扫描电子显微镜对样品的横截面做了表征。图 5-37 分别展示了纯聚芳醚腈和含有 20wt% BaTiO₃ 和 2.0wt% 的 PEN/BaTiO₃/MWNT 多组分复合材料。从纯聚芳醚腈的断面形貌 SEM 图中可以看出，纯聚芳醚腈呈现出一个典型的脆性断裂特性，基体界面非常光滑，没有出现变形。而 PEN/BaTiO₃/MWNT 多组分复合材料的横截面却出现了韧性断裂的迹象。

此外，在超声波的辅助作用下，纳米 BaTiO₃ 陶瓷和 MWNT 都均匀地分散在 PEN 基体里面，没有明显的团聚现象。由于对填料表面进行了预处理，填料与 PEN 基体树脂之间有着较好的结合，没有观察到很明显的拔出现象。这有助于复合材料薄膜获得较好的力学性能[36-38, 40]。

(a)

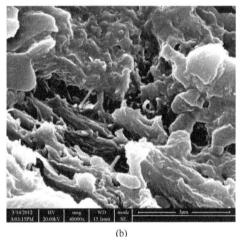
(b)

图 5-37   薄膜脆断后的横截面 SEM 图

(a)纯聚芳醚腈；(b)含有 20wt% BaTiO₃ 和 2.0wt% MWNT 的多组分复合材料薄膜的断面形貌

图 5-38 展示了纯聚芳醚腈和 PEN/BaTiO₃/MWNT 三组分复合材料的拉伸强度。可以看出，作为特种功能高分子，纯聚芳醚腈薄膜的拉伸强度达到了 110.6MPa。含量为 20wt% BaTiO₃ + 0.5wt% MWNT、20wt% BaTiO₃ + 1.0wt% MWNT、20wt% BaTiO₃ + 1.5wt% MWNT、20wt% BaTiO₃ + 2.0wt% MWNT 的 PEN/BaTiO₃/MWNT 多组分复合材料薄膜的拉伸强度分别对应为 108.5MPa、108.4MPa、108.0MPa 和 109.5MPa。由此可以看出，这两种纳米填料的加入没有破坏聚芳醚腈基体的原有力学强度。结合前面两章的数据分析，其中的原因主要归结为两个方面：一方面，无机填料的加入通常会使得复合材料力学性能在不超越填料某个阈值条件下，无机纳米尺寸填料的加入对于聚合物基体的力学强度的减小量非常小。另一方面，由于碳纳米管具有优异的力学性能，往往可以提高复合材料力学性能，而无机填料可以降低复合材料力学性能。此消彼长，MWNT 的加入正好可以补偿无机填料的加入给复合材料的力学性能造成的损失。最终，研究发现填入了纳米尺寸的钛酸钡和碳纳米管之后，PEN/BaTiO₃/MWNT 多组分复合材料薄膜的拉伸强度与纯聚芳醚腈相差不大，仍然具有比较优异的力学性能。

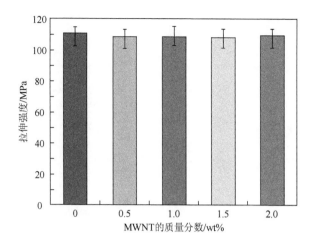

图 5-38　PEN/BaTiO₃/MWNT 三组分复合材料的拉伸强度

5.3.2　钕铁硼/四氧化三铁增强聚芳醚腈复合材料

潘海[41]研究了不同含量和尺寸的四氧化三铁纳米粒子(Fe_3O_4)与钕铁硼($Nd_2Fe_{14}B$)的协同组合对聚芳醚腈力学性能的影响规律。图 5-39 为不同含量和尺寸的 Fe_3O_4 负载于 $Nd_2Fe_{14}B$ 表面的形貌图。

由图 5-39 可看出，微米级 $Nd_2Fe_{14}B$ 的块状结构和平整的表面给酞菁铁分子和 Fe_3O_4 纳米粒子的自组装提供了载体模板，使得两者沿着 $Nd_2Fe_{14}B$ 表面自组装实现负载，得到表面微纳化的 Fe_3O_4-FePc@$Nd_2Fe_{14}B$ 颗粒。从图 5-39(a)～(c)中可以看出，随着 $Nd_2Fe_{14}B$ 粒径的减小，Fe_3O_4-FePc 杂化微球负载于 $Nd_2Fe_{14}B$ 表面的形貌发生了明显变化。在未球磨处理的 $Nd_2Fe_{14}B$ 表面，由于 $Nd_2Fe_{14}B$ 粒径较大，提供的负载面也大，Fe_3O_4-FePc 纳米杂化微球负载于 $Nd_2Fe_{14}B$ 表面形成一层致密的纳米层。随着 $Nd_2Fe_{14}B$ 粒径的减小，Fe_3O_4-FePc 纳米杂化微球在其表面开始团聚形成亚微米级的球体，使得 $Nd_2Fe_{14}B$ 表面粗糙度进一步增加。图 5-39(d)～(g)给出的是不同 $Nd_2Fe_{14}B$ 添加量的 Fe_3O_4-FePc@$Nd_2Fe_{14}B$ 微纳颗粒的 SEM 图。如图所示，当 $Nd_2Fe_{14}B$ 添加量为 90wt%(N-90)［图 5-39(d)］、80wt%(N-80)［图 5-39(e)］及 70wt%(N-70)［图 5-39(f)］时，Fe_3O_4-FePc 纳米粒子都能沿着 $Nd_2Fe_{14}B$ 表面自组装生长实现负载，同时形成亚微米级的杂化微球，进一步增加了 Fe_3O_4-FePc@$Nd_2Fe_{14}B$ 的表面粗糙度，这种"凸起"的结构可以作为高分子链的物理缠结点，实现界面的物理缠结相容，进而改善复合膜性能。但是当 $Nd_2Fe_{14}B$ 添加量减小到 60wt%(N-60)［图 5-39(g)］时，Fe_3O_4-FePc 纳米粒子含量增大,对 $Nd_2Fe_{14}B$ 负载能力增强，在 $Nd_2Fe_{14}B$ 表面不断堆积，形成尺寸较大的团聚体，表面也没有"凸起"的结构，虽然其表面粗糙度增加，但较大的尺寸会影响其对复合膜的性能改善[42]。

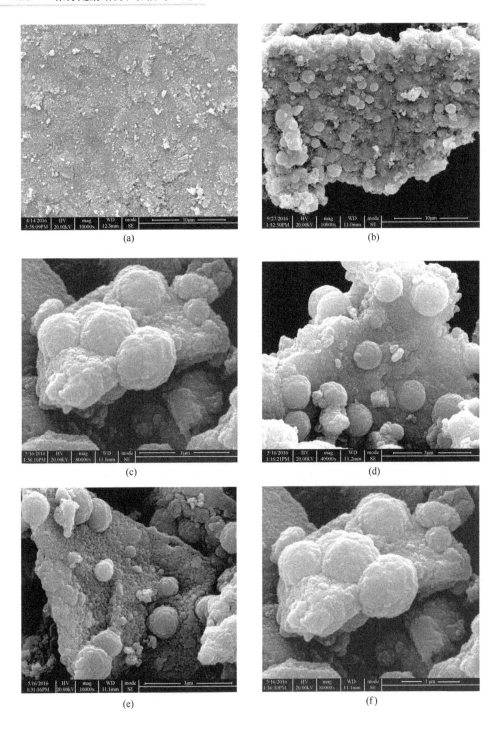

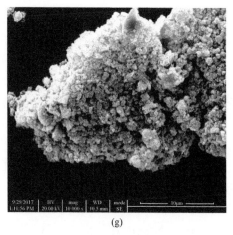

(g)

图 5-39　多维度填料的 SEM 图片

(a)、(b)、(c)不同球磨处理时间的 Fe_3O_4-FePc@$Nd_2Fe_{14}B$ 微纳颗粒；(d)、(e)、(f)、(g)不同 Fe_3O_4-FePc 含量的 Fe_3O_4-FePc@$Nd_2Fe_{14}B$ 微纳颗粒

1. 钕铁硼的含量对多尺度纳米粒子增强复合材料性能的影响

图 5-40 给出了不同 $Nd_2Fe_{14}B$ 含量的 Fe_3O_4-FePc@$Nd_2Fe_{14}B$ 颗粒加入到 PEN 中对复合膜拉伸强度的影响。从图中可以看到，随着 Fe_3O_4-FePc@$Nd_2Fe_{14}B$ 微纳颗粒中 $Nd_2Fe_{14}B$ 含量的减少，其复合膜的拉伸强度先增加后降低，在 $Nd_2Fe_{14}B$ 含量为 70wt%（N-70）时，复合膜的拉伸强度达到最大值（111.1MPa），比纯 PEN 膜（90.3MPa）的拉伸强度提高了 23.0%，当 $Nd_2Fe_{14}B$ 含量继续降低到 60wt%（N-60）

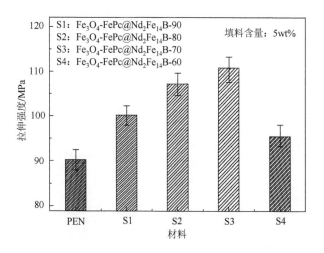

图 5-40　相同含量下不同 Fe_3O_4-FePc@$Nd_2Fe_{14}B$ 微纳颗粒对复合膜拉伸强度的影响

S1：N-90；S2：N-80；S3：N-70；S4：N-60

时，其复合膜的拉伸强度降低到 95.6MPa，但仍然高于纯 PEN 膜的拉伸强度。因此，选择力学增强效果最佳的 N-70 颗粒作为后续章节的研究对象，后面内容中出现的 Fe_3O_4-$FePc@Nd_2Fe_{14}B$ 微纳颗粒的 $Nd_2Fe_{14}B$ 添加量均为 70wt%。

图 5-41 展示的是不同填充量的 Fe_3O_4-$FePc@Nd_2Fe_{14}B$/PEN 复合膜的断面 SEM 图，为了对比分析，同样给出了 $Nd_2Fe_{14}B$/PEN 复合膜的断面 SEM 图。从图 5-41(a) 和 (b) 可知，在低填充量时，PEN 基体树脂与 Fe_3O_4-$FePc@Nd_2Fe_{14}B$ 和 $Nd_2Fe_{14}B$ 颗粒的相容都较好，填料与基体之间的界面没有明显的孔隙或缺陷。当填充量增加时，$Nd_2Fe_{14}B$ 与基体之间的界面结合明显要弱于 Fe_3O_4-$FePc@Nd_2Fe_{14}B$，开始有裸露的 $Nd_2Fe_{14}B$ 和明显的孔洞产生，而 Fe_3O_4-$FePc@Nd_2Fe_{14}B$ 与基体之间依然结合得很好，由图 5-41(d) 可以看到，树脂基体完美地包覆在 Fe_3O_4-$FePc@Nd_2Fe_{14}B$ 表面，同时，"凸起"的 Fe_3O_4-$FePc$ 结构与基体之间也有很好的界面结合。当填充量继续增加到 20wt% 时，$Nd_2Fe_{14}B$ 与基体之间的结合变得更差，从图 5-41(e) 可以看出，复合膜内出现了明显的分相、分层现象，$Nd_2Fe_{14}B$ 完全裸露在外面，与基体之间出现明显的孔隙，基体也产生了孔洞缺陷，连续性变差。而 Fe_3O_4-$FePc@Nd_2Fe_{14}B$/PEN 复合膜中情况有所改观 [图 5-41(f)]，虽然由于填充量增加，基体出现了孔洞的现象，但可以看到 Fe_3O_4-$FePc@Nd_2Fe_{14}B$ 与基体之间依然存在一定的界面相容性，Fe_3O_4-$FePc@Nd_2Fe_{14}B$ 颗粒没有裸露出来。

综上所述，针对 $Nd_2Fe_{14}B$ 表面光滑平整与基体之间界面相容性差的缺点，对其表面进行改性研究，通过酞菁铁分子与 Fe_3O_4 纳米粒子在高温高压下，沿着 $Nd_2Fe_{14}B$ 表面自组装，制备具有自增容特性的 Fe_3O_4-$FePc@Nd_2Fe_{14}B$ 微纳颗粒，利用其粗糙的表面和"凸起"的 Fe_3O_4-$FePc$ 杂化微球结构，增强与基体之间的接触面积，通过微球表面的酞菁铁分子链与基体分子链之间的物理缠结实现界面自增容目的，进而提高复合材料的性能。

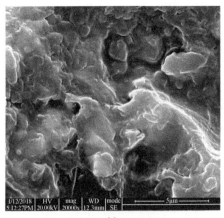
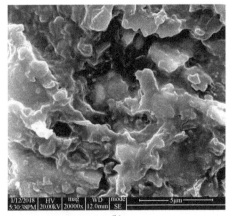

(a)   (b)

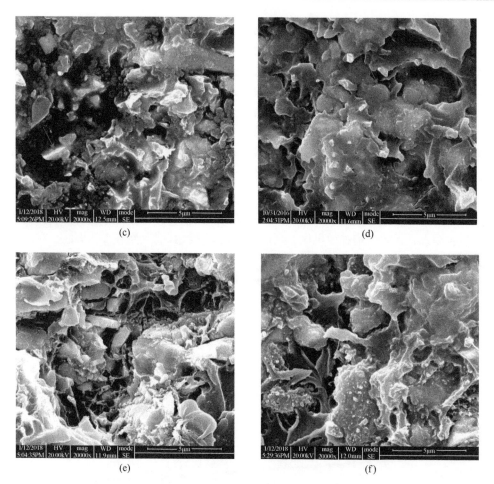

图 5-41　不同填充量的 $Nd_2Fe_{14}B$/PEN 复合膜和 Fe_3O_4-FePc@$Nd_2Fe_{14}B$/PEN 复合膜的断面形貌

$Nd_2Fe_{14}B$/PEN 复合膜：(a) 5%；(c) 10%；(e) 20%。Fe_3O_4-FePc@ $Nd_2Fe_{14}B$/PEN 复合膜：(b) 5%；(d) 10%；(f) 20%

2. 不同含量多尺度纳米粒子增强复合材料性能的影响

图 5-42 展示了相同填充量的 $Nd_2Fe_{14}B$ 颗粒和 Fe_3O_4-FePc@$Nd_2Fe_{14}B$ 微纳颗粒添加到 PEN 树脂基体中对复合膜拉伸强度的影响。从图中可以看到，随着填充量从初始的 5wt%增加到 40wt%，$Nd_2Fe_{14}B$/PEN 复合膜的拉伸强度从 100.5MPa 降低到 62.0MPa；而 Fe_3O_4-FePc@$Nd_2Fe_{14}B$/PEN 复合膜的拉伸强度从 111.1MPa 降低到 63.8MPa。可以明显看出，Fe_3O_4-FePc@$Nd_2Fe_{14}B$ 微纳颗粒对复合膜的拉伸强度增强效果优于 $Nd_2Fe_{14}B$ 颗粒对复合膜的拉伸强度增强效果。当填充量小于 40wt%时，Fe_3O_4-FePc@$Nd_2Fe_{14}B$/PEN 复合膜的拉伸强度均明显高于 $Nd_2Fe_{14}B$/PEN 复合膜的拉伸强度。对于 $Nd_2Fe_{14}B$/PEN 复合膜，其填充量为 10wt%时，拉伸强度和基体拉伸强度相当，而在 Fe_3O_4-FePc@$Nd_2Fe_{14}B$/PEN 复合膜中，其填充量达到 20wt%时，

复合膜的拉伸强度依然高于基体的拉伸强度，表现出优异的增强效果。这种优异的力学增强效果来源于对 $Nd_2Fe_{14}B$ 表面的改性，改性后得到的 Fe_3O_4-FePc@$Nd_2Fe_{14}B$ 颗粒表面被 Fe_3O_4-FePc 纳米杂化微球包覆赋予了其特殊的微纳结构，使得表面粗糙度提升，比表面积增大，进而增大了与基体的接触面积。另外，Fe_3O_4-FePc 纳米杂化微球表面含有的酞菁分子链可以与基体之间发生物理缠结相容增强界面结合作用，实现复合膜的界面自增容及高性能化。在实现有机-无机微纳界面自增容后，复合膜在受到外力冲击时，可以将能量通过相容界面有效转移到 $Nd_2Fe_{14}B$ 上，减缓基体出现严重的应力集中现象和阻止微裂纹的延伸，从而大大改善复合膜的力学性能。相对 Fe_3O_4-FePc@$Nd_2Fe_{14}B$ 微纳颗粒，未经过表面改性的 $Nd_2Fe_{14}B$ 颗粒，其表面光滑且表面自由能大，导致其与基体的界面结合力弱，对外力的传导性较改性后也要弱，因此其增强效果比 Fe_3O_4-FePc@$Nd_2Fe_{14}B$ 微纳颗粒差；同时，在高填充量下，无论是 Fe_3O_4-FePc@$Nd_2Fe_{14}B$ 微纳颗粒还是 $Nd_2Fe_{14}B$ 颗粒都会发生一定程度的局部团聚，分散性变差，从而造成对外力的应力集中严重，不但起不到分散外力的作用反而会使复合膜力学性能降低。并且，填充量提高也会造成基体出现孔隙和缺陷，导致力学性能下降。

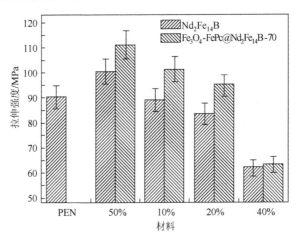

图 5-42　$Nd_2Fe_{14}B$/PEN 复合膜和 Fe_3O_4-FePc@$Nd_2Fe_{14}B$-70/PEN 复合膜的拉伸强度

5.3.3　钕铁硼/碳纳米管增强聚芳醚腈复合材料

在上述 Fe_3O_4-FePc 负载于 $Nd_2Fe_{14}B$ 表面设计制备多尺度的填充粒子的试验基础上，潘海[41]设计了碳纳米管负载于 $Nd_2Fe_{14}B$，制备如图 5-43 所示的填充型微纳粒子。从图中可以看到，由于 $Nd_2Fe_{14}B$ 表面的金属离子与 MWNT 上的含氧官能团之间存在化学键作用，MWNT 负载于 $Nd_2Fe_{14}B$ 表面，使 $Nd_2Fe_{14}B$ 表面纳米化、粗糙化。

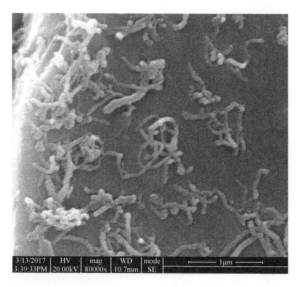

图 5-43　MWNT 负载于 $Nd_2Fe_{14}B$ 表面的 SEM 图

1. 碳纳米管的含量对多尺度纳米粒子增强复合材料性能的影响

图 5-44 给出了 C25N75/PEN[①]、C50N50/PEN 和 C75N25/PEN 三种配比的复合膜在不同填充量下的断面 SEM 图。图 5-44(a)～(d) 为 C25N75/PEN 复合膜的断面形貌，由图可知，在较低填充量时，如 5wt% 和 10wt%，填料与基体树脂之间结合得较好，虽然有部分 $Nd_2Fe_{14}B$ 裸露在外，但没有明显孔隙出现，说明相容性较好，且 MWNT 均匀分散在基体富集区域内，没有团聚现象发生，基体富集区域内少量 MWNT 的存在可以有效传递基体所受到的应力，避免应力集中，进而提高力学性能。但随着填充量的增加，填料与基体之间的作用力减弱，界面相容性变差，$Nd_2Fe_{14}B$ 开始脱落，与基体之间存在着明显的孔隙，MWNT 也有裸露在外的拔出现象，因此这些缺陷会导致复合膜力学性能降低。与此同时，还发现高填充量下，填料并没有发生明显的团聚现象。另外，图 5-44(e)～(h) 分别给出了 C50N50/PEN 和 C75N25/PEN 复合膜在 5wt% 和 20wt% 填充量下的断面形貌。同样是低填充量时，填料与基体间相容性好，而在较高填充量时，缺陷增加。虽然，高填充量下可能会造成复合膜力学性能降低，但同时也可能给复合膜带来其他性能上的提升，如电磁波吸收性能，MWNT 和 $Nd_2Fe_{14}B$ 各自优异的电磁特性使复合膜有望在吸波性能方面有所提升。在牺牲一部分力学性能的同时，能使复合膜得到综合性能的提升，可以进一步拓宽其实际应用。

---

① C25N75/PEN 表示复合材料中 MWNT 与 $Nd_2Fe_{14}B$ 的比例为 25∶75，C50N50/PEN、C75N25/PEN 含义类同。

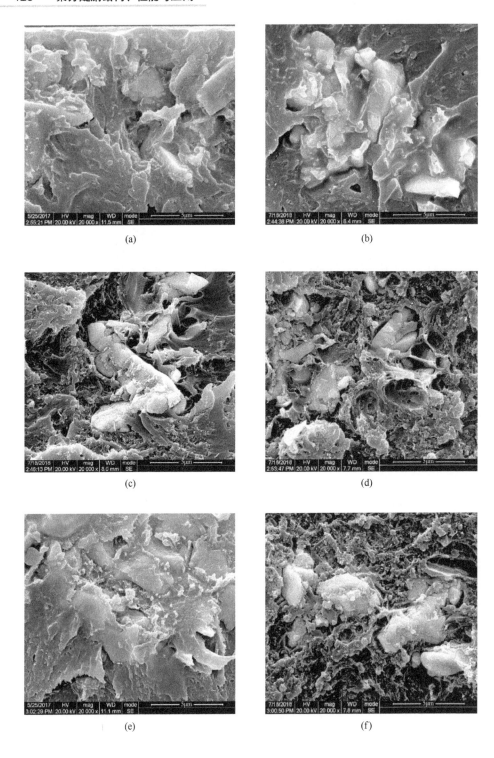

(a)

(b)

(c)

(d)

(e)

(f)

(g)　　　　　　　　　　　　(h)

图 5-44　不同配比的 $Nd_2Fe_{14}B/MWNT/PEN$ 复合膜的断面形貌

(a) C25N75-5%；(b) C25N75-10%；(c) C25N75-20%；(d) C25N75-40%；(e) C50N50-5%；(f) C50N50-20%；(g) C75N25-5%；(h) C75N25-20%

　　$Nd_2Fe_{14}B/MWNT$ 多元微/纳结构填料填充到 PEN 树脂基中对复合膜的拉伸强度和断裂伸长率的影响如图 5-45 所示。图中分别给出了三种不同微/纳配比的复合膜随填充量改变其拉伸强度和断裂伸长率的变化情况，具体数值罗列在表 5-5 中。如图 5-45 (a) 所示，C25N75/PEN、C50N50/PEN 和 C75N25/PEN 三个体系的复合膜其拉伸强度随着填充量的增大，拉伸强度都依次降低，强度值分别从最高的 99.2MPa、92.8MPa 和 100.3MPa 降到最低的 76.3MPa、69.2MPa 和 50.2MPa。在低填充量 (5wt%、10wt%) 时，C25N75 和 C75N25 两种配比的微/纳结构对复合膜的力学增强效果相当，拉伸强度均高于纯膜，而 C50N50 微/纳结构对复合膜的力学增强效果要小于前两者，表现稍弱些。在较高填充量

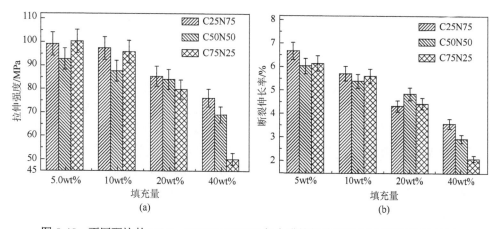

图 5-45　不同配比的 $Nd_2Fe_{14}B/MWNT/PEN$ 复合膜的拉伸强度 (a) 和断裂伸长率 (b)

（20wt%、40wt%）时，C25N75/PEN 复合膜的拉伸强度要高于其他两个体系，C25N75 含量为 40wt%时，依然保持着 76.3MPa 的拉伸强度，优于相同含量下 $Nd_2Fe_{14}B$/PEN 复合膜的拉伸强度（62.0MPa），表现出优异的力学性能；而 C75N25/PEN 复合膜在 C75N25 含量为 40wt%时，拉伸强度出现陡降，从 C75N25 含量为 20wt%时的 79.9MPa 降低到 50.2MPa；对于 C50N50/PEN 复合膜来说，其拉伸强度介于前两者之间。

表 5-5　$Nd_2Fe_{14}B$/MWNT/PEN 复合膜的拉伸强度和断裂伸长率

项目	样品	填充量/wt%			
		5	10	20	40
拉伸强度/MPa	C25N75	99.2	97.4	85.5	76.3
	C50N50	92.8	87.7	84.2	69.2
	C75N25	100.3	95.9	79.9	50.2
断裂伸长率/%	C25N75	6.7	5.8	4.5	3.8
	C50N50	6.1	5.5	5.0	3.2
	C75N25	6.2	5.7	4.6	2.4

整体上来说，C25N75/PEN 复合膜的拉伸强度要高于 C50N50/PEN 和 C75N25/PEN，而 C75N25/PEN 复合膜在较低填充量下其拉伸强度表现突出，C50N50/PEN 复合膜整体比较稳定，特别是在 5wt%到 20wt%之间，其拉伸强度对填充量变化的依赖性要弱于其他两个体系。在前文叙述中，$Nd_2Fe_{14}B$/PEN 复合膜的拉伸强度分别为 100.5MPa（5wt%）、89.0MPa（10wt%）、83.5MPa（20wt%）及 62.0MPa（40wt%），对比表 5-5 的数据可以发现，C25N75/PEN、C50N50/PEN 和 C75N25/PEN 三种复合膜在部分填充量时，拉伸强度要高于 $Nd_2Fe_{14}B$/PEN 复合膜的拉伸强度。相比较而言，在多元微/纳结构中，引入的 MWNT 替代了原来 $Nd_2Fe_{14}B$ 的部分质量；同时，MWNT 的加入正好填充在存在于 $Nd_2Fe_{14}B$/PEN 复合膜中的大量基体富集区域和自由体积里面。结合 SEM 图可以发现，经过酸化的 MWNT 在基体中分散性良好，没有明显的团聚体出现。因此原本在基体富集区域产生的应力集中可以通过 MWNT 得到有效转移耗散，同时阻止微裂纹的扩展；另外，MWNT 的存在也可以作为物理交联点与基体分子链发生物理缠结相容增强力学性能。因此 MWNT 和 $Nd_2Fe_{14}B$ 组成的多元微/纳结构体系对复合膜拉伸强度的提高有协同增强效应，增强效应在低填充量下尤为明显。随着填充量的增加，$Nd_2Fe_{14}B$ 与基体之间自由空间增大，不利于应力传导，MWNT 开始出现团聚现象，过多的应力集中于此，会导致微裂纹发展成宏观开裂，从而降低复合膜的力学性

能。较高的填充量还会造成基体出现孔隙、相容性变差等缺陷，也会使得复合膜力学性能降低，如图 5-45(b)所示，所有复合膜的断裂伸长率都随着填充量的增加而降低。

2. 不同多尺度纳米粒子含量对增强复合材料性能的影响

图 5-46 给出的是 C25N75-100/PEN 复合膜在不同填充量时的断面形貌 SEM 图。图 5-46(a)和(b)分别是 5wt%和 20wt%填充量的 C25N75-100/PEN 复合膜。从图中可以看到低填充量下，填料与基体之间依然保持着较好的界面相容性，当填充量增加到 20wt%时，填料与基体之间的界面结合有所减弱，部分开始出现孔隙，但也可以看到部分填料与基体之间依然保持着良好的界面相容性(如图中箭头所示)。因此，相比于纯 $Nd_2Fe_{14}B$ 填料，Fe_3O_4-FePc@$Nd_2Fe_{14}B$ 与基体之间更容易实现界面增强，进而可以保持良好的力学性能。同时也可以发现，MWNT 在基体中分散均匀。值得关注的是，Fe_3O_4-FePc 也被报道具有优异的吸波性能，因此，在牺牲掉部分力学性能的同时，复合膜的电磁波吸收性能有望得到进一步提升。

图 5-47 给出了不同含量的 C25N75-100/PEN 复合膜的拉伸强度和断裂伸长率。随着填充量的增加，C25N75-100/PEN 复合膜的拉伸强度和断裂伸长率降低，拉伸强度从最高的 101.5MPa 降到最低的 71.5MPa，断裂伸长率从最高的 7.1%降到 4.1%，详细的数据列于表 5-6 中。

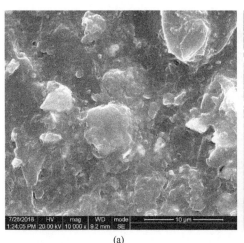
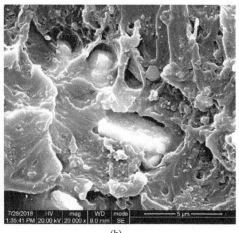

图 5-46　不同含量的 C25N75-100/PEN 复合膜的断面形貌

(a) 5wt%；(b) 20wt%

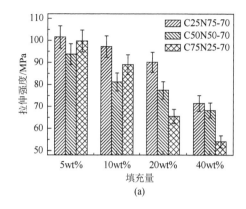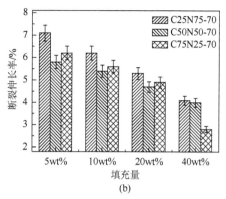

图 5-47　不同含量的 C25N75-100/PEN 复合膜的拉伸强度(a)和断裂伸长率(b)

表 5-6　C25N75-100/PEN 复合膜的拉伸强度和断裂伸长率

项目	填充量/wt%			
	5	10	20	40
拉伸强度/MPa	101.5	97.2	90.1	71.5
断裂伸长率/%	7.1	6.2	5.3	4.1

5.4　纤维增强聚芳醚腈复合材料

　　纤维增强热塑性树脂基复合材料(FRTP)作为复合材料家族里的重要一员,已在诸如航空航天、军工、船舶、运动器材、汽车等众多领域被广泛使用。按照增强纤维的长度关系分类可分为短纤维(SF)增强、长纤维(LF)增强和连续纤维(CF)增强,它们具有各自的特点和应用范围。采用纤维增强的复合材料在刚度、尺寸稳定性等方面均有所提高,但是其中短纤维增强的复合材料制品强度一般,很难满足性能要求;采用长纤维增强的复合材料的力学性能则得到明显改善,国内外的技术也比较成熟,而将连续纤维作为增强体的复合材料具有更多的性能优势,如其结构强度高、机械性能优异等,现已成为复合材料领域的研究重点。按照树脂基体来分类又可分为增强热固性材料和增强热塑性材料,其中纤维增强热固性材料发展起步较早,其在力学性能、抗老化性能等方面都有着不错的表现,但是采用热固性基体的复合材料也存在许多缺点,如其成型周期较长、不能重复使用等。随着技术进步,FRTP越来越受到重视,其主要优点在于:①制备的预浸料可长期储存;②制品机械性能、结构性能优异;③预浸料的成型周期短,复合材料制品的生产效率高;④可重复加工利用。

5.4.1　纤维增强复合材料的加工方法

根据增强纤维的长度不同，FRTP 复合材料可划分为短纤维、长纤维及连续纤维增强热塑性树脂基复合材料(简称 SFRT、LFRT 及 CFRT 复合材料)。SFRT 复合材料的生产过程是将短切纤维、热塑性树脂及其他助剂在挤出机内熔融混合，挤出后通过切粒装置切割

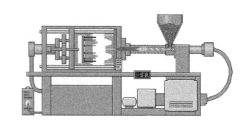

图 5-48　短纤增强热塑性复合材料的注塑成型过程

成一定长度的粒料，作为半成品用于注塑成型，如图 5-48 和图 5-49 所示。SFRT 复合材料成型工艺简单，易于成型结构复杂的制品，但由于短切纤维本身长度较短，再经过注塑过程中的剪切与磨损作用，制品中纤维的平均残余长度甚至已不足 1mm，因此对材料力学性能的提升效果十分有限。此外，SFRT 复合材料中的纤维含量通常为 33%左右，最大也只可达到约 45%，偏低的纤维含量也是限制其有效改善复合材料刚度、强度的因素之一，因而也影响了 SFRT 复合材料应用领域的扩展。

连续纤维增强热塑性复合材料(简称 CFRTP 复合材料)是将熔融的热塑性树脂浸渍到连续的分散纤维中后冷却成型得到的，由于热塑性树脂的熔体黏度一般都高于 100Pa·s，所以树脂熔体浸渍到纤维束中就变得尤为困难。因此，如何使高黏度的热塑性树脂熔体能够很好地浸渍到分散的纤维束中从而获得良好的浸渍效果，并减少纤维的损伤是 CFRTP 复合材料浸渍的关键技术，也是主要的研究重点。经过多年的发展，国内外主要开发了溶液浸渍、粉末浸渍、原位聚合浸渍、熔融浸渍等主要浸渍工艺。

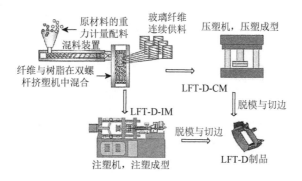

图 5-49　长纤增强热塑性复合材料的注塑及模压成型过程

LFT-D：long fiber reinfore thermoplastic-direct，表示直接在线长纤维增强热塑性复合材料。CM：compression moulding，压缩成型。IM：injection moulding，注塑成型

溶液浸渍工艺是指将树脂溶于有机溶剂中形成低黏度溶液，浸渍纤维后再通过加热除去溶剂，从而获得良好浸渍效果的一种浸渍工艺。该工艺较为简便，但是溶剂必须完全除去，溶剂除去过程中会造成环境污染且容易造成纤维和树脂间的界面结合，形成孔隙或造成物理分层，从而造成复合材料的性能下降。目前该工艺主要用于黏度较高的树脂基体浸渍纤维。图 5-50 为溶液浸渍工艺简化图。

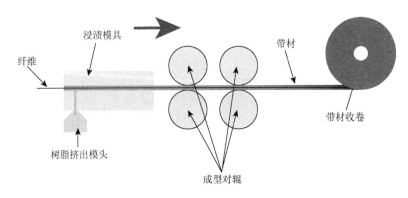

图 5-50   连续纤维溶液浸渍工艺简化图

粉末浸渍工艺是指将预分散的连续纤维通过放有树脂粉末的流化床，使树脂粉末黏附在纤维表面，然后通过加热使树脂粉末熔融后在成型口模的作用下完成纤维和树脂的复合。该项技术的树脂粉末容易散失，且对树脂粉末的形状参数要求较高，树脂粉末的加工较为困难。

两用原位聚合浸渍是指将预分散的纤维通过装有树脂单体和相关催化剂组成的低黏度溶液浸渍室进行浸渍，然后通过加热装置使树脂单体在纤维束内发生聚合反应生成树脂基体，最终完成树脂和纤维的复合。这种技术可有效避免树脂基体的高黏度，但是因为涉及聚合反应，对加工工艺参数的控制要求非常严格。

熔融浸渍是指将连续纤维经预分散后通过装有树脂熔体的浸渍模具，纤维在浸渍模具中绕过一系列的浸渍辊或者弯曲流道后完成分散，从而使树脂熔体能够渗透到纤维束中去，浸渍完成的纤维束经牵引设备从浸渍模具中牵出冷却后即可得到纤维增强树脂基复合材料预浸料，所得预浸料经切料设备切割后即可得到长纤维增强树脂粒料。熔融浸渍工艺设备简单，生产周期短，可实现连续化生产，树脂含量可控，目前已成为 CFRTP 复合材料的主流技术。图 5-51 为常见的熔融浸渍工艺的流程图。

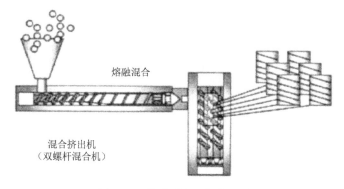

图 5-51 熔融浸渍工艺流程图

连续纤维增强热塑性复合材料的成型技术：

模压成型是指将复合材料预浸料在一定大小的模具中铺放加热熔融后，加压快速压制成型，如图 5-52 所示。通过调节模压成型时的压力、模具温度及模压时间等工艺参数可制得性能优异的单向纤维增强热塑性复合材料板材。

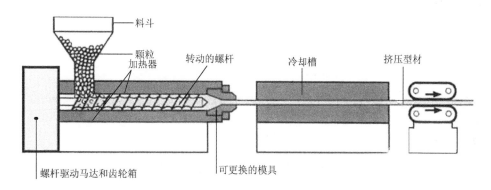

图 5-52 复合材料模压成型工艺流程图

注塑成型可以将 LFT 粒料加工成型为各种制品，适用于加工形状比较复杂或者一些小型的复合材料成型零部件，其工艺流程如图 5-53 所示。由于热塑性树脂分子量较高，流动性差，所以注塑成型对螺杆、浇口及模具流道设计要求较高，否则容易造成纤维断裂或者损伤，减短了最终成型制品的纤维长度，从而降低了复合材料制品的力学性能。通过调节注塑螺杆速度、模具和注塑温度、螺杆背压、注塑压力等参数可以获得性能优异的复合材料注塑成型制品。

拉挤成型是指将预浸模塑料预加热后，通过一个或多个口模，最终成为既定形状的制品，如图 5-54 所示。该技术主要运用于制备如槽、杠、梁等形状比较规则的制品。

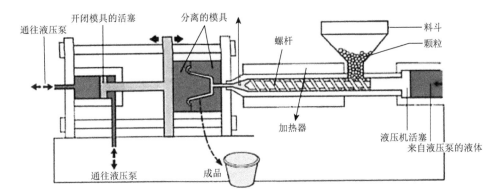

图 5-53　复合材料的注塑成型工艺流程图

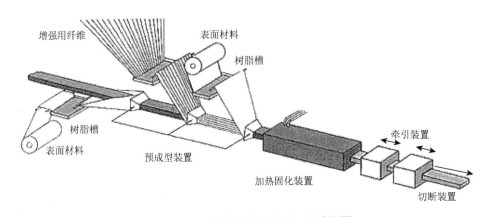

图 5-54　复合材料的拉挤成型工艺流程图

连续相(基体相)、分散相(增强相)、界面相是纤维增强复合材料的三大要素，而界面是决定复合材料性能的关键因素界面相，是纤维和树脂之间的连接纽带，是材料传递载荷的桥梁，界面结合的质量将直接影响到材料传递载荷的能力及材料的物理、热化学、耐腐蚀、耐老化等性能界面结合良好，才能够充分发挥增强相和基体相两种材料的优点，实现 $1+1>2$ 的效应，所以复合材料大多数的性能都与界面的结合状态有关，可见界面相对于复合材料的重要性。

5.4.2　纤维增强复合材料的界面处理

界面的形成主要分为两个步骤：一是树脂基体和纤维之间接触和润湿。高的润湿性是实现高黏度的树脂熔体和纤维之间形成良好界面的必要条件，通过在纤维表面涂覆相关膜体，可提高纤维表面的粗糙度，降低其表面能，进而减小树脂熔体和纤维之间的接触角，提升树脂熔体和纤维之间的润湿性。同时，增加熔体压力和提高温度可使润湿性改善，但是温度过高会产生过热和氧化，提升了界面的脆性。二是纤维和树脂之间的复合体系冷却固化成型。在该阶段，纤维和树脂基体之间通过物理或化学的变化而固化，从而在两者之间形成固定界面层。第一阶段对界面层的固化成型影响较大，它直接决定了纤维和树脂基体之间的界面层结构或者状态。

界面使增强相和基体相连成一个整体，形成了新的复合体系，它具有任何单组分材料都没有的特性，其作用可归结为以下几种效应：①传递效应：界面是材料中传递应力的桥梁，它可使应力从基体传递给增强体；②阻断效应：良好的界面可以有效中断材料破坏，减缓位错运动和应力集中，从而阻止裂纹在基体中扩展；③不连续效应：界面上会产生不连续的物理性能，如抗电、电感应、磁性等性能，以及界面摩擦等；④散射和吸收效应：界面可实现对光波、声波、冲击波等产生散射和吸收，从而使得复合材料具备透光、隔音、耐冲击等性能；⑤诱导效应：纤维增强体的表面结构在复合过程中会对树脂基体的表面结构产生诱导从而使其发生改变，从而产生如耐冲击性、耐热性、低膨胀性等现象。

根据国内外相关学者的多年研究，界面产生以上复合效应的主要作用机理如下：①浸润吸附理论：该理论认为增强体如果能够被基体充分浸润，使得增强体和基体之间不留缝隙，那么两者之间的界面结合强度将高于基体的内聚强度，否则两者之间将产生间隙，造成应力集中而形成裂纹导致开裂；②化学键理论：该理论认为增强体和基体的表面应含有活性基团，这样才能够促进化学反应，形成化学键结合界面，增强界面结合强度；③物理吸附理论：该理论认为增强体和基体之间主要靠机械咬合或者是基于次价键作用的物理吸附；④过渡层理论：该理论又称为变形层理论，其认为纤维和树脂基体之间复合时会形成一个过渡层，以缓解树脂和纤维在成型过程中因膨胀系数差异导致的界面残余应力集中；⑤静电吸引理论：该理论认为偶联剂的作用，使得增强体和基体表面产生相反的电荷，进而形成界面结合力。关于纤维增强树脂基复合材料的界面作用机理目前尚未有确切的定论，其机理可能是以上两种或多种理论相结合共同作用的结果。

鉴于界面相是决定复合材料相关性能的重要因素，因此有必要对其进行优化设计，从而有效提升纤维和树脂之间的界面结合性能，这样才能获得性能优异的复合材料。近年来，伴随着 FRTP 复合材料的快速发展和工业化应用，关于复合材料的界面优化研究成了国内外众多学者的研究热点。

界面相的优化一般可以从纤维表面处理和基体改性两方面入手对纤维表面进行处理。一是在其表面涂覆硅烷偶联剂，其通式可用 $YRSiX_3$ 来表示。硅烷偶联剂具有 X 和 Y 两种不同的反应性基团，其中 X 为可水解性基团，它能够吸附在纤维表面，或者与纤维发生反应，Y 为有机官能团，可以与树脂基体进行反应，这样通过硅烷偶联剂就有效架起了纤维和树脂之间的"偶联"桥梁，在纤维和树脂之间形成一层无机相-偶联剂-有机相的结合层。对于热固性树脂，偶联剂可以与其反应性基团进行反应形成良好的界面反应层，但是对于热塑性树脂，缺少活性反应基团，所以许多学者首先在纤维表面涂覆上具有一定活性反应基团的高分子膜，然后再加入偶联剂，这样才能起到良好的反应效果，形成反应化学键。杨卫疆等[43]利用过氧化物偶联剂对纤维表面进行处理后发现纤维表面能够有效引发苯乙烯单体接枝，接枝率达到了6%，形成了良好的纤维表面和树脂结合界面层。二是纤维表面进行等离子处理，对于玻璃纤维，其表面本身存在较多的硅羟基，可以容易地与偶联剂进行反应，但是碳纤维和芳纶纤维表面的极性基团较少，需要采用冷等离子处理的方法进行改性。冷等离子处理的纤维表面会生成较多的自由基，通过自由基相互作用形成一些如羧基、羟基、氨基等反应性基团，从而使得纤维表面可以与偶联剂进行有效的反应。同时，等离子处理的纤维表面会形成较多的沟壑，有利于增强纤维和树脂的机械结合。龙军等[44]利用等离子对纤维表面进行处理，使得含端活性基团的大分子接枝偶联剂(MGC)可以有效地与纤维表面进行接枝，接枝反应后的纤维表面可以与树脂基体有效结合，提升了材料的横向拉伸强度。三是γ射线处理，通过γ射线处理纤维表面，可有效增强纤维皮层和芯层的连接，增加纤维表面自由基，从而提升纤维表面的润湿性和黏附性，提升纤维与树脂之间的结合界面。四是在纤维表面涂覆偶联剂和纳米无机颗粒，包括纳米 SiO_2、碳纳米管、纳米黏土等，通过偶联剂和纳米颗粒，可以形成纤维-纳米颗粒-树脂的反应结合和机械啮合界面，有效提升了纤维和树脂的界面结合。张玲等[45]通过静电复合技术分别将纳米二氧化硅和多壁碳纳米管均匀吸附在纤维表面，研究发现纳米颗粒的涂覆可有效增强纤维和树脂的界面结合，复合材料的拉伸强度和拉伸模量分别提高了21%和28%。近期的研究都表明，界面的修饰处理对复合材料性能的改善具有积极作用。因此，刘孝波团队针对纤维增强的聚芳醚腈复合材料进行了性能改善研究，以期通过系统实验的开展，探索热塑性树脂基复合材料的力学性能改善的关键影响因素，深入研究改善复合材料界面特性的基本方法，提出改善树脂基复合材料界面作用力的基本理论，并通过关键因素的控制，实现对树脂基复合材料性能的可调可控。

5.4.3　短纤增强聚芳醚腈复合材料

采用短纤增强聚芳醚腈复合材料，制备聚芳醚腈注塑样，研究其增强效果可为聚芳醚腈挤出/注塑样的实际应用积累理论基础。杨旭林等[46]制备了短纤增强的聚芳醚腈，主要对其界面粘接作用及其力学性能进行研究，发现单独的短纤填充对复合材料性能的提高作用有限，主要原因是短纤在树脂基体中的不规则分布和两者间的界面结合作用力弱。因此，根据前期研究的结论，采用微纳组合的方式对短纤增强的聚芳醚腈复合体系进行进一步的改性，引入石墨烯片作为纳米组分，期望纳米粒子与短纤的协同作用，大幅提高复合材料的力学强度。

　　在研究短纤增强聚芳醚腈复合材料的工作中，复合体系的界面结合作用是研究的重点内容。采用扫描电子显微镜对复合体系的断面形貌进行研究，如图 5-55 所示。纯的聚芳醚腈断面致密平整，而引入石墨烯片的复合材料断面处可明显观察到石墨烯片连带着树脂一起"拔出"的现象。在前期的文献报道中，作者将石墨烯片引入聚苯乙烯树脂基体中，在受力破坏的断面处同样观察到这种"拔出"现象。作者认为这种"拔出"现象说明石墨烯片与树脂基体间存在较强的界面作用。因此，将石墨烯片在聚芳醚腈基体中出现的此种现象也可以认为是两者之间存在较强的界面作用力造成的。这种强的界面作用主要来源于石墨烯片表面存在的强极性的羧基和羟基，这些活性基团有可能与聚芳醚腈分子中的极性氰基发生键合反应。同时，图 5-55(b) 中也观察到树脂孔洞和气孔，说明石墨烯片的引入在

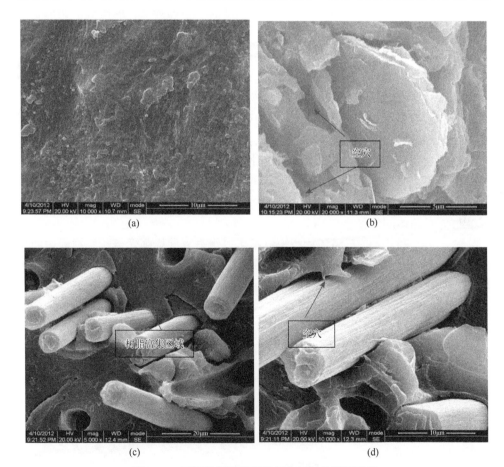

图 5-55　不同类别聚芳醚腈复合材料的断面形貌

(a) 聚芳醚腈基体；(b) 5wt%含量的石墨烯片改性聚芳醚腈；(c)和(d) 20wt%含量的短碳纤维改性的聚芳醚腈复合材料

一定程度上破坏了聚芳醚腈基体的致密性。图 5-55(c) 和 (d) 是短纤增强的聚芳醚腈复合材料的断面形貌。由图中可看出，有明显的短纤"拔出"留下的光滑孔洞，且短纤与聚芳醚腈基体间存在明显的缝隙，说明短纤与树脂基体间的界面作用力不强；断面处可明显观察到的树脂富集区域也说明较大尺寸的短纤在树脂基体中无法均匀地增强树脂基体。

由于单独的石墨烯片和短纤维都无法有效改善聚芳醚腈对复合材料的界面特性，杨旭林等[46]将石墨烯片和短纤维结合，制备多维度的增强聚芳醚腈复合材料。图 5-56 为不同石墨烯片含量的多维度复合材料的断面形貌。由图 5-56(a) 可看出，当石墨烯片含量为 1wt%时，大部分的石墨烯片都包覆在聚芳醚腈树脂基体中，充当聚芳醚腈基体的增强粒子。并且与图 5-55 中单独短纤增强的聚芳醚腈复合材料断面形貌相比，添加 1wt%含量的石墨烯片后，观察到的树脂富集区域明显减少。当含量提高至 5wt%时，由图 5-56(b)～(e) 可看出，复合材料的断面形貌发生明显变化，可看到石墨烯片夹在树脂基体与短纤维之间充当连接体的作用[图 5-56(b)]。图 5-56(c) 和 (d) 中未观察到拔出的光滑的短纤维，说明石墨烯片的存在，很好地抑制了树脂基体在短纤维表面的滑移和脱离。图 5-56(e) 展示了一张短纤维从树脂基体中拔出的图片，可明显看到纤维拔出过程中表面粘接的树脂基体，说明石墨烯片的加入，有效地改善了短纤维与聚芳醚腈的界面粘接作用。图 5-56(e) 为石墨烯片含量提高至 10wt%的增强树脂基复合材料，从断面形貌可看出，短纤维从树脂基体中拔出，在拔出界面处存在较多的石墨烯片，说明此时石墨烯片在短纤维与树脂基体间形成了硬的隔离层，阻碍了短纤维与树脂基体间的结合作用。

综上，合适配比的石墨烯片和短纤维可以优先降低增强聚芳醚腈材料中的树脂富集现象，协同改善增强体与树脂基体间的界面作用。多维度复合树脂体系的界面特性明显优于单独的碳纤维和单独的石墨烯片增强的聚芳醚腈复合材料。

(a)

(b)

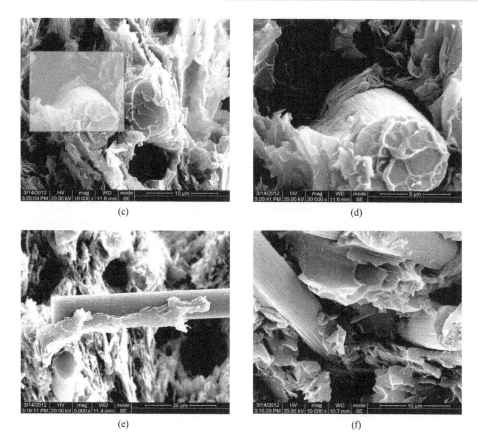

图 5-56 不同石墨烯片增强的碳纤维(20wt%)增强聚芳醚腈复合材料的断面形貌

(a)1wt%石墨烯片；(b)、(c)、(d)和(e)5wt%石墨烯片；(f)10wt%石墨烯片

对不同增强体增强的聚芳醚腈复合材料的力学性能进行评价，进一步验证界面改性对复合材料力学强度的影响规律。图 5-57(a)为不同短碳纤维增强的聚芳醚腈复合材料的力学模量测试结果。由图中可看出，随着短纤维含量的提高，复合体系的弯曲模量依次提高，这主要是因为刚性碳纤维对树脂基体的增强作用。当短纤维含量添加至 20wt%时，聚芳醚腈复合材料表现出的弯曲模量为 12.6GPa，明显高于文献报道的碳纤维增强聚醚醚酮复合材料(9.1GPa)，说明在复合材料增强体系中，聚芳醚腈的结构强度优于聚醚醚酮。图 5-57(b)为碳纤维增强的聚芳醚腈复合材料的弯曲强度，同样的，与复合材料的弯曲模量变化趋势一致，随着碳纤维含量的增大，复合材料的弯曲强度依次增大。当碳纤维含量为 20wt%时，复合体系的弯曲强度达到 192.4MPa，表现出优异的力学强度。继续增加碳纤维的添加量时，由图中数据可看出，力学强度提高的程度并不明显，因此，在后续进一步研究中，短纤维的含量确定为 20wt%。

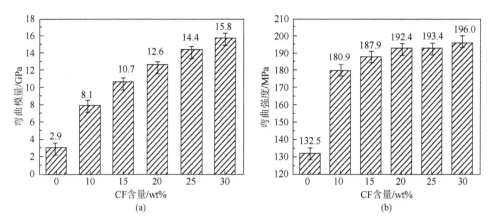

图 5-57   不同含量碳纤维增强聚芳醚腈复合材料力学性能

(a)弯曲模量；(b)弯曲强度

图 5-58 为不同含量石墨烯片改性 20wt%含量短纤增强的聚芳醚腈复合材料的冲击强度测试结果。由图中可明显看到，纯的聚芳醚腈材料的冲击强度为 6.12J/m^2，属于典型的通用型热塑性材料，其冲击性能与常用工程塑料的冲击强度相比不具有明显优势。分别添加石墨烯片和短纤维后，聚芳醚腈复合材料的冲击强度有显著提高，且短纤维对复合材料冲击强度的改善效果明显优于石墨烯片。当短纤维与石墨烯片协同增强聚芳醚腈时，复合材料的冲击性能优于两者单独增强的树脂体系，说明两者之间存在正向的协同效应。并且，随着石墨烯片的含量由 1wt%提高至 10wt%，多维度增强的聚芳醚腈复合材料的冲击强度依次提高。

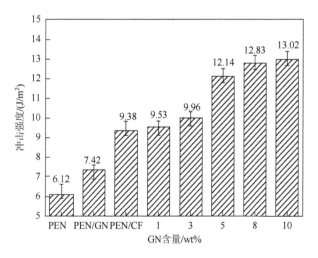

图 5-58   不同石墨烯片和碳纤维含量的增强聚芳醚腈复合材料的冲击强度

图5-59为不同石墨烯片含量改性的短纤增强聚芳醚腈复合材料的弯曲强度和弯曲模量。图 5-59（a）中展示出纯的聚芳醚腈材料、单独石墨烯片增强、单独短纤增强聚芳醚腈复合材料以及石墨烯片和短纤维协同增强聚芳醚腈复合材料的弯曲模量。从图中可看出，石墨烯片或者短纤维的添加，可改善聚芳醚腈的弯曲模量，其中短纤维的增强效果明显优于石墨烯片。同时，石墨烯片与短纤维的协同增强效果又明显优于单独的短纤维增强的聚芳醚腈复合材料。并且，随着石墨烯片含量的增加，复合体系弯曲模量依次提高，说明石墨烯片的含量对复合材料的模量提高作用明显。结合上文展示的多维度复合体系的断面形貌可知，石墨烯片在短纤维和聚芳醚腈树脂基体之间充当连接作用，提高短纤维与树脂基体间的界面作用力，进而提高复合材料的力学性能。图 5-59（b）为复合材料的弯曲强度，与复合材料弯曲模量变化趋势相同，复合材料的弯曲强度优于纯的聚芳醚腈材料，单独的短纤维增强的聚芳醚腈复合材料的力学强度优于石墨烯片增强的复合材料体系，两者协同增强的复合体系性能又明显优于单独的短纤维增强的复合材料。并且，石墨烯片的含量对复合材料的弯曲强度的改善有明显影响作用。这与上文的解释一致，复合材料体系力学性能的改善主要是因为复合体系界面作用力的提高、界面特性的改善效果直接影响复合材料的力学性能。

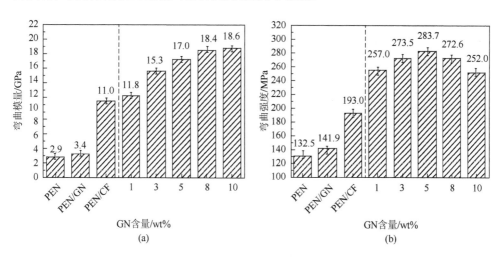

图 5-59　不同石墨烯片和碳纤维含量的增强聚芳醚腈复合材料力学性能

(a) 弯曲模量；(b) 弯曲强度

5.4.4　连续纤维增强聚芳醚腈复合材料

在开展短纤增强聚芳醚腈复合材料的研究工作的同时，刘孝波团队同样针对连续纤维增强的聚芳醚腈复合材料展开系统研究。同样，在研究增强聚芳醚腈复合材料时，增强体与树脂基体的界面作用及成型方式是主要考虑和研究的问题。根据前期的研究可知，纳米粒子与纤维的协同增强效应可以大幅改善树脂基复合材料的力学性能。因此，在连续纤维增强聚芳醚腈复合材料的制备中，将纳米粒子引入体系中。纳米粒子自身的团聚效应，使得纳米粒子增强的树脂基复合材料很难最大限度地体现纳米粒子的增强特性，因此，在本节中采用二次分散的方式改善纳米粒子在树脂基复合材料中的分散特性，充分发挥纳米粒子在树脂基体中的增强功能。

1. 二次分散法制备增强聚芳醚腈复合材料

本部分研究通过将纳米钛酸钡与连续玻璃纤维(GF)组合，期望两者可协同增强聚芳醚腈复合材料的力学性能。首先将纳米碳酸钡超声分散在聚芳醚腈树脂基体中，通过流延成膜法制备纳米粒子增强的复合膜。随后，利用"膜压"成型方式，制备连续玻璃纤维布增强的聚芳醚腈复合材料，在"膜压"过程中实现纳米粒子的二次分散，在改善纳米粒子在树脂基体中分散性的同时，减少连续纤维增强树脂基复合材料中的树脂富集区域，进而改善微纳组合增强的聚芳醚腈复合材料的力学性能。图 5-60 为"膜压"法制备微纳组合增强的聚芳醚腈复合层压板的制备流程示意图。

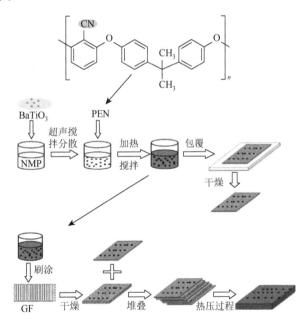

图 5-60　纳米粒子与连续纤维协同增强聚芳醚腈复合材料制备过程示意图

图 5-61 为微纳组合增强聚芳醚腈复合材料的断面形貌。由图 5-61(a)可看出，在纤维表面和树脂基体中都能发现纳米粒子，且无团聚现象，说明采用二次分散技术可有效制备纳米粒子均匀分散的复合材料。图 5-61(b)中可明显观察到复合材

料在受力破坏下断面处的树脂变形,树脂与纤维剥离界面处树脂存在不规则的剥离面,说明树脂基体与纤维表面间存在一定的界面作用力,在破坏过程中,作用力的存在使树脂基体发生严重变形。此外,纤维剥离后的树脂基体断面处可观察到纳米粒子的分散,说明二次分散后的纳米粒子在树脂基体中起到增强作用,减少单独的纤维增强的树脂基复合材料中的树脂富集区域。图 5-61(c)为 30wt%含量纳米粒子填充的连续纤维增强的聚芳醚腈复合材料的断面形貌,可看到纤维从树脂基体中剥离,且剥离界面处无明显受力变形,树脂基体未受到明显破坏,这是因为 30wt%含量的纳米粒子分散在树脂基体中,树脂基体的刚性显著提高,在树脂基体与增强纤维之间形成一层硬的界面层,在一定程度上阻碍树脂基体与纤维表面的黏附,从而表现出对复合材料界面结合作用的降低作用。但总体而言,纳米粒子的引入,可有效改善纤维增强树脂基复合材料的树脂富集现象,并在一定范围内改善树脂基体与纤维的界面结合作用力。

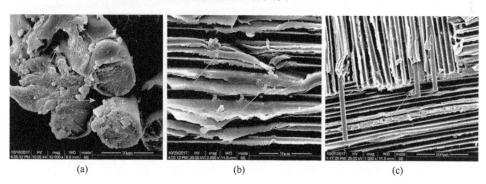

图 5-61　不同含量纳米粒子增强聚芳醚腈复合材料的断面形貌

(a)纯的连续纤维增强聚芳醚腈; (b)5wt% BaTiO$_3$增强的复合体系; (c)30wt% BaTiO$_3$增强的复合体系

图 5-62 为不同含量纳米粒子改性的纤维增强聚芳醚腈复合材料的力学性能。图 5-62(a)为复合材料的弯曲强度,由图中可看出,连续纤维增强的聚芳醚腈复合材料的弯曲强度为 300MPa,随着纳米粒子的引入,复合体系的弯曲强度整体呈现提高的变化趋势。其中不同含量纳米粒子改性的复合体系弯曲强度有轻微波动,这与复合材料成型过程及测试取样的误差有关。即纳米粒子的引入使得复合材料的弯曲强度有一定程度的改善。图 5-62(b)为复合材料的弯曲模量,图中可看出纳米粒子的引入对复合体系的模量影响较明显,随着纳米粒子的引入,复合材料的弯曲模量整体表现出先升高后降低的变化趋势,但整体都表现为较优的弯曲模量。纳米粒子的含量对模量的影响尤其明显,其中,10wt%含量的纳米粒子改性的纤维增强聚芳醚腈复合材料表现出最优的弯曲模量。进一步提高纳米粒子的含量,复合材料弯曲模量降低明显,这主要是因为大量的纳米粒子分散在树脂基体中,在树脂基体与纤维之间形成一层坚硬的界面层,在一定程度上阻碍了树脂基体对

纤维表面的浸润性，降低了树脂基体对纤维的黏附性，从而导致复合材料内部尤其是树脂基体与纤维之间存在一定的缺陷和孔隙。复合材料的内部缺陷和孔隙，在力学性能测试中就表现为模量的降低。

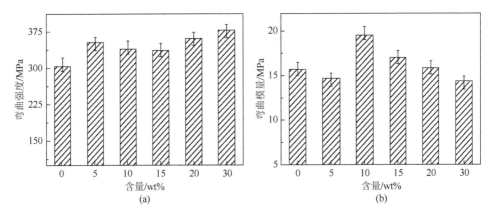

图 5-62   增强聚芳醚腈复合材料的力学性能

(a)弯曲强度；(b)弯曲模量

综上，石墨烯片和纳米粒子的引入都是为了借助"微纳组合"的方式改善树脂基体与增强体间的界面结合作用，从而得到性能改善的复合材料。实验结果表明：纳米粒子或薄片的引入在一定程度上改善了复合材料的宏观性能，但纳米填料的用量对材料性能的影响十分明显，因此，纳米填料的用量是影响复合材料性能的关键因素之一。由于纳米填料种类繁多，填料的用量也多种多样，采用反复试验来确定纳米填料的用量这种方式会给增强复合材料的实际应用带来诸多不便。因此，在刘孝波团队近期的工作中，进一步深入开展纳米粒子与纤维的协同增强改善树脂基复合材料性能的研究工作，试图将纳米粒子原位引入至纤维表面，设计制备自增容的改性纤维材料，直接可用来制备高性能的改性纤维增强的树脂基复合材料。

2. 纤维自增容法制备增强聚芳醚腈复合材料

图 5-63 为自增容改性碳纤维的制备过程示意图。在前期碳纤维表面改性的研究基础上，结合酞菁小分子的自组装特性，本部分工作将酞菁小分子涂覆在酸化处理后的碳纤维表面，利用酞菁小分子的热致自组装过程，在碳纤维表面原位形成粒径均匀且分布均匀的酞菁微球。之后，利用聚芳醚腈高分子对改性的碳纤维进行浸渍和"膜压"工艺，制备改性碳纤维增强的聚芳醚腈复合材料。期望利用两种增容机制，改善纤维增强聚芳醚腈复合材料的界面特性：一是利用纤维表面的酞菁微球与聚芳醚腈高分子间的机械啮合作用，将酞菁微球视作"铆钉"，将聚芳醚腈高分子视作具有一定刚性的柔性链段，在浸渍和热压熔融过程中，聚芳醚

腈高分子被"铆钉"缠绕固定在碳纤维的表面；二是利用酞菁微球表面丰富的可反应氰基官能团，在高温高压下与聚芳醚腈分子链段中的单氰基发生成环聚合反应，以化学键合的方式进一步增强聚芳醚腈高分子与碳纤维的界面结合作用。

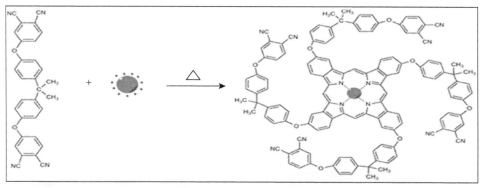

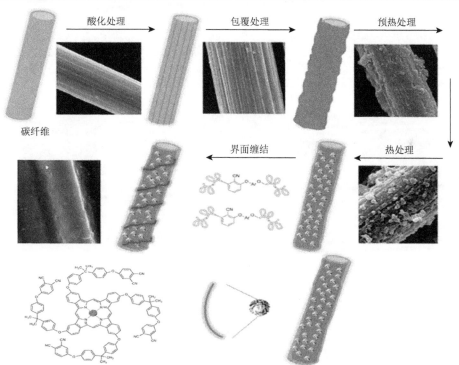

图 5-63　自增容改性碳纤维的制备过程示意图

　　图 5-64 为表面"铆钉化"改性的碳纤维的 SEM 图。图中分别展示了酸化碳纤维、酞菁小分子包覆的碳纤维以及表面"铆钉化"的碳纤维。由图 5-64（a）可明显看出酸化处理后的碳纤维表面出现了缺陷，结合红外图谱等测试可确定，酸化处理

后碳纤维表面引入了丰富的羧基、羟基等强极性活性官能团。图 5-64(b)为酞菁小分子包覆的碳纤维,可看到直接包覆的碳纤维表面存在一层疏松的高分子层。前期的大量研究已发现:羟基、羧基等活性官能团在一定温度条件下可以有效催化氰基基团的成环聚合。因此,将酞菁包覆的碳纤维置于程序升温的高温箱中,进行程序高温处理,一方面可使酞菁小分子与碳纤维表面的活性基团发生化学反应,以化学键合的方式牢固地"生长"在碳纤维表面;另一方面,利用酞菁小分子的热致自组装形成酞菁颗粒,分布在碳纤维表面。此外,通过控制酞菁小分子在碳纤维表面的包覆量和程序升温条件,可控制酞菁微球在碳纤维表面的粒径大小和分布密度。图 5-64(c)和(d)展示了酞菁微球粒径在 300nm 左右并均匀分布在碳纤维表面的形貌图。

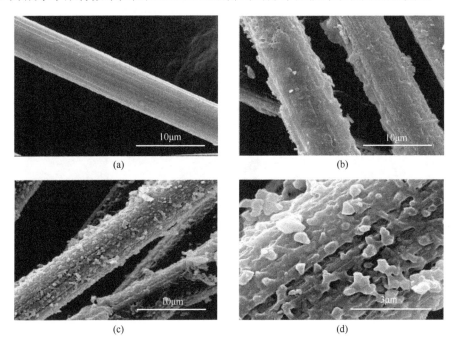

图 5-64   自增容纤维的表面形貌

(a)酸化的碳纤维;(b)包覆处理的碳纤维;(c)和(d)表面"铆钉化"的碳纤维

图 5-65 展示了不同改性纤维增强的聚芳醚腈复合材料的断面形貌。图 5-65(a)中可看出未经改性的碳纤维增强的聚芳醚腈复合材料断面处存在聚芳醚腈与碳纤维的界面剥离缝隙和孔洞,可观察到裸露的碳纤维,说明在外力作用下树脂基体会从纤维表面剥离。对比图 5-65(b)断面处未观察到裸露的碳纤维,断面处能观察到凹凸不平的纤维表面,与图 5-65(a)对比,纤维表面的凹凸不平是酞菁颗粒造成的。并且图 5-65(b)中可观察到在碳纤维的缝隙处填充的聚芳醚腈树脂,无界面剥离造成的缝隙和缺陷,说明碳纤维表面原位生长酞菁微球后可显著改善聚芳醚腈

在纤维表面的浸润和黏附，并且在外力作用下也可保持良好的界面结合作用力。

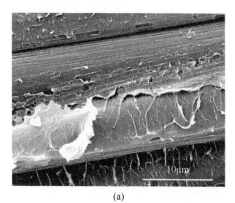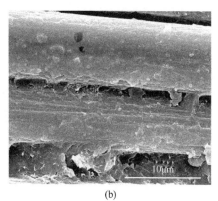

(a)　　　　　　　　　　　　　　　　(b)

图 5-65　不同碳纤维增强的聚芳醚腈复合材料的断面形貌

(a)纯碳纤维/聚芳醚腈复合材料；(b)"铆钉化"碳纤维/聚芳醚腈复合材料

图 5-66 为不同改性碳纤维增强的聚芳醚腈复合材料的动态热机械性能。此处主要是通过热机械性能的检测探究聚芳醚腈高分子在不同碳纤维表面的分子运动形式，从而侧面说明表面"铆钉化"的碳纤维与聚芳醚腈树脂基体在高温条件下的界面结合作用。图 5-66(a)为复合材料的储能模量，由图可看出表面"铆钉化"的碳纤维增强的聚芳醚腈复合材料表现出更高的储能模量，高的储能模量一方面可说明复合材料结构致密、内部无明显缺陷，另一方面增强体与树脂基体间强的界面结合作用，使得复合材料呈现出高的刚性。此外，随着测试温度的升高，复合材料的模量都出现缓慢的降低，这主要是因为树脂基体的分子运动导致的材料由玻璃态向橡胶态转变，转变点的温度主要取决于树脂基体的玻璃化转变温度，但又受高分子链的运动轻易程度决定。因此，此处不同纤维增强的聚芳醚腈复合材料的模量降低转变趋势不同，主要是因为相同的聚芳醚腈高分子在不同碳纤维表面滑移和运动的难易程度不同。表面"铆钉化"的碳纤维增强的聚芳醚腈复合材料的模量降低趋势明显缓于未改性的碳纤维增强的复合材料，说明改性碳纤维表面的酞菁微球明显地阻碍了聚芳醚腈在纤维表面的运动和滑移，同时由于酞菁微球与聚芳醚腈高分子间的缠结作用也使得树脂基体的松弛延缓，在动态热机械测试中就表现为模量降低的变化趋势迟缓。图 5-66(b)为复合材料的损耗角正切，对于相同体系的复合材料而言，测试结果的大小可在一定程度上说明复合体系界面结合作用的强弱。根据文献报道，复合材料体系刚性越大，损耗越小，即损耗角正切越小。图 5-66(b)中表面"铆钉化"的碳纤维增强聚芳醚腈复合材料的损耗角正切明显小于未经改性的碳纤维增强复合材料，同样说明表面改性的碳纤维与聚芳醚腈树脂基体间强的界面作用力。

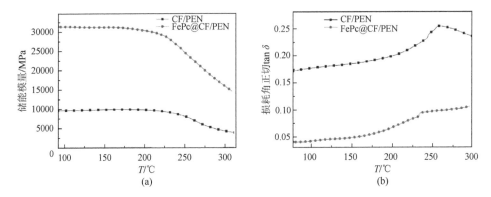

图 5-66　不同碳纤维增强的聚芳醚腈复合材料的热机械性能

(a)储能模量；(b)损耗角正切

综上，利用酞菁小分子的热致自组装特性，在碳纤维表面原位生长粒径均匀的酞菁微球，一方面通过纳米尺度的酞菁微球与聚芳醚腈分子链间以机械啮合的方式进行缠结锚固，另一方面利用酞菁微球表面的活性氰基与聚芳醚腈分子链间发生化学反应形成化学键，从而进一步增强聚芳醚腈基体与改性碳纤维间的界面粘接作用，实现纤维增强树脂基复合材料界面特性的大幅改善。

5.5　小　　结

聚芳醚腈增强复合材料作为高性能复合材料的典型代表之一，其应用涉及航空航天、机械舰船、电子电气等全制造业领域，包括结构应用和功能应用。在实践应用中，增强复合材料的设计、加工、成型工艺及使用寿命是重点关注的因素。在本章内容中，主要介绍了聚芳醚腈增强复合材料的研究方法和结果，针对聚芳醚腈复合材料性能改善得到以下几点结论和建议。

(1)纳米粒子增强聚芳醚腈复合材料体系中，结合"相似相容"原理，通过对纳米粒子进行表面接枝、表面粗糙化可以有效改善纳米粒子与聚芳醚腈树脂基体的界面相容性，进而可大幅度地提高复合材料的力学强度和其他功能特性。

(2)粒子增强聚芳醚腈复合材料体系中，采用"微纳组合"的方式，可以有效降低纳米级粒子在聚芳醚腈树脂基体中的团聚效应，减少树脂局部富集的现象，进而有效提高复合纳米粒子体系对树脂基体的增强作用，具体体现在对聚芳醚腈复合材料力学性能和功能特性的提高上。

(3)纤维增强聚芳醚腈复合材料体系中，纤维的表面粗糙化及纤维与纳米粒子的组合对增强聚芳醚腈复合材料的结构强度和功能特性均表现出突出的增强效果，这主要归因于文中提出的"缠结相容"理论。无论是采用纳米粒子负载还是邮寄小分子的自组装,都可在纤维表面形成一层粗糙界面层,实现纤维的自增容特性,最终提高纤维与聚芳醚腈树脂基体间的界面相容性,从而获得综合性能大幅改善的复合材料体系。

参 考 文 献

[1]　陶永亮,徐翔青. 树脂基复合材料在汽车上的应用分析. 化学推进剂与高分子材料,2012,10(4):36-40.

[2]　赵小川. 玻璃纤维织物增强 PPS 复合材料层板制备与表征. 成都:四川大学,2007.

[3]　乔艳党. 连续玻璃纤维增强热塑性 PVC 层压板工艺研究. 哈尔滨:哈尔滨工业大学,2009.

[4]　钟家春,孟凡斌,刘孝波. 热处理对聚芳醚腈/玻璃纤维复合材料性能的影响. 工程塑料应用,2009,10:4-7.

[5]　钟家春,贾坤,刘孝波. 聚芳醚腈玻纤复合材料及其制备方法. 中国:200910302012.9,2011-03-22.

[6]　赵睿,钟家春,刘孝波. 一种绝缘导热聚芳醚腈和三氧化二铝复合的绝缘导热材料及其制备方法. 中国:201010236798.1. 2011-06-15.

[7]　钟家春,余兴江,任伟,等. 聚芳醚腈树脂及其复合材料的研究塑料工业,2010,4:73-76.

[8]　詹迎青,钟家春,刘孝波. 玻纤/石墨/聚芳醚腈复合材料的制备与性能. 塑料工业,2010,1: 32-35.

[9]　Zhan Y Q,Lei Y J,Meng F B,et al. Electrical,thermal,and mechanical properties of polyarylene ether nitriles/graphite nanosheets nanocomposites prepared by masterbatch route. Journal of Materials Science,2011,46:824-831.

[10]　Yang X L,Zhan Y Q,Zhao R,et al. Effects of graphene nanosheets on the dielectric,mechanical,thermal properties,and rheological behaviors of poly(arylene ether nitriles). Journal of Applied Polymer Science,2012,124:1723-1730.

[11]　Zhong J C,Tang H L,Chen Y W,et al. The preparation,mechanical and dielectric properties of PEN/HBCuPc hybrid films. Journal of Materials Science:Materials in Electronics,2010,21:1244-1248.

[12]　Zhan Y Q,Yang X L,Meng F B,et al. Viscoelasticity and thermal stability of poly(arylene ether nitrile) nanocomposites with various functionalized carbon nanotubes. Polymer International,2011,60:1342-1348.

[13]　Yang X L,Zhan Y Q,Yang J,et al. Effect of nitrile functionalized graphene on the properties of poly(arylene ether nitrile) nanocomposites. Polymer International,2012,61:880-887.

[14]　Zhan Y Q,Lei Y J,Meng F B,et al. Electrical,thermal,and mechanical properties of polyarylene ether nitriles/graphite nanosheets nanocomposites prepared by masterbatch route. Journal of Materials Science,2011,46:824-831.

[15]　Geim A K,Novoselov K S. The rise of graphene. Nature Materials,2007,6:183-191.

[16]　Novoselov K S,Geim A K,Morozov S V,et al. Electric field effect in atomically thin carbon films. Science,2004,306:666-669.

[17]　Iijima S. Helical microtubules of graphitic carbon. Nature,1991,354:56-58.

[18]　Terrones M,Botello-Mendez A R,Campos-Delgado J,et al. Graphene and graphite nanoribbons:Morphology,properties,synthesis,defects and applications. Nano Today,2010,5:351-372.

[19]　Sahoo N G,Rana S,Cho J W,et al. Polymer nanocomposites based on functionalized carbon nanotubes. Progress in Polymer Science,2010,35:837-867.

[20]　Liang M,Zhi L. Graphene-based electrode materials for rechargeable lithium batteries. Journal of Materials Chemistry,2009,19:5871-5878.

[21]　Lu J,Do I,Drzal L T,et al. Nanometal-decorated exfoliated graphite nanoplatelet based glucose biosensors with high sensitivity and fast response. ACS Nano,2008,2:1825-1832.

[22] Chen S，Zhu J W，Wu X D，et al. Graphene oxide-MnO₂ nanocomposites for supercapacitors. ACS Nano，2010，4：2822-2830.

[23] Patchkovskii S，Tse J S，Yurchenko S N，et al. Graphene nanostructures as tunable storage media for molecular hydrogen. Proceedings of the National Academy，2005，102：10439-10444.

[24] He F，Lau S，Chan H L，et al. High dielectric permittivity and low percolation threshold in nanocomposites based on poly(vinylidene fluoride) and exfoliated graphite nanoplates. Advanced Materials，2009，21：710-715.

[25] Xie S H，Liu Y Y，Li Y J. Comparison of the effective conductivity between composites reinforced by graphene nanosheets and carbon nanotubes. Applied Physics Letters，2008，92：243121-243123.

[26] Huang X，Wang K，Jia K，et al. Polymer-based composites with improved energy density and dielectric constants by monoaxial hot-stretching for organic film capacitor applications. RSC Advances，2015，5(64)：51975-51982.

[27] Fang M，Wang K G，Lu H B，et al. Single-layer grapheme nanosheets with controlled grafting of polymer chains. Journal of Materials Chemistry，2010，20：1982-1992.

[28] Du J H，Zhao L，Zeng Y，et al. Comparison of electrical properties between multi-walled carbon nanotube and grapheme nanosheet/high density polyethylene composites with a segregated network structure. Carbon，2011，49：1094-1100.

[29] Kim J A，Seong D G，Kang T J，et al. Effects of surface modification on rheological and mechanical properties of CNT/epoxy composites. Carbon，2006，44：1898-1905.

[30] Li D，Muller M B，Gilje S，et al. Processable aqueous dispersionsof graphene nanosheets. Nature Nanotechnology，2008，3：101-105.

[31] Stankovich S，Piner R D，Chen X Q，et al. Stable aqueous dispersions of graphitic nanoplatelets via the reduction of exfoliated graphite oxide in the presence of poly(sodium 4-styrenesulfonate). Journal of Materials Chemistry，2006，16：155-158.

[32] Tang H L，Wang P，Zheng P L，et al. Core-shell structured BaTiO₃@polymer hybrid nanofiller for poly(arylene ether nitrile) nanocomposites with enhanced dielectric properties and high thermal stability. Composites Science and Technology，2016，123，134-142.

[33] 黄旭. 高介电聚芳醚腈基复合材料的制备与性能. 成都：电子科技大学，2016.

[34] Kim H S，Park B H，Yoon J S，et al. Thermal and electrical properties of poly(L-lactide)-graft-multiwalled carbon nanotube composites. European Polymer Journal，2007，43(5)：1729-1735.

[35] Moniruzzaman M，Winey K I. Polymer nanocomposites containing carbon nanotubes. Macromolecules，2006，39(16)：5194-5205.

[36] Sharma A，Kumar S，Tripathi B，et al. Aligned CNT/polymer nanocomposite membranes for hydrogen separation. International Journal of Hydrogen Energy，2009，34(9)：3977-3782.

[37] Njuguna J，Pielichowski K，Desai S. Nanofiller-reinforced polymer nanocomposites. Polymers for Advanced Technologies，2008，19(8)：947-959.

[38] Chu H Y，Chen T H，Hsu W K，et al. "CNT-Polymer" Composite-Film as a Material for Microactuators. Proceedings of the Solid-State Sensors. Actuators and Microsystems Conference，2007 TRANSDUCERS 2007 International，2007：1549-1552.

[39] Huang X，Pu Z，Tong L，et al. Preparation and dielectric properties of surface modified TiO₂/PEN composite films with high thermal stability and flexibility. Journal of Materials Science Materials in Electronics，2012，23(12)：2089-2097.

[40] Zhang S，Li J，Wen T，et al. Magnetic Fe₃O₄@NiO hierarchical structures：preparation and their excellent

As（V）and Cr（Ⅵ）removal capabilities. RSC Advances，2013，3（8）：2754-2764.

[41]　潘海. 填充型聚芳醚腈复合材料的微纳结构控制与性能研究. 成都：电子科技大学，2019.

[42]　Zhang P，Ma X，Guo Y，et al. Size-controlled synthesis of hierarchical NiO hollow microspheres and the adsorption for Congo red in water. Chemical Engineering Journal，2012，189：188-195.

[43]　杨卫疆，郑安呐，戴干策，等. 过氧化物硅烷偶联剂在玻璃纤维表面上接枝高分子链的研究. 华东理工大学学报，1996，22（4）：429-432.

[44]　龙军，张志谦，魏月贞，等. 接枝偶联剂对 F-12 纤维表面改性的影响. 材料科学与工艺，2000，8（1）：77-80.

[45]　张玲，杨建民，冯超伟，等. 表面复合纳米 SiO_2 和碳纳米管玻璃纤维增强尼龙 6 的结构与性能. 高分子学报，2010，（11）：1333-1339.

[46]　Yang X L，Wang Z，Xu M，et al. Dramatic mechanical and thermal increments of thermoplastic composites by multi-scale synergetic reinforcement: carbon fiber and graphene nanoplatelet. Materials and Design，2013，44：74-80.

第6章

聚芳醚腈介电功能材料及应用

物质对外加电场的响应包括电荷的长程迁移和电荷的短程运动与位移。这种电荷的短程运动与位移称之为极化，其产生的结果是促使正负电荷中心不重合，从而产生电偶极矩。这种以极化方式传递、储存或记录外电场作用和影响的物质就是电介质，又称介电材料(dielectric material)[1]。电介质与极化过程有关的特殊性能，如不具有对称中心的晶体电介质，在机械力的作用下能产生极化，即压电性；不具有对称中心，而具有与其他方向不同的唯一的极轴晶体存在自发极化，当温度变化能引起极化，即具有热释电性；当自发极化偶极矩能随外施电场的方向而改变时，它的极化强度与外施电场的关系曲线与铁磁材料的磁化强度与磁场的关系曲线极为相似，即具有电滞曲线(铁电性)。具有压电性、热释电性、铁电性的材料分别称为压电材料、热释电材料、铁电材料。这些具有特殊性能的材料统称为功能材料。可用作机械、热、声、光、电之间的转换，在国防、探测、通信等领域具有极为重要的用途[2]。

介电材料的研究始于无机压电陶瓷，它具有较高介电常数和高热稳定性，但脆性较大、加工温度较高，与电路集成加工技术的相容性差等缺点。随着信息和微电子技术的飞速发展，对半导体器件微型化、集成化、智能化、高频化和平面化的应用需求增加，越来越多的电子元件，如介质基板、介质天线、嵌入式薄膜电容等，既要介电材料具有优异的介电性能，又要其具备良好的力学性能和加工性能。因此，单一的无机介电材料已经不能满足要求，此时将几种不同的材料进行复合，得到的介电材料能同时具备材料各组分的优点。复合材料大致分为两类，即非聚合物复合材料和聚合物复合材料。前者如金属/介电陶瓷复合材料；后者包括聚合物/聚合物复合材料、聚合物/无机物复合材料。应用于高介电常数的介电复合材料中的介电无机物主要是陶瓷材料，如钛酸钡、锆钛酸铅、二氧化钛等。而有机物主要是一些具有较强极性的聚合物，如聚酰胺、聚酰亚胺、聚偏氟乙烯、聚氯乙烯、聚芳醚、聚乙烯、环氧树脂，以及用极性基团修饰过的聚硅氧烷等。

高分子材料具有优异的电学性能，因而在电子、电工技术上取得了极为广泛的应用。聚合物介电材料具有质量轻、使用寿命长、易加工、性能优良等优点。但常用的高分子介电材料也有其不足之处，如热稳定性相对较差，且受成型过程的限制只能应用于工件的表面涂层，这在一定程度上限制了其应用[3]。聚芳醚腈(PEN)是最近十年由电子科技大学刘孝波教授及其团队发展起来的一类新型的特种高分子材料，是一类耐高温的新型热塑性特种工程塑料[4]。聚芳醚腈具有耐高温循环使用性能，可在受载情况下 130℃循环 3000 次，性能基本保持不变；自润滑性能好；机械性能优异；阻燃等级达到 V0 级；具有良好的耐辐照性；绝缘性能稳定；对除浓硫酸外的酸、碱及其水溶液都具有稳定性。由于极性氰基侧基的存在，赋予聚芳醚腈高介电常数，纯聚合物可高达 3.8～6.0，击穿电压高达 220～300V/μm，这对于开发高性能介电聚合物具有重要的科学意义和广泛的实用价值。本章主要介绍聚芳醚腈的介电性能(高介电常数、击穿强度、高温介电常数、低介电常数等)，并且在介绍其性能的同时简单概述其在电子电气领域的潜在应用。

6.1　电介质概述

电介质材料是可以被外加电场极化的电绝缘体。当电介质放置在电场时，电荷不像在电导体中那样流过材料，而是仅从它们的平衡位置稍微偏移，从而引起电介质极化。由于介电极化，正电荷在场方向上移位而负电荷在相反方向上移位，这就产生了一个内部电场。如果电介质是由结合力较弱的键连接的分子组成，这些分子不仅会被极化还会重新定向。电介质材料正是利用极化现象来获得相应的介电性能，如能量存储。由于这个能量存储过程不涉及物质的扩散，因此可以在短时间内完成能量的储存和释放；另外，其能量存储也不同于其他储能器件(如电池等)涉及活性物质的相变，因此具有高转换效率、很好的循环特性等优势[5]。介电常数、介电损耗、击穿场强、储能密度等参数是聚芳醚腈电介质的重要指标。

6.1.1　极化

电介质材料中的分子在无电场作用时，正、负电荷彼此紧密地束缚着。电场作用时，正、负电荷中心不重合产生微观尺度的相对位移。在电介质内部形成电偶极矩，并且在电介质表面上出现感应电荷。电介质是利用正、负电荷中心不重合的电极化方式传递、储存能量，同时也伴随着相应的能量损耗。由于不同材料在电场作用下响应机理不同，可以分为以下四种情况(图 6-1)[6]。

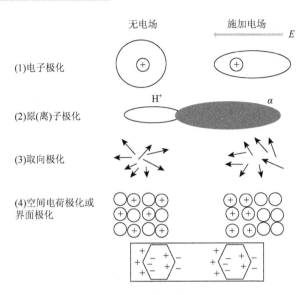

图 6-1　电介质的四种极化过程

1. 电子极化（产生频率：$10^{14} \sim 10^{16}$Hz）

电介质材料都由分子、原子或离子组成，而它们又是由原子核和核外电子云组成。在电场作用下，电子云发生形变，其相对于原子核发生位移，正、负电荷中心不再重合，产生感应电矩，形成电子极化。由于电子极化是由电子的运动产生的，所以极化响应非常迅速，一般为 $10^{-16} \sim 10^{-14}$s。并且还具有发生在一切物质中以及不受温度影响等特性，此过程没有能量损耗。

2. 原（离）子极化（产生频率：$10^9 \sim 10^{13}$Hz）

由阴阳离子组成的晶体如 NaCl、KCl、NaOH 等，在无电场时，离子处在正常结点位置并对外保持电中性，偶极矩矢量和为零；在电场作用时，除了内部会发生电子极化之外，正离子和负离子也都会在电场下发生移动，从而产生了偶极矩。离子极化的频率响应速度比电子极化略慢，为 $10^{-13} \sim 10^{-9}$s，并伴有微量能量损耗。

3. 取向极化（产生频率：$10^3 \sim 10^8$Hz）

取向极化是指拥有永久偶极矩的一系列极性分子在外电场作用下会沿着外电场方向排布的行为。电介质偶极矩在不存在外加电场时的指向是属于无规排布的，所以此时总体偶极矩表现得很小，几乎是零。而极性分子在外加电场作用下，产生转动且趋向于沿外加电场方向排布同时还会伴随变形极化，此过程即为取向（或偶极）极化。偶极子的取向程度决定了取向极化的偶极矩大小，且通常产生在较低频区域。小分子的极化时间由分子间作用力的强弱决定，而大分子的极化时间由于涉及侧链基团以及整个分子链段的取向而时间分布较宽，为 $10^{-8}\sim10^{-3}$s。

4. 空间电荷极化或界面极化(产生频率: $10^{-3}\sim10^{2}$Hz)

界面极化常常发生在不均匀介质中，在电场下，非均匀电介质里面的负(正)间隙离子分别移动到正(负)极，造成电介质中各处的离子密度发生改变，随即产生偶极矩，即界面(空间电荷)极化。聚集到电极附近的离子电荷即为空间电荷。对于非均质聚合物，如聚合物基复合材料，由于填料与聚合物基体存在巨大的界面，在交界处也会发生界面极化。对于均质聚合物而言，通常内部或多或少存在一些缺陷和杂质，这些地方也会产生界面极化。此外，在聚合物非晶区与晶区的界面交界处，也有可能发生界面极化，对材料的介电性能影响范围主要在低频区域。界面极化所需时间较长，为 $10^{-2}\sim10^{3}$s。

6.1.2　介电常数和介电损耗

电介质材料的介电常数，是衡量电介质材料在外场中被极化的程度的重要物理量。一般用介电常数 ε 和真空介电常数 ε_0 (8.85×10^{-12}F/m) 的比值来表示电介质的宏观性质，称为相对介电常数 ε_r。介电常数是一个无量纲常数，极化程度越大，宏观表现的介电常数越高[6]。

上一段所说的相对介电常数是静电场下的相对介电常数，即静态介电常数；然而在实际情况下，电介质材料往往是处在交变电场中的。在交变电场下，电介质材料的极化存在明显的滞后性，电位移 D 与电场 E 在时间上有一个明显的相位差，通常用复数形式的 ε^* [(式 6-1)] 表示:

$$\varepsilon^* = \varepsilon' - j\varepsilon'' = \varepsilon_0\varepsilon_r - j\varepsilon^* \tag{6-1}$$

式中，ε' 是实测介电常数(介电常数实部)；ε'' 是介电常数虚部，称为损耗因子。

电介质材料的介电常数均来自于上文所介绍四种极化中的一种或多种，然而不同极化机制所发生的频率以及其对介电常数所做的贡献都不同，所以清楚电介质材料极化类型与频率和介电常数之间的关系就变得尤为重要。这三者的关系如图 6-2 所示[7]，从中可以看出在直流或低频条件下，电介质材料中的各种粒子都有足够长的响应时间，因此四种极化都对材料介电常数有所贡献，所以相互叠加，产生较高的介电常数。然而随着频率增加，有些极化跟不上电场的变化，来不及响应，这就是所谓的介电弛豫现象，从而不再对介电常数有作用。因此整体来看，介电常数随着频率的提升而逐渐降低。

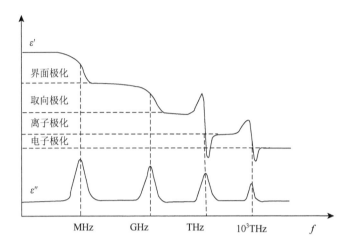

图 6-2   介电常数实部 ε' 和虚部 ε'' 的频率依赖特性

与介电常数相对应，介电材料存在介电损耗。顾名思义，介电损耗是指受到外加电场的影响，介质出现的能量消耗，一般主要表现为由电能转换为热能的一种现象。通常用电容器的电压和电流相位差角的余角（即介质损耗角）的正切值来度量表示。tanδ 表示为介电损耗角正切，理想电容器中的损耗为零。损耗正切角与复介电常数关系如式（6-2）所示：

$$\tan\delta = \varepsilon''/\varepsilon' \tag{6-2}$$

外电场下引起的损耗主要有以下几种形式。

1. 电导损耗

电导损耗是由于在外电场作用下，一些介质内部的带电粒子会产生移动从而引起电流，而电流经介质时会使得介质发热导致能量的损失。实际情况下，任何电介质材料都存在一些缺陷，或多或少有一些带电粒子或空位，因此在直流电场或交变电场作用下都会发生电导损耗。

2. 极化损耗

极化损耗是发生在交变电场的作用下，介质中发生缓慢极化（偶极转向极化、空间电荷极化等）时，带电粒子或基团在电场力的影响下因克服热运动而引起的能量损耗。随着温度的升高，分子热运动加剧，极化损耗迅速增加。

3. 电离损耗

电离损耗是由气体引起的，常常发生在含有气孔的固体介质中，在外加电场的作用下，若电场强度超过固体气孔中气体电离所需要的电场强度时，由气体的电离吸收能量而造成的损耗。

4. 结构损耗

结构损耗是在高频电场和低温条件下,一类与介质内部结构的紧密度密切相关的介质损耗。这类损耗与温度关系不大,但随频率的升高而增大。宏观结构不均匀的介质损耗是指在电介质材料的内部会存在不均匀性,进而引起局部电荷分布不均,当施加外部电场后,在介质不均匀的位置会聚集一些电荷使介质的电场分布不均匀,造成局部有较高的电场强度而引起了较高的损耗。

6.1.3 电介质的击穿

通常电介质材料的应用都处于其安全工作范围,若外加电场强度逐渐提升达到并超过电介质材料的击穿场强时,电介质材料就将会由绝缘状态转变成导电状态,而这一转变就被称为击穿现象。临界击穿时的电场强度称为击穿场强,通常用单位厚度所能承受的最大电压来表示,单位为 kV/mm。电介质材料的击穿场强与电介质材料的种类、物质组成、内部结构以及外在环境等都息息相关。电介质的击穿大致分为以下四种[7]。

1. 电击穿

电击穿是指固体介质在电场的作用下,介质内的自由移动的载流子剧烈运动,当其累积到较大动能时,会与晶格上的原子发生碰撞使之游离,并迅速扩展使电介质中产生贯穿的导电通道从而导致击穿。主要碰撞理论有以下几种。

碰撞电离理论:碰撞机制一般不仅要考虑电子和声子的碰撞,还要考虑杂质和缺陷对自由电子的散射。当外加电场足够高时,自由电子在电场中获得的能量大于失去的能量时,自由电子就可以在碰撞后积聚能量并导致电击穿。

雪崩理论:在电场作用下,自由电子每次碰撞后都产生一个自由电子,因此多次碰撞之后就会有大量自由电子,形成雪崩或倍增效应最终导致击穿。

隧道击穿理论:在外电场较高时,由于量子力学的隧道效应,禁带电子进入导带并且在电场的作用下被加速,从而引起电子碰撞电离。电子雪崩过程会产生很大的电流,但是不足以破坏晶体。而晶体被破坏的主要原因是随着隧道电流的增大,晶体内部温度逐渐上升,最终引起结构的破坏。由于这个机理首先是齐纳提出的,所以也被称为齐纳隧穿。

2. 热击穿

热击穿是由电介质内部热不稳定过程导致的。在外加电场的作用下,电介质材料中由电导和介质损耗产生的热量大于散出热量时,电介质内部温度上升并最终导致介质的永久性热破坏。电介质的热击穿既受本身性质影响,也受电压种类、环境温度等影响，所以热击穿温度不是电介质材料的本征参数。

3. 局部放电击穿

电场作用下，电介质内部的局部区域发生放电现象，整个材料并没有被击穿（如气体的电晕）。但随着时间的延长，介质劣化损失逐渐扩大最终导致击穿。

4. 电化学击穿

电介质材料受到热、电、化学等因素的综合作用，性能逐渐下降，最终被击穿。这种现象称为电化学击穿。

电介质材料的击穿通常是几种击穿机理共同作用的结果。并且电介质材料往往存在因自身结构不均匀或者因加工过程中引入杂质等原因导致其实际击穿场强数值分散性较大。因而电介质的击穿强度利用 Weibull 分布处理 [式(6-3)]：

$$P = 1-\exp[-(E/\alpha)^{\beta}] \tag{6-3}$$

式中，P 是累计击穿概率；E 是外电场强度；α 是尺度因子，表示累计击穿概率为 63.2%的电场强度，也称为特征击穿强度(后文所述的击穿强度均为特征击穿强度)；β 是形状因子，用于表示数值分布的离散程度。

6.1.4 电介质的储能密度

电介质材料在外加电场的作用下，内部发生极化现象进而在两极板出现感应电荷，从而进行能量的储存。根据电介质材料在电场作用下其极化强度和电场之间的关系分为线性电介质材料和非线性电介质材料。根据非线性程度的不同又可以分为铁电体和反铁电体，其各自的电位移-电场曲线示意图如图 6-3 所示[8]。图中阴影部分的面积就是储能密度，单位一般为 J/cm³。所有电介质材料的储能密度都可用式(6-4)进行计算：

$$U = \int EdD \tag{6-4}$$

式中，U 是储存密度；E 是击穿场强；D 是电介质位移。而在聚芳醚腈等线性电介质中，由于介电常数不随施加的电场变化而变化，储能密度计算公式可以简化为式(6-5)：

$$U = 0.5 \, \varepsilon_0\varepsilon_r E^2 \tag{6-5}$$

由此可见，针对聚芳醚腈等线性电介质材料，可以通过提高介电常数和击穿场强以提高储能密度；而针对非线性电介质材料，提高储能密度的途径既要提高介电常数和击穿场强，又要降低剩余极化强度。

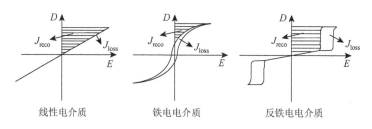

图 6-3　电介质的电位移-电场关系图

6.1.5　电介质的分类

电介质有很多种分类方法，其中常用的有按性能分类，分为高介电材料和低介电材料；按形态分类分为气态介电材料、液态介电材料和固态介电材料；按性质分类分为有机介电材料和无机介电材料；按介电材料主要应用方向分为电容器介质材料和微波介质材料两大体系。下面主要按照形态的分类来介绍一些常见的电介质材料。

1. 陶瓷电子介质

陶瓷作为传统电介质材料，在电容器行业中应用覆盖范围最广、产量最大，是最主要的电介质材料。电容器介质陶瓷一般分为三大类：铁电陶瓷、非铁电陶瓷和反铁电陶瓷。

1）铁电陶瓷

铁电陶瓷电介质指的是具有铁电效应的陶瓷。铁电效应是指可自发极化的电介质在电场作用下自发极化能重新取向的现象。铁电陶瓷中所含有的永久偶极子彼此相互作用，结果形成许多电畴。在一个电畴范围内，偶极子取向均相同；对不同的电畴，偶极子则有不同的取向。因此，在无外电场作用时，整个晶体没有净偶极矩；但在达到一定外加电场时，取向和电场方向一致的畴变大，其他方向的畴收缩变小，随后产生净极化强度。极化强度不与施加电场呈线性关系，并具有明显的滞后效应。铁电陶瓷在居里温度时，晶体由铁电相转变为非铁电相，其光、电、热学等性质都出现反常现象。其中最具代表性的是钛酸钡，钛酸钡属于钙钛矿结构，居里温度为 120℃，低于居里温度时，呈四方相，晶体结构发生畸变，Ba^{2+} 和 Ti^{4+} 相对于 O^{2-} 发生位移，产生偶极矩，即自发极化，因此具有铁电性；高于居里温度时，呈立方相，无铁电性。其常温介电常数为 1600，通过一些改性手段或者工艺调整，其介电性能还可以进一步提升。但是其击穿场强比较低，理论上只有 100kV/mm。并且由于加工工艺过程中还会产生一些杂质，其击穿场强进一步下降[9]。

2）非铁电陶瓷

非铁电陶瓷是非极性的线性介质，极化强度与外加电场成正比，且介电常数通常不高，为 $10^1 \sim 10^2$ 量级；高频损耗小，在工作范围内，介电常数与温度呈线性关系；其温度稳定性和频率稳定性好，因此又被称为热补偿电容器陶瓷或高频电容器陶瓷。其主要代表有 TiO_2、$CaTiO_3$、$SrTiO_3$ 等。

3）反铁电陶瓷

反铁电陶瓷是指在转变温度下，邻近晶胞沿反向平行方向自发极化的材料，其极化强度与电场强度的关系呈双电滞回线，并且存在反铁电居里点。最常见的是由 $PbZrO_3$ 或以 $PbZrO_3$ 为基体的固溶体所组成的反铁电体。电容器常用陶瓷材料的介电常数如表 6-1 所示[7]。

表 6-1 常用陶瓷材料的介电常数

陶瓷介电材料	介电常数	陶瓷介电材料	介电常数
$La_{1.8}Sr_{0.2}NiO_4$	约 100000	NbO_5	43
CCTO	约 60000	La_2O_3	30
PMN-PT	3640	Ta_2O_5	28
PLZT	2590	ZrO_2	25
$BaTiO_3$	>2000	Y_2O_3	15
$SrTiO_3$	2000	AlO_3	9
TiO_2	80	SiO_2	3.9

注：PMN-PT 表示铌镁酸铅-钛酸铅；PLZT 表示锆钛酸镧铅。

2. 聚合物电子介质

聚合物由于具有轻质、耐电压、易加工等无可替代的优点，自 20 世纪 50 年代以来得到了飞速的发展，被广泛应用于电子电气等各个领域。表 6-2 总结了用于常见聚合物的介电常数。从表中可以看出常用的聚合物，如聚丙烯（PP）、聚对苯二甲酸乙二酯（PET）、聚碳酸酯（PC）、聚苯硫醚（PPS）、聚酰亚胺（PI）和聚偏氟乙烯（PVDF）等。其中，双向拉伸聚丙烯（BOPP）是最广泛使用的聚合物，因为它除了具有高击穿场强，而且成本低且易于处理。然而，除 PVDF 等含氟聚合物外的聚合物还有共同的缺点就是介电常数较低，通常低于 10。其低的介电常数极大地制约了其储能密度的提高，从而使得聚合物电介质的性能被极大程度地限制。本书重点研究的聚芳醚腈电介质的介电常数在 3.8～6.0 之间，这主要得益于其主链侧基上有许多的极性氰基基团[4]。虽然其介电常数比 PVDF 等含氟聚合物低，但是其数值已经大于大部分常见聚合物电介质。因此，其作为电介质的应用也受到了越来越多的关注。

表 6-2　常见聚合物的介电常数

聚合物材料	介电常数	聚合物材料	介电常数
聚乙烯(PE)	2.2	聚芳基醚(PAE)	2.9
双向拉伸聚丙烯(BOPP)	2.2	聚萘(PN)	2.2
聚碳酸酯(PC)	2.8	聚甲基丙烯酸甲酯(PMMA)	3.2
聚苯乙烯(PS)	2.7	聚乙烯萘(PVN)	3.1
环氧树脂(EP)	3.5	聚苯硫醚(PPS)	3.0
聚对苯二甲酸乙二酯(PET)	3.3	聚降冰片烯(PNB)	2.4
聚酰亚胺(PI)	3.6	聚芳醚腈(PEN)	3.8~6.0
氟化聚酰亚胺(FPI)	2.7	聚氯乙烯(PVC)	3.0
聚四氟乙烯(PTFE)	1.9	聚偏氟乙烯(PVDF)	10
聚喹啉(PQL)	2.8	聚偏氟乙烯-六氟丙烯(PVDF-HFP)	12
聚醚酮酮(PEKK)	3.5	聚偏氟乙烯-三氟丙烯(PVDF-TrFP)	12

3. 复合材料电子介质

陶瓷和聚合物作为电介质材料都有各自的优势和劣势，都很难满足当今社会对电介质材料的需求。因此需要结合陶瓷材料的高介电常数、高极化强度和聚合物材料的高击穿场强、高柔韧性、低介电损耗、低加工温度及低生产成本的优点，制备出满足当今社会需求的新型电介质材料。随着近几十年纳米技术的发展，已经开发出一系列复合方法，通过在铁电聚合物基质中引入具有高介电常数的无机物从而得到优异介电性能和储能能力的聚合物基纳米复合介电材料。聚合物基纳米复合介电材料的获得方式主要分为三种：其一，将一种无机纳米颗粒掺入铁电聚合物中形成两相纳米复合材料，包括对填料的表面改性等；其二，将两种或两种以上的无机纳米颗粒掺入铁电聚合物中形成多相纳米复合材料；其三，构筑多层结构，形成分层结构的纳米复合材料。这三种方式都能有效地提高其介电性能和储能能力[10]。

然而，由于纳米尺寸填料的高表面能，以及纳米填料和含氟聚合物基质之间不同的物理和化学表面性质，无机纳米填料在铁电聚合物中的分散不会非常均匀。这就可能会在纳米复合材料中引入大量缺陷，从而降低其各项性能。针对聚芳醚腈基的复合介电材料，研究人员也对其进行了较多的研究，下面章节将详细介绍。

6.1.6　电介质的应用

在电工技术中，电介质主要用作电气绝缘材料，故电介质也称为电绝缘材料。

随着科学技术的发展，发现一些电介质具有与极化过程相关的特殊性能，如压电性、热释电性、铁电性等。这些具有特殊性能的电介质可用作机械、热、声、光、电之间的转换，在国防、探测、通信等领域具有极为重要的用途。由于聚芳醚腈等聚合物类电介质大多不具备压电效应或其压电效应不明显，因此本书主要依据电介质介电常数的不同对其应用进行简单介绍。

1. 低介电常数电介质的应用

随着特大规模集成电路器件集成度的提高，纳米尺度器件内部金属连线的电阻和绝缘介质层的电容所形成的阻容造成的延时、串扰、功耗就成为限制器件性能的主要原因，微电子器件正经历着一场材料的重大变革；除用低电阻率金属(铜)替代铝，还用低介电常数材料取代普遍采用的 SiO_2(介电常数 3.9~4.2)作介质层[11]。因此，通常所谓的低介电常数电介质是指介电常数低于硅的介电材料。对其工艺集成的研究，已成为半导体特大规模集成电路工艺的重要分支。这些低介电常数材料必须具备以下性质：在电性能方面，要有低损耗和低泄漏电流；在机械性能方面，要有稳定性和低收缩性。

(1)有机低介电材料的应用。有机低介电材料种类繁多，性质各异，其中以聚合物低介电材料居多。根据表 6-2 数据，除 PVDF 等含氟聚合物外的这些聚合物均可称为低介电材料。目前对于聚合物低介电材料使用最成熟的是双向拉伸聚丙烯(BOPP)，其作为薄膜电容器电介质已经在各大变电站得到广泛的应用。不过BOPP 的耐温性相对较差，已无法满足一些高温领域的应用。另一种耐温的有机介电材料是聚酰亚胺(PI)。聚酰亚胺是一类以酰亚胺环为结构特征的高性能聚合物材料，介电常数为 3.4 左右，掺入氟，或将纳米尺寸的空气分散在聚酰亚胺中，介电常数可以降至 2.3~2.8。介电损耗角正切值为 10^{-3}，介电强度为 1~3MV/cm。这些性能在一个较大的温度范围和频率范围内仍能保持稳定。聚酰亚胺薄膜具有耐高低温特性和耐辐射性、优良的电气绝缘性、黏结性及机械性能。聚酰亚胺复合薄膜还具有高温自封粘的特点。聚酰亚胺低介电材料目前已广泛应用于宇航、电机、运输、常规武器、车辆、仪表通信、石油化工等工业部门。它可作耐高温柔性印刷电路基材，也可作为扁平电路、电线、电缆、电磁线的绝缘层以及用于各种电机的绝缘等。聚芳醚腈是由聚芳醚主链连接而成的特种高分子材料，其耐热性能可以通过结构调整达到聚酰亚胺的水平，而且前期文献报道聚芳醚腈的高温耐湿热性能优于聚酰亚胺。通过引入含氟基团或引入孔结构，聚芳醚腈的介电常数也可降低至 2.0 以下，具体将在后面章节进行介绍。

(2)无机低介电材料的应用。典型的无机低介电材料有无定形碳氮薄膜、多晶硼氮薄膜、氟硅玻璃等。无定形碳氮薄膜在 1MHz 频率下介电常数值可降至 1.9。并且它比一般碳化氮具有更高的电阻率。用 C_2H_2 和 N_2 作为原料气体，硅作为基底，电子回旋加速器共振等离子区制备的无定形碳氮薄膜的介电常数在 1MHz 下能达到 2。得到的无定形碳氮薄膜常作为平板显示器的电子发射器材料的候选材料等。

利用等离子体辅助化学气相沉积（PACVD）技术合成的多晶硼氮薄膜介电常数值能达到 2.2。进一步研究发现，碳原子的加入能有效地降低介电常数值。这种薄膜具有一定的机械强度和化学稳定性，有很高的热导率和较宽的能带隙(6eV)，在场强为 0.9MV/cm 时，其泄漏电流值为 $5.7\times10^{-8}A/cm^2$，并且有希望进一步减小。除了用作互连介质外，它在电子和光电子器件的应用上也是一种很有前途的材料，如场发射器。

氟硅玻璃是一种低介电材料，能扩大 SiO_2 的化学气相沉积过程，在普通玻璃中加入氟，提高了填充能隙，同时降低了介电常数。这种材料的性能在很大程度上由其加工条件和原料物质决定，它的介电常数随着氟元素比例增加能在 4.2 到 3.2 变化。

2. 高介电常数电介质的应用

高介电材料的主要应用领域就是电容器。电容器要求材料的电阻率高，介电常数大。电容器是电子、电力工业中一种常用的电子、电器元器件，它的用途十分广泛。电容器是储存从电路中得到的电荷的器件，它可以使信号的波动趋于平滑，积蓄电荷使电路的其余部分免遭破坏，储存的电荷供以后分配、使用，甚至还可以改变电信号的频率，电容器的设计原则是使电荷储存在两个导体之间的介电材料中。对介电材料的要求是必须容易极化，同时还必须有很高的电阻率和介电强度，以防止电荷在两个导体板之间通过。这种限制电流不能在两个导体之间通过的作用和绝缘材料的作用一样，从这个意义上说，介电材料是一类特殊的绝缘材料，它又有绝缘材料所不具备的储存电荷的功能，储存电荷是介电材料的主要功能，因此，它必须是具有很高介电常数的一种材料。

(1)纸电容器是由不含杂质的超薄纸与铝箔一起卷绕成芯子，焊外部引出线后装入外壳中，然后再用经过脱气的石蜡或绝缘油进行防潮封装制成。它具有容量大、使用温度高、价格低等特点。纸由纤维素组成，含有 OH 基团，OH 基团使电容器具有较高的介电常数。但是由于 OH 基团的存在也较易吸潮。在电场的作用下，它相对整个分子键而转动产生结构极化效应。因而适用于高压、高能量领域，但不适用于高频领域。具体的应用范围有发报机、车辆控制设备、通信机、计算机、制冷机、冷冻机、电风扇、洗衣机等产品。

(2)塑料薄膜电容器是以各种高介电塑料薄膜为介电材料。其生产工艺和纸电容器相似，包括塑料薄膜和金属箔缠绕成芯子、焊外部引出线、浸蜡密封等工序。它具有比纸电容器的介电常数更大，而且无吸湿性等特点。所以绝缘电阻大，体积也比纸电容器小，可靠性高。大量用于工业计量仪器、计算机以及电视机、发电机、音响等家用电器设备中。

(3)陶瓷电容器虽然静电电容范围较小，但是由于电子计算机、电视摄像机及汽车、钟表等机电一体化，特别是集成电路的发展，陶瓷电容器得到了很大的发展。陶瓷电容器的制造方法是将上面所提到的如二氧化钴、钴酸盐、铝酸盐、铬酸盐等原料，按一定配比制成电介质材料后，再将它加工成所需的形状和尺寸，烧结成陶瓷，然后在陶瓷的两面涂覆金属电极，焊接引出端线，涂绝缘层。目前这种制造工序已有相当部分可以实现自动化生产。为了扩大陶瓷电容器的电容量范围，现已开发出了半导体陶瓷电容器，这种电容器开发成功可制造出适合晶体管低压电路所需的小型大容量陶瓷电容器，由于半导体陶瓷电容器扩大了陶瓷电容器的电容量，因而能够同有机薄膜电容器、固体铝电解电容器等相媲美，而且在价格上，半导体陶瓷电容器较低，很有发展前途。半导体陶瓷电容器按其微观结构可分为阻挡层型、还原再氧化型、晶界型三种类型，这三种半导体陶瓷电容器中，第一种由于结构上绝缘性能不高，近年来产量逐渐减少，后两种半导体陶瓷电容器，产量增加较快，还原再氧化性能好，质量高，生产技术成本低。

6.2   高介电常数聚芳醚腈功能材料

具有高介电常数和低介电损耗的柔性聚合物基复合材料在电子和电力工业以及能量储存中的潜在应用已经有了深入的研究。由于侧链上极性氰基（—CN）的存在，聚芳醚腈显示出相对高的介电常数，作为介电材料的热点之一已被广泛研究。然而，聚芳醚腈的介电常数仍然远低于陶瓷电介质，如 $BaTiO_3$、TiO_2 和 Al_2O_3。在此，本节介绍了获得高介电常数的聚芳醚腈基纳米复合材料的策略方法。根据添加填料的类型，研究了有机填料、介电陶瓷填料和导电填料对聚芳醚腈基复合材料电性能的影响。此外，还研究了其他因素，包括填料的结构和尺寸，填料和聚芳醚腈之间的相容性，以及影响所得复合材料的介电性能的界面。最后，讨论了设计更有效的高介电常数聚芳醚腈介电材料所面临的挑战。

6.2.1   高介电聚合物电介质简介

为信息技术的快速发展而设计和制造的新型先进电子材料已经引起了人们对其作为集成便携式电子设备应用的广泛关注[12]。这些材料的小型化、便携性和高性能是高度集成组件开发的指导方向。电容器作为一种重要的储能器件，是由具有高介电常数、高击穿强度、高能量密度及低损耗角正切值的电介质制成的最常见的电子器件[13]。在这些参数中，相对介电常数和损耗角正切值是最重要的参数，研究人员可以很容易地在电子和电气应用中评估最终性能。传统的介电材料包括氧化物（如 ZnO、Al_2O_3 等）[14]和铁电陶瓷材料（如 TiO_2、$BaTiO_3$ 等）[15]。氧化物的介电常数通常低于 50。相比之下，铁电陶瓷的介电常数可高达 10^4，具有极低的介电损耗和优异的热稳定性，可满足大多数应用设备的要求。这些具有较高介电常数的铁电陶瓷介质因其在电力传输系统、高能储能电容器、微波通信等中的应用而成为研究热点。然而，为了满足电子工业的需求，使用这些无机介电材料制造轻便且便携的设备仍然是一项至关重要的挑战。首先，无机材料的密度使其难以满足轻便和便携式设备的要求。其次，大多数无机介电材料需要较高的烧结温度，在节能和环保方面不利于材料的制备。再次，由于无机材料的结构特性，难以实现大曲率的弯曲和柔韧性。最后，对酸和碱的耐腐蚀性差，限制了它在某些特殊领域的应用[16]。

与无机材料相比，高性能聚合物和聚合物基复合材料(有机材料)具有轻质、柔韧、耐酸碱和易于加工的特点。因此，这些有机材料作为电介质被大量研究，以取代无机材料。然而，聚合物相对低的介电常数限制了其作为电介质的进一步利用[17]。但是通过引入填料可以有效地提高聚合物的相对介电常数。目前，制备具有高介电常数、低损耗角正切值、低密度和良好机械性能的聚合物复合电介质对于制备新的储能元件具有重要意义[18]。

聚合物基复合材料是由聚合物基质和填料组成的双组分、三组分或多组分混合物。至于聚合物基质，聚合物介电材料由于其易加工和高介电强度而广泛用于社会生产和生活的各个领域。到目前为止，已经采用聚酰亚胺(PI)、聚丙烯(PP)和聚偏氟乙烯(PVDF)以及许多其他聚合物来制造电容器。然而，由于它们相对低的 T_g，包括 PP 和 PVDF 的聚合物电介质不能在高于 160℃ 的条件下连续工作。使用额外的热管理系统来冷却设备，在低成本和大规模应用中是不切实际的。因此，选用具有较高 T_g 的聚合物是必要的[19]。聚芳醚腈是一种高性能热塑性聚合物，由于其优异的性能，包括热稳定性、易加工性、耐辐射性、优异的机械性能及耐化学性，已经得到了深入的研究。另外，由于侧链上的极性—CN，聚芳醚腈显示出相对高的介电常数。基于这些新特性，聚芳醚腈已经在汽车和电子行业的高温环境中展示了其作为电介质的应用[4]。

为了获得具有高介电常数的复合材料，一般将各种填料(包括铁电陶瓷、导电纳米颗粒和有机电介质)结合到聚合物基质中。通常，所用填料的介电常数越高，所得复合材料的介电常数越好。结果，最常用的填料包括高介电常数铁电陶瓷和导电填料。Maxwell-Wagner 极化表明当填料含量达到临界值(逾渗阈值)时，复合材料的介电常数明显增加[20]。但是，由于有机基质和无机填料之间的不相容性，系统的损耗角正切值同时增加。因此，填料的微观形态、聚合物基材中填料的分布方式、表面处理和填料的制备方法对确定所得复合材料的性能同样重要。本书介绍了聚芳醚腈基复合材料在电气应用中表现出高介电常数的研究进展。此外，着重分析了提高复合材料介电常数和降低损耗角正切值的可行方法。

6.2.2　聚芳醚腈基体

特种工程塑料是相对于尼龙(PA)、聚碳酸酯(PC)、聚甲醛(POM)、聚对苯二甲酸乙二酯(PET)、聚对苯二甲酸丁二酯(PBT)及聚苯醚(PPO)等常见工程塑料而言，综合性能更好且具有特殊用途的一大类工程塑料，其耐热温度一般在 150℃以上，是继通用塑料、工程塑料之后发展起来的第三代塑料的统称。特种工程塑料是制造业的主要基础原材料之一，是一种军民两用的战略新材料。由于此类新材料特殊的军事背景，从 20 世纪 80 年代问世起，西方巴黎统筹委员会(COCOM)就将其列为战略物资对我国封锁和禁运。随着特种工程塑料在汽车、电子、机械等民用领域的广泛使用，其出口限制才逐渐放宽。目前国内特种工程塑料领域除了聚苯硫醚初步产业化以外，其他材料基本上被国外几家大型跨国公司垄断，这就急需发展具有我国自主知识产权的特种工程塑料。特种工程塑料的典型代表是聚芳醚类聚合物。聚芳醚类聚合物在分子结构中含有刚性、耐热性的亚苯基及柔性、耐热性的氧醚键或硫醚键，表现出很高的耐热性，特别是在分子链中引入二苯砜、二苯甲酮、苯甲腈等结构单元后，由于醚键与砜基、酮基、氰基的协同作用，耐热性进一步提高。由于它们具有耐热等级高、耐辐射、耐腐蚀、尺寸稳定性好、电性能优良等综合性能，所以在满足国防军工需求外，很快就在民用高技术领域的飞机制造、电子信息、家用电器、汽车制造、石油化工、医疗卫生等诸多领域得到了推广应用。

目前，在民用领域中使用的聚合物介电材料，如双向拉伸聚丙烯和聚对苯二甲酸乙二酯，虽然具有优异的介电性能，但是其只能在 160℃下保持各种性能的稳定性，这远远不能满足航空航天和新能源汽车等领域的应用。因此，具有高热稳定性的高介电材料引起了研究人员的兴趣。众所周知，聚芳醚腈是一种高性能热塑性工程树脂，具有高机械性能、热稳定性、易加工性、耐辐射性和耐腐蚀性。聚芳醚腈基体通常是通过在碳酸钾催化下由 2,6-二氯苯甲腈和芳族二酚合成的亲核取代聚合反应制备的，这在以前的工作中已有广泛报道[21]。聚芳醚腈的大分子链侧的—CN 强极性基团，主链含有大量的刚性芳环。此外，主链中存在自由旋转的—O—(醚键)。因此，这些特性赋予聚芳醚腈优异的拉伸强度、拉伸模量、化学稳定性和耐辐射性。此外，随着聚合方法的发展，聚芳醚腈不限于上述聚芳醚腈的均聚物。刘孝波团队已经制备了一系列聚芳醚腈的无规共聚物和嵌段共聚物，极大地丰富了聚芳醚腈的种类，满足了现代社会不同的应用要求[4]。此外，经过近 40 年的发展，聚芳醚腈系列可根据其结晶度分为无定形聚芳醚腈、半结晶型聚芳醚腈和结晶型聚芳醚腈，也可根据交联的程度分为非交联聚芳醚腈和交联聚芳醚腈。

研究结果显示不同结构聚芳醚腈聚合物的介电性能在 100Hz～200kHz 时，随着结晶度的增大(BPA-PEN＜PP-PEN＜BP-PEN＜HQ-PEN)，其介电-频率稳定性更加优异，如图 6-4 所示[7]。这主要是由于晶体的存在使分子链运动更加困难，因此分子链受频率的影响较弱，从而使得其介电常数-频率稳定性较好。此外，随着结晶完善程度的增加，分子链排列更加规整，—CN 均匀排列在主链一侧，使得整个体系极性增加，因而其介电常数略有增加。

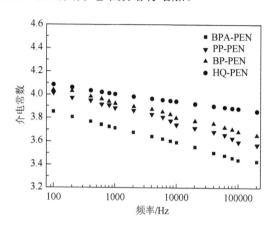

图 6-4　不同结构聚芳醚腈聚合物的介电性能

6.2.3　聚合物/无机物复合材料的介电模型

高介电常数聚合物/无机物复合材料按照填料的类型可以分为两种，第一种是以具有高介电常数的陶瓷，主要是铁电陶瓷粉末为填料，如钛酸钡（BaTiO₃），钛酸铅（PbTiO₃）、锆钛酸铅［Pb（Zr, Ti）O₃］和铌镁酸铅-钛酸铅［Pb（Mg₁/₃Nb₂/₃）O₃-PbTiO₃］等为填料，来制备无机陶瓷-聚合物复合材料，得到的复合材料的介电常数一般随陶瓷含量增加而升高。但从实际应用方面考虑，陶瓷体积分数如果高于 50%，复合材料的力学性能将大大降低，柔韧性消失。另外，从环境因素考虑，含铅陶瓷在未来的材料中将限制或禁止使用，因此铌镁酸铅-钛酸铅等含铅陶瓷尽管介电常数高于钛酸钡，但在近年的文献报道中已经很少使用，无铅的钛酸钡成为高介电常数无机陶瓷-聚合物复合材料这一领域的研究重点。

另外一种是采用导电填料，如金属粉末、碳纤维、碳纳米管等，填充到聚合物基体中，制备得到导电填料-聚合物复合材料，根据逾渗理论（percolation theory），当导电填料含量接近并大于逾渗阈值时，复合材料将展现出比聚合物基体高几个数量级的介电常数，由于逾渗阈值一般不超过 20%（体积分数），所以复合材料在较低的填料含量下，可以获得较高的介电常数而不破坏聚合物基体的力学性能。具有高介电常数的导电颗粒/聚合物复合材料近年来受到了较大关注，这一类复合材料的介电常数可以高达几百甚至几千。但是，导电填料-聚合物复合材料由于其加工窗口小、介电损耗大等缺点还不能满足实用化的要求，研究者为了改善这类复合材料的不足，采用对填料表面修饰的方法，提高填料的分散性，保证导电填料彼此充分靠近而不直接接触，或者在填料表面引入绝缘层，使得导电填料即使在体积含量高于逾渗阈值下也不至于形成导电通路，以此来提高可操作性和降低损耗。

在最简单的情况下，聚合物/无机物复合材料的介电常数 ε 最早使用并联或者串联着的两个不同电容的模型来计算，如图 6-5 所示，每个电容分别代表聚合物和无机物。在这种情况下，聚合物/无机物复合材料的介电常数通过式（6-6）（串联模型）和式(6-7)（并联模型）计算[7]：

$$\varepsilon = (1-\phi)\varepsilon_1 + \phi\varepsilon_2 \tag{6-6}$$

$$1/\varepsilon = (1-\phi)/\varepsilon_1 + \phi/\varepsilon_2 \tag{6-7}$$

其中，ϕ 是第二相(无机填料的体积分数)；ε_1 和 ε_2 分别是第一相(聚合物基体相)和第二相的介电常数。

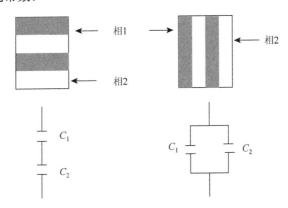

图 6-5　串联和并联型复合材料及其对应的电路

但是，这两种模型只是一种理想化的情况，实际上，无机相以粒子状分散在聚合物基体中形成聚合物/无机物复合材料时，复合材料的介电常数的计算要复杂得多，这是由于在外加电场的情况下，极性粒子由于粒子的形状和定向要随外加电场的改变而发生场的变形，从而使计算复杂化。因此，许多研究者做了大量关于更准确计算聚合物/无机物复合材料介电常数的工作，并得到了一些方程，其中主要的方程见表 6-3[7]。下面将对几种常用模型进行介绍。

表 6-3　聚合物/无机物复合材料介电常数的一些理论计算模型

介电模型	公式
Wagner	$\varepsilon = \varepsilon_1 \dfrac{2\varepsilon_1 + \varepsilon_2 + 2\phi(\varepsilon_2-\varepsilon_1)}{2\varepsilon_1 + \varepsilon_2 - \phi(\varepsilon_2-\varepsilon_1)}$

续表

介电模型	公式
Bruggeman	$(1-\phi)\dfrac{\varepsilon - \varepsilon_1}{2\varepsilon + \varepsilon_1} + \phi\dfrac{\varepsilon - \varepsilon_2}{2\varepsilon + \varepsilon_2} = 0$
Logarithmic	$\lg \varepsilon = (1-\phi)\lg \varepsilon_1 + \phi \lg \varepsilon_2$
Maxwell-Garnett	$\varepsilon = \varepsilon_1\left[1 + \dfrac{3\phi(\varepsilon_2 - \varepsilon_1)}{2\varepsilon_1 + \varepsilon_2 - \phi(\varepsilon_2 - \varepsilon_1)}\right]$
Paletto	$\varepsilon = (1-\phi)\dfrac{\phi\varepsilon_1 A^2 + (1-\phi)\varepsilon_2}{[1+\phi(A-1)]^2} + \phi\dfrac{\phi\varepsilon_1 + (1-\phi)\varepsilon_2 B^2}{[\phi+(1-\phi)B]^2}$
Jaysundere	$\varepsilon = \dfrac{(1-\phi)\varepsilon_1 + \varepsilon_2\phi[3\varepsilon_1/(\varepsilon_2+2\varepsilon_1)][1+3\phi(\varepsilon_2-\varepsilon_1)/(\varepsilon_2+2\varepsilon_1)]}{1-\phi+\phi[3\varepsilon_1/(\varepsilon_2+2\varepsilon_1)][1+3\phi(\varepsilon_2-\varepsilon_1)/(\varepsilon_2+2\varepsilon_1)]}$
Banno	$\varepsilon = \dfrac{a^2[a+(1-a)n]^2\varepsilon_1\varepsilon_2}{a\varepsilon_2+(1-a)n\varepsilon_1} + \{1-a^2[a+(1-a)n]\}\varepsilon_2$
Yamada	$\varepsilon = \varepsilon_1\left[1 + \dfrac{n\phi(\varepsilon_2 - \varepsilon_1)}{n\varepsilon_1 + (1-\phi)(\varepsilon_2 - \varepsilon_1)}\right]$
Rao	$\varepsilon = \varepsilon_1\left[1 + \dfrac{(1-\phi)(\varepsilon_2 - \varepsilon_1)}{\varepsilon_1 + n\phi(\varepsilon_2 - \varepsilon_1)}\right]$

1. Maxwell-Garnett 模型

假设一种介电常数为 ε_1 的球形介质作为分散相分散在另外一种介电常数为 ε_2 的连续相介质中，则有一个特定的规则：当填料的体积分数大于 20%时，其复合材料的介电常数符合式(6-8)：

$$\varepsilon = \varepsilon_1\left[1 + \frac{3\phi(\varepsilon_2 - \varepsilon_1)}{2\varepsilon_1 + \varepsilon_2 - \phi(\varepsilon_2 - \varepsilon_1)}\right] \tag{6-8}$$

式中，ϕ 是复合材料中填料的体积分数。该公式就是 Maxwell-Garnett 公式[22]。该理论在一定范围内能够对两种绝缘体所构成的复合材料的介电常数进行预测，但是由于没有考虑填料相的电阻率，当有导体填料加入复合材料中时，随着其中导电粒子体积分数的增加，复合材料会出现由绝缘体向导体的转变，此时预测值与实际值会出现较大的偏差。

2. Bruggeman 有效介质模型

Bruggeman 有效介质模型能够成功解释向复合材料中添加导体填料时，复合材料由绝缘体到导体的转变[23]。该理论认为，当球形颗粒分散到介电基质中时，复合材料的介电常数符合式 (6-9)：

$$(1-\phi)\frac{\varepsilon-\varepsilon_1}{2\varepsilon+\varepsilon_1}+\phi\frac{\varepsilon-\varepsilon_2}{2\varepsilon+\varepsilon_2}=0 \tag{6-9}$$

式中，ε_1 是基体的介电常数；ε_2 是球形填料粒子的介电常数；ϕ 是复合材料中填料的体积分数。通常难以使用该模型来预测真实材料的介电常数，因为在推导模型时理论认为球形颗粒周围的环境是均匀的。当发生逾渗现象时，材料中的填料颗粒将彼此重叠。由于在理论中没有考虑粒子之间的相互作用，因此不能满足上述假设。所以只有当复合材料中填料的浓度小于逾渗阈值时，该公式才成立。当无法忽略粒子的相互作用时，上面的公式可修正为式 (6-10)：

$$\varepsilon=\frac{\varepsilon_1(1-\phi)-\varepsilon_2\phi[3\varepsilon_1/(\varepsilon_2+2\varepsilon_1)]\times[1+3\phi(\varepsilon_2-\varepsilon_1)/(\varepsilon_2+2\varepsilon_1)]}{1-\phi+\phi[3\varepsilon_1/(\varepsilon_2+2\varepsilon_1)]\times[1+3\phi(\varepsilon_2-\varepsilon_1)/(\varepsilon_2+2\varepsilon_1)]} \tag{6-10}$$

经过修订后的公式被称为 Jaysundere 模型[24]。该公式可以用来预测较低含量下，球形导体粒子填充的复合材料的介电常数。

3. Lichteneckerf 模型

影响复合材料有效介电常数的因素很多。在许多情况下，通过使用从实验数据总结的经验公式，证明直接预测复合材料的介电常数是有效的。对于一个只有两种组分组成的复合材料模型，即复合材料中只有 Ⅰ 相与 Ⅱ 相组成时，假设其介电常数分别为 ε_1 和 ε_2。体积分数分别为 $1-\phi$ 和 ϕ，如图 6-6(a) 所示[25]，复合材料的介电常数符合式 (6-11)：

$$\varepsilon^n=(1-\phi)\varepsilon_1^n+\phi\varepsilon_2^n \tag{6-11}$$

式中，n 由实验得出，每一个 n 值代表了复合材料的一种微观形貌。如果当 Ⅰ 相与 Ⅱ 相沿平行于电极的方向交替排列 [图 6-6(b)] 或是沿垂直于电极的方向交替排列 [图 6-6(c)] 时，这两种情况下，n 值分别为 –1 和 1。其中当 $n=1$ 时，相应的公式被称为体积分数均值模型。在这两种情况下，分别相当于对两种介质组分进行串联和并联。而当 n 值接近于 0 时，这个公式可以被证明等价于 Lichteneckerf 模型 [式 (6-12)]：

$$\ln\varepsilon^n=(1-\phi)\ln\varepsilon_1^n+\phi\ln\varepsilon_2^n \tag{6-12}$$

式 (6-12) 对于各种非均匀性介质的实用性很强，这可能是由于它是对串联和并联这两种极限情形的折中处理。虽然这个模型可以用于预测两相介电复合材料的介电常数，但是在实际的应用中，这个理论预测值仅仅能够在较为有限的范围对复合材料的介电常数进行预测。这主要是由于高填料含量下，基体与填料粒子的相互作用、填料粒子之间的相互作用、复合材料中孔隙的引入等众多因素都会对复合材料的介电常数产生影响，因此利用上述理论模型仍难以进行准确预测。

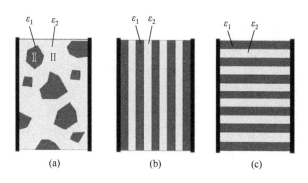

图 6-6　Lichteneckerf 模型中两相分布情况

4. 逾渗理论

逾渗理论是 1957 年由 J. M. Hammersley 提出，用来处理在一个庞大、无序的体系之中，由于相互连接程度的变化而导致的效应。这种连接程度的变化通常伴随着某种长程连接性的突然出现。逾渗理论最初是作为一个数学问题被提出，此后被广泛用于解释各种物理现象，它能够很好地在体系的微观结构与宏观性能之间架起一座桥梁[26]。

对于逾渗现象而言，它最突出的特点是在逾渗阈值 ϕ_c 附近，系统地描述某长程连接(在此可以理解为某种物理性质)发生突变，ϕ_c 是一个尖锐的临界值，当到达 ϕ_c 时，系统的某种性质将会发生"是与否"的突变。随着填料浓度的提高，填料从最初的完全分散状态逐渐变成连续状态，在这个过程之中复合材料的物理性能发生剧烈变化。当向聚合物之中加入导体填料时，复合材料的电导率符合式(6-13)和式(6-14)：

$$\sigma_c \propto (\phi - \phi_c)^t, \qquad (\phi < \phi_c) \tag{6-13}$$

$$\sigma_c \propto (\phi_c - \phi)^{-q}, \qquad (\phi > \phi_c) \tag{6-14}$$

式中，ϕ_c 是逾渗阈值；σ_c 是电导率；t 和 q 分别是临界参数，它们与材料的维度密切相关。逾渗阈值的大小依赖于其内部填料的尺寸大小、长径比等因素。

6.2.4　高介电常数聚芳醚腈及其复合材料

随着电子、信息等产业的发展，迫切需要耐高温、高介电常数的易加工材料。聚芳醚类作为一种良好聚合物基体材料，具有较高的介电常数，又具有良好的综合性能，常被用作介电材料。根据组分的不同，聚合物基介电材料主要可以分为单一聚合物介电材料、聚合物/聚合物介电材料和聚合物/无机物介电材料三种。

一般来说，单一聚合物介电材料的介电常数较小，这对需要高电容量的高介电材料是不够的。获得高介电常数的聚合物的主要方法是在聚合物结构中引入极性基团，如 C≡N、C—F、C—O 等基团。聚芳醚腈由于主链上具有 C≡N 侧基，具有较高的介电常数。另外，聚偏氟乙烯和它的共聚物也属于高介电常数聚合物。它们的高介电常数来源于高分子链上的 $>CF_2$ 键产生的强烈偶极矩以及某些晶型发生的偶极定向作用。用这些具有高介电常数的聚合物作基体材料的研究报告表明，所得到的复合材料具有很高的介电常数。此外，将低介电常数的聚合物与高介电常数的聚合物或者其他极性物质进行共混得到的聚合物/聚合物介电材料也可以得到较高的介电常数，当然前提是两者要有好的相容性。例如，Huang 等[27]将导电的聚苯胺粒子加入聚（偏氟乙烯-三氟乙烯-氯代三氟乙烯）[P（VDF-TrFE-CTFE)]基体中制备了高介电常数的聚合物/聚合物介电材料，当聚苯胺的体积分数为 0.251 时，高分子复合物的介电常数高达 7000，介电损耗小于 1，而且随频率的变化不大，是一种良好的高介电常数全聚合物材料。虽然前面提到的聚合物介电材料有易加工、柔性好、质量轻等优点，但它们的相对介电常数一般很低，再加上物化、结构、温度稳定性等缺陷，不能满足高电容介电材料的要求。单纯依靠具有高介电常数的陶瓷材料制作的电容器，尽管其电容值较高，但在使用过程中其致命的弱点是陶瓷的脆性，受温差和机械作用等影响易于开裂，此缺点决定了利用这类材料难以达到电容器质量轻、体积小、储能密度高的要求。因此，结合了聚合物材料和无机材料优点的聚合物/无机物复合材料就成为研究重点。

1. 有机填料改性高介电聚芳醚腈复合材料

有机填料的优点在于它与聚合物基质具有良好的相容性，并且易于均匀分散在聚芳醚腈基质中以获得均匀的复合材料。有机填料/聚芳醚腈复合介电材料具有优异的力学性能，适用于制备高介电复合薄膜。酞菁（Pc）具有高度共面的 18 电子 π 键共轭结构，可与多种金属离子反应形成金属酞菁（MPc），如图 6-7 所示。同时，酞菁环的轴和边缘可连接多种特殊功能活性取代基，其结构修饰使这些化合物具有物理和化学性质。作为经典的有机半导体，酞菁铜（CuPc）的介电常数高达 10^5[28]。PEN/CuPc 纳米复合材料的介电常数和损耗角正切值在 1kHz 时分别约为 45 和 0.4。当 CuPc 的填料质量分数高达 40wt%时，PEN/CuPc 复合材料仍然保持良好的机械性能。

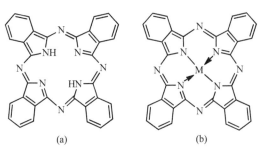

(a)   (b)

图 6-7　酞菁(a)和金属酞菁(b)的分子结构

此外，一方面通过化学改性对 CuPc 进行表面处理是改善填料和聚合物分散、降低介电常数-频率依赖性、显著降低复合材料损耗角正切值的有效方法。另一方面，通过 Pc 的自聚合或自组装制备的含酞菁的聚合物不仅具有 Pc 独特的物理和化学性质，而且还具有聚合物的良好溶解性和可加工性[29]。

除了 Pc 之外，还可以将交联后形成 Pc 的有机化合物引入聚芳醚腈基质中以制备聚芳醚腈复合物。Yang 等通过与间苯三酚和 4-硝基邻苯二甲腈的反应制备 1, 3, 5-三-(3, 4-二氰基苯氧基)苯(TPh)，然后制备具有高介电常数、低损耗角正切值、高耐热性的 PEN/TPh 复合材料[30]。此外，酞菁环可以通过—CN 基团或聚芳醚腈的大分子链末端自交联形成，这可以改善复合材料的介电性能和热稳定性。如图 6-8 所示，当聚芳醚腈基质与 TPh 混合时，所得样品在高温交联后的介电常数远高于没有交联的膜。这是因为在交联过程中形成酞菁环，这增加了样品的介电常数。此外，交联网络的形成有助于降低损耗角正切值。更重要的是，所获得的 PEN/TPh 体系的微观结构在自交联后发生了很大的变化，并且从分离相逐渐形成了均一的同相。上述特性使 PEN/TPh 复合材料在某些极端环境中具有很大的应用潜力。

高介电聚合物也可以作为填料，以增加聚合物的介电性能。Long 等报道了溶液浇铸法成功制备了不同质量比的聚偏氟乙烯(PVDF)和聚芳醚腈聚合物合金。对于 PVDF/PEN 合金(具有 90wt% PVDF)，其介电常数在频率从 25Hz 到 1MHz 时略微降低，在 1kHz 时的介电常数从 7.1 降到了 5.8，这表现出电介质弱的介电常数-频率依赖性。此外，还发现 PVDF/PEN 合金(含 90wt% PVDF)的介电常数和损耗角正切值在 PVDF 熔点之前从室温的 7 和 0.02 缓慢增加到 18 和 0.05(在 1kHz 时)，这表明 PVDF/PEN 合金具有相对稳定的介电常数-温度依赖性[31]。

此外，有机导电聚合物材料也用作制造高介电聚合物基复合材料的填料。Wei 等研究了聚苯胺(PANI)掺杂硫酸作为填料，制备了 PEN/PANI 复合薄膜，通过溶液浇铸法提高聚芳醚腈的介电常数。复合材料的 DSC 曲线上只有一个 T_g，并且在 SEM 图像上没有观察到相分离。所有这些表明 PANI 与 PEN 基质具有良好的相容性。此外，随着 PANI 含量的增加，聚芳醚腈基复合薄膜的介电常数有明显增加。当 PANI 的含量为 10wt%时，PEN/PANI 复合膜的介电常数在 250Hz 时为 23.5，与纯聚芳醚腈基质相比增加了 650%。介电性能表明 PANI 可以有效地提高聚芳醚腈的介电常数[32]。

2. 陶瓷填料改性高介电聚芳醚腈复合材料

除有机填料外，选择不同类型和形状的高介电陶瓷填料可有效提高聚芳醚腈基复合材料的介电常数。众所周知，铁电陶瓷的介电常数可高达 10^4，具有极低的介电损耗和优异的热稳定性。在掺入这些铁电陶瓷之后，可以容易地制备具有高介电常数的聚芳醚腈基复合材料。然而，由于聚合物基质和填料之间的相容性差，复合材料的损耗角正切值将急剧增加。因此，填料的微观形态、填料在树脂基质中的分散模式、表面处理和制备方法与影响聚芳醚腈复合材料的介电性能的填料类型同等重要。

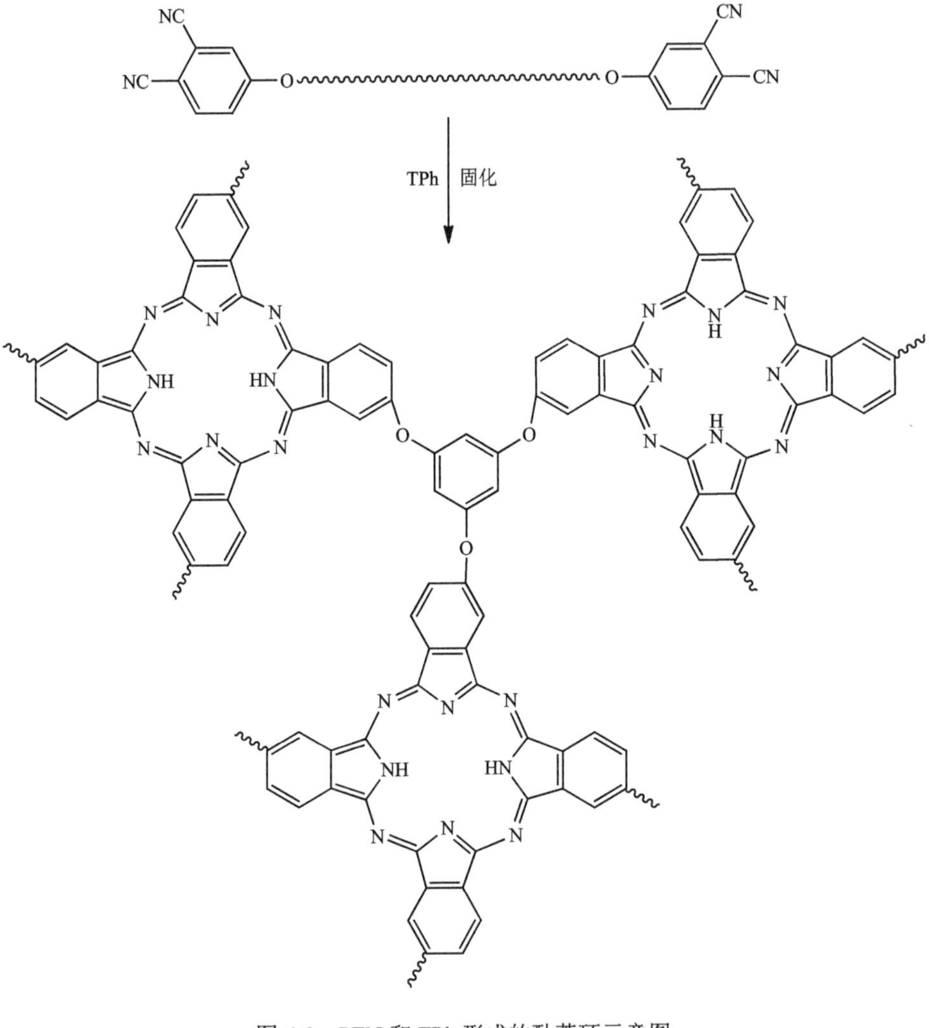

图6-8　PEN和TPh形成的酞菁环示意图

（1）陶瓷纳米粒子作为填料。最常用的高介电陶瓷是钛酸钡（$BaTiO_3$）、钛酸锶（$SrTiO_3$）、二氧化钛（TiO_2）、钛酸钙（$CaTiO_3$）等。陶瓷填料由于高带隙而用作绝缘体，并且电荷的累积只能在一定的电场下发生。在聚合物基质和填料之间的界面区域中改善聚合物基复合材料的介电常数是至关重要的。此外，陶瓷填料的介电常数远高于树脂基体，聚合物基复合材料的介电常数随着填料含量的增加而增加，导致聚合物基体和填料的界面面积增加。特别是介电常数与填料含量之间的关系呈线性增加。因此，陶瓷颗粒的含量和尺寸是影响所得聚合物基复合材料电特性的两个重要因素[33]。

填料含量的影响：聚合物复合材料的介电常数随着陶瓷填料含量的增加而增加。通过填充高比例陶瓷颗粒（>50%，体积分数），获得的介电常数可达聚合物基体介电常数的 10～20 倍。Tang 等[34]报道的 PEN/BT 纳米复合材料是通过超声波分散制造工艺制备的。PEN/BT 纳米复合材料的介电常数在 BT 纳米颗粒的含量从 0wt%增加到 40wt%时，在 1kHz 下从 4.07 增加到 12.55。此外，尽管 PEN 基纳米复合材料的介电常数随着频率的增加而降低，但是频率和介电常数的依赖性降低。然而，高含量的陶瓷填料不利于在树脂基体中的均匀分散，这会导致填料的聚集并形成界面孔隙。这将大大降低聚合物基复合材料的机械强度和击穿强度。因此，当填料含量从 0wt%增加到 40wt%时，PEN/BT 纳米复合材料的击穿强度从 231kV/mm 迅速下降到 158kV/mm。与此同时，Tu 等[35]通过采用控制水热反应温度，成功地制备了不同长径比的钛酸钡纳米线（BT-NW）。研究了 BT-NW 含量对 BT-NW/PEN 复合材料介电性能、力学性能及储能密度的影响。首先，研究结果表明 BT-NW/PEN 复合材料具备介电常数良好的介频稳定性。例如，具有 20wt% BT-NW 的 BT-NW/PEN 介电常数在 100Hz 下为 11.3，在 200kHz 下为 10.9，其介电常数的频率系数为 $2.0 \times 10^{-6} \mathrm{Hz}^{-1}$。通常，由 BT 和 PEN 之间的界面引起的麦克斯韦-瓦格纳极化将导致介电常数随着频率的增加而减小。而 BT-NW/PEN 的这种良好的介频稳定性也表明了 BT-NW 在 PEN 中的良好分散性。另外，BT-NW/PEN 的介电常数随着填料含量的增加而增加。对于 BT-NW/PEN，当填料含量为 20wt%时，介电常数 1kHz 时为 11.0，这是纯聚芳醚腈（3.8）的 3 倍。此外，当 BT-NW 含量相同时，复合材料的介电常数随着 BT-NW 长径比的增加而增加。这种现象主要是由于：①BT-NW 的平均纵横比越高，BT-NW 的偶极矩越大；②BT-NW 的平均纵横比越高，BT-NW 的表面积越小，表面活化能越低。这都有助于提高复合材料的介电常数。同时，BT-NW/PEN 复合材料的介电损耗显示出与介电常数相似的趋势。更重要的是，在所有测试频率下，BT-NW/PEN 复合材料的介电损耗均低于 0.025，这对于实际应用具有重要的意义。

填料尺寸的影响：填料的尺寸是影响陶瓷填料/聚合物复合材料电性能的另一重要因素。此外，填料尺寸越小，比表面积越大。当将具有微米尺寸或更大尺寸的填料引入聚合物基质中时，容易形成缺陷，这导致复合材料中的电场畸变。同时，由聚合物基复合材料中填料的附聚引起的孔隙将增强局部电场。所有这些缺陷都降低了复合材料的击穿强度和机械强度。相比之下，纳米尺寸填料可以有效地增强聚合物基复合材料的机械性能并增加填充在基质中的陶瓷填料的量。理论上，聚合物基复合材料的介电常数随着填料粒径的减小而增加。这主要是因为使用小粒径填料会增加聚合物树脂和填料之间的界面面积，这会增加界面极化，这是由界面上电子密度的增加引起的[36]。

(2) 核-壳结构陶瓷纳米粒子作为填料。具有高介电常数的聚合物基纳米复合材料由于其固有的性质(质轻且易加工)而在能量储存中已经显示出作为电介质的应用。为了实现填料在提高系统介电性能方面的应用,许多研究人员制备了核-壳结构填料,这是制造新型高介电常数聚合物基复合材料的有效填料。在早期阶段,许多表面活性剂、低聚物和小分子通过使用分子之间的弱静电相互作用或范德瓦耳斯力形成壳层来改善两相界面的相容性。然而,在填料表面,这些分子的物理吸附不能形成稳定的界面,导致低介电强度和高介电损耗。因此,需要更强的力,如化学键或氢键,通过这些作用可以在无机填料和聚合物基质之间形成更稳定的界面层。通常,引入的化学键不仅减少了界面处的缺陷,还改善了系统的物理性质。而且,界面之间的化学键可以使复合材料在电场和力场中保持稳定。此外,由于填料和聚合物基质之间存在化学键,有效地减少了相分离[37]。

以 $BaTiO_3$ 为代表,图 6-9 显示了使用核-壳结构填料制备高介电常数聚合物复合材料的一般方法。Tang 等[38]将旋转涂层技术与后处理黏合工艺相结合,报道了一种制备 $BaTiO_3$@CPEN 核-壳结构纳米粒子的新方法。CPEN 壳是羧基官能化的聚芳醚腈,其上的羧基可以与 $BaTiO_3$ 表面上的羟基反应。TEM 结果表明,$BaTiO_3$ 核完全被 CPEN 壳包裹,CPEN 壳的厚度在 4~7nm 范围内。然后,通过溶液浇铸法制备了具有不同 $BaTiO_3$@CPEN 含量的 $BaTiO_3$@CPEN/PEN 复合薄膜。原始 PEN 的介电常数为 4.3,而随着 $BaTiO_3$@CPEN 的加入,介电常数逐渐升高。当 $BaTiO_3$@CPEN 的含量为 40wt%时,所得复合材料的介电常数高达 13.5,约为聚芳醚腈介电常数的 3 倍。添加 $BaTiO_3$@CPEN 后,介电损耗略有增加,但即使添加了大量填料,其仍保持低于 2.3%。这是因为 $BaTiO_3$@CPEN 上的 CPEN 壳具有与聚芳醚腈基底相似的结构。CPEN 和 PEN 之间的相容性导致 $BaTiO_3$@CPEN 在 PEN 基底中的均匀分散,这降低了界面极化,因此,降低了介电损耗。同样,Huang 等[39]采用类似的方法制备了一系列表面改性的二氧化钛 (TiO_2@CPEN) 和具有不同质量含量的 TiO_2@CPEN/PEN 复合材料。TiO_2 纳米粒子被 CPEN 完全包裹并形成核-壳结构。由于 CPEN 壳的存在,改性的 TiO_2 纳米颗粒均匀分布在聚芳醚腈基底中。此外,由于 PEN 与 TiO_2@CPEN 颗粒界面之间的相互作用非常强,因此 TiO_2@CPEN 颗粒在聚芳醚腈基底中没有显示任何排出迹象。结果表明,TiO_2@CPEN/PEN 复合材料的介电常数随着表面改性 TiO_2 颗粒含量的增加呈线性增加。当 TiO_2@CPEN 纳米颗粒含量为 40wt%时,所得 TiO_2@CPEN/PEN 纳米复合材料 1kHz 下的介电常数达到 7.9,而系统的损耗角正切值也低于 3%(在 1kHz 时)。

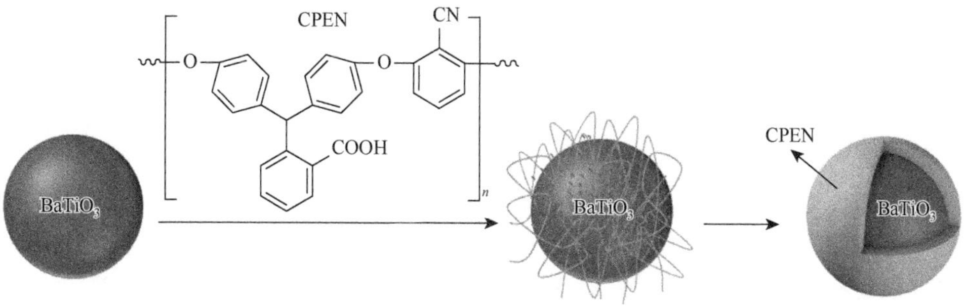

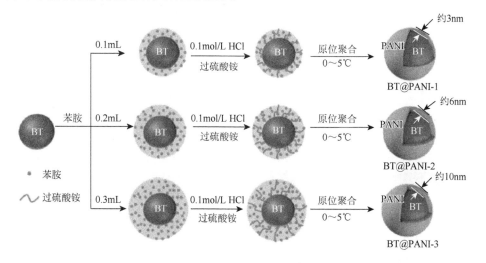

图 6-9　核-壳结构 BaTiO$_3$@CPEN 纳米粒子合成路线图

You 等[40]通过原位苯胺聚合技术开发了具有可控壳层厚度的核-壳结构聚苯胺官能化 BaTiO$_3$(BT@PANI)纳米粒子,如图 6-10 所示。结果表明,可调节和可控厚度为 3~10nm 的 PANI 壳层在 BaTiO$_3$ 核表面完全稳定。结果表明,在 BaTiO$_3$ 纳米粒子表面修饰的 PANI 层可以通过原位聚合技术进行调整和控制,具有 6nm 聚合物层的 BT@PANI 纳米粒子在该体系中表现出最佳性能。此外,表面功能化纳米粒子在聚芳醚腈基体中实现了良好的相容性和分散性,可以改善 BT@PANI/PEN 纳米复合材料的热性能和介电性能。研究结果表明, BT@PANI/PEN 纳米复合材料具有优异的热稳定性(T_g>215℃,$T_{5\%}$>510℃)。此外,BT@PANI/PEN 纳米复合材料还具有相对高的介电常数,在 1kHz 下约为 14。同时其具有优异的介电性能温度稳定性(25~180℃)。最重要的是,通过将纳米复合材料与 25℃的能量密度进行比较,纳米复合材料的能量密度仍能保持在 80%以上,即使在 180℃也是如此。所有这些结果证明 BT@PANI/PEN 纳米复合薄膜在高温环境中用作储能组件具有重要意义。

图 6-10　核-壳结构 BT@PANI 纳米粒子合成路线图

Wei 等[41]通过改进的水热法制备了核-壳结构的 PbZrO₃@BaTiO₃ 纳米粒子(PZ@BT)，经过一系列表征表明 PZ 外壳厚度约为 20nm。将 PbZrO₃@BaTiO₃ 纳米粒子与聚芳醚腈混合制备成复合物 PZ@BT/PEN。测试结果表明随着 PZ@BT 含量的增加，复合材料的玻璃化转变温度逐渐增强，同时其耐热性降低。当加入50wt%的 PZ@BT 纳米粒子时，该复合材料依旧显示出优异的拉伸强度。加入PZ@BT 后，复合材料的介电常数得到有效改善，当 PZ@BT 的质量分数为 50wt%时，介电常数在 1kHz 时达到 15.6。更重要的是，随着 PZ@BT 含量的增加，复合材料的介电损耗略有下降。这主要是因为在电场下，极化产生的电荷被限制在 PZ 和 BT 的界面，而这个界面被 PZ 所包裹，所以对 PZ 与聚芳醚腈的界面影响不大，如图 6-11 所示。

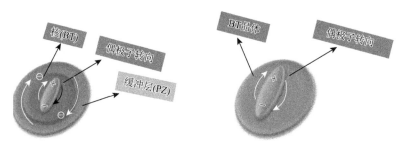

图 6-11　BT 和 PZ@BT 的极化示意图

Wang 等[42]为了获得高性能的介电复合材料，通过水热法制备了 MoS₂ 纳米片，并通过聚多巴胺(PDA)和聚乙烯亚胺(PEI)对其表面进行改性，再将改性后的纳米片掺入聚芳醚腈基体中。由于改性后的 MoS₂ 纳米片与聚芳醚腈基质之间良好的界面相容性，所得的具有 10wt% MoS₂@(PDA + PEI)的聚芳醚腈纳米复合材料膜表现出优异的综合性能。主要体现在 8.3 的高介电常数上，1kHz 下 0.02 的低介电损耗和出色的频率稳定。此外，它还表现出优异的热稳定性($T_{5\%}>490℃$)和机械性能，其拉伸强度和模量分别达到 120MPa 和 2468MPa。

(3)核-壳-壳结构陶瓷纳米粒子作为填料。"分子桥"是实现核-壳-壳结构填料在聚合物基材中分散的主要方法。"分子桥"的关键是引入连接内壳与外壳的缓冲层。缓冲层充当分子桥，在无机和有机聚合物之间形成键。与物理吸附相比，这种改性效果更好，可有效减少聚合物基材中无机填料的团聚。最常用的缓冲层是硅烷偶联剂，是一种具有特殊结构的低分子有机硅化合物。其他功能性材料如羧基官能化聚合物和磺酰基官能化聚合物也广泛用作缓冲层。

Tang 等[43]报道了核-壳-壳结构纳米粒子 BaTiO₃@SiO₂@HBCuPc 的制备，然后以聚芳醚腈为底物制备了其复合材料。BaTiO₃@SiO₂@HBCuPc 是通过超支化铜酞菁(HBCuPc)和 BaTiO₃@SiO₂ 之间的反应获得的，BaTiO₃ 是通过用硅烷偶联剂

KH550 对 BaTiO$_3$ 进行表面改性而制备的。更重要的是，将涂层与黏合技术相结合，You 等[44]报道了用羧基官能化的聚芳醚腈(CPEN)作为缓冲层制备核-壳-壳结构的纳米颗粒 BaTiO$_3$@CPEN@CuPc。BaTiO$_3$@CPEN@CuPc 纳米颗粒的制备如图 6-12 所示。在第一步中，通过 CPEN 上的羧基与 BaTiO$_3$ 表面上的羟基之间的相互作用，用 CPEN 涂覆 BaTiO$_3$。然后，CPEN 处的另一个羧基与铜酞菁(CuPc)上的氨基反应。将核-壳-壳结构的纳米颗粒 BaTiO$_3$@CPEN@CuPc 掺入聚芳醚腈基底中以制造 BaTiO$_3$@CPEN@CuPc/PEN 复合物。他们的结果表明，BaTiO$_3$@CPEN@CuPc/PEN 复合材料的介电常数在测量频率下是稳定的。当 BaTiO$_3$@CPEN@CuPc 为 20wt% 时，BaTiO$_3$@CPEN@CuPc/PEN 复合材料在 1000Hz 下的介电常数高达 9.0，与聚芳醚腈基底相比增量为 130%。介电常数的增加可以通过在复合体系中形成微电容器来解释，添加的填料越多，微电容器的形成就越多。与 BaTiO$_3$/PEN 相比，BaTiO$_3$@CPEN@CuPc/PEN 在填料的相同含量下显示出更高的介电常数。这是因为 BaTiO$_3$@CPEN@CuPc 和 PEN 之间的相容性更好，以及 CuPc 的高介电常数。同时，BaTiO$_3$@CPEN@CuPc 与 PEN 基底的相容性有助于降低介电损耗。BaTiO$_3$@CPEN@CuPc/PEN 薄膜在 1000Hz 下，纳米填料含量高达 20wt% 时的介电损耗仅为 3.1%。他们得到的另一个结果是，当温度低于其 T_g(>200℃)时，BaTiO$_3$@CPEN@CuPc/PEN 复合材料的介电常数和介电损耗非常稳定，而当温度接近甚至高于其 T_g 时，它们都会突然增加。

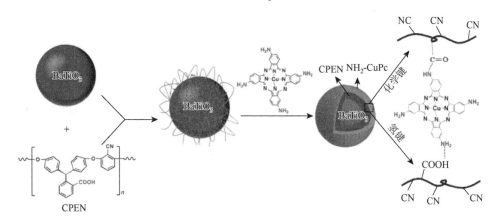

图 6-12　核-壳-壳纳米粒子制备路线图

3. 导电填料改性高介电聚芳醚腈复合材料

与具有介电陶瓷填料的聚芳醚腈复合材料(通常需要较大体积分数的填料)相比，复合材料的介电常数随着导电填料添加量的增加而明显增加。通常，填料越多，形成的微电容器越多，这增加了系统的介电常数。当导电填料用作填料时，微电容器容易在较低含量的填料下形成。结果表明，导电填料的逾渗阈值在较低的填料体积分数下实现，这意味着使用较少的导电填料容易增加介电常数。

导电填料的种类有很多。常用的金属导电颗粒(即 Ag、Ni 和 Al)是制备具有高介电常数的复合材料中最常用的填料。此外，包括碳纳米管(CNT)、炭黑、石墨烯和氧化石墨烯(GO)的导电碳纳米材料代表了另一种广泛研究的导电填料。然而，复合材料从电介质到导电材料的体积分数窗口接近阈值。控制导电填料的量并均匀分散它们是非常重要的。否则，导电路径将在材料中局部形成，这将增加介电损耗。此外，它还会导致能量耗散并缩短复合材料的使用寿命。因此，如何将这些导电填料均匀分散在有机聚合物基材中成为提高这种复合材料性能的关键步骤。

(1)金属导电粒子作为填料。目前，已经使用一些不同类型的金属导电颗粒来增强有机聚合物的介电常数。通过在复合过程中原位还原银离子，Li 等[45]报道了 Ag 纳米颗粒和聚芳醚腈复合物(Ag/PEN)。通过溶剂浇铸技术获得相应的 Ag/PEN 复合薄膜。银纳米粒子在聚芳醚腈基底中低于 1.0wt%时表现为纳米球，并且当添加更多的银离子作为反应物时它们生长为纳米棒。更重要的是，即使银纳米颗粒未经修饰，原位还原的银纳米颗粒均匀地嵌入聚芳醚腈基底中。当 2.0wt%的银纳米颗粒嵌入系统中时，介电常数在 1000Hz 时增加到 5.8，而损耗角正切值保持低于 2%。而且，随着体系中银纳米粒子的形成，电导率明显增加，这种聚芳醚腈复合材料可用作抗静电材料。

(2)碳纳米管(CNT)作为填料。碳纳米管是单层或多层同轴中空管状碳纳米管，以碳原子 sp^2 的形式键合，形成离域 π 键。CNT 的共轭效应显著。此外，CNT 作为一维纳米材料，具有出色的机械强度、出色的导热性、超高的电容量和热稳定性等特性。由于这些特性，CNT 已被广泛用于替代或补充传统纳米填料以制备具有不同功能的复合材料。Zheng 等[46]通过使用基于 4, 4′-二羟基联苯的聚芳醚腈作为有机基质和多壁碳纳米管(MWNT)作为填料制备复合膜。所得混合物 MWNT 填料的含量从 0wt%增加到 3wt%，介电常数从 4.3 增加到 6.1(在 1kHz 时)，与掺入 MWNT 几乎没有频率依赖性。此外，MWNT 填料的含量从 0wt%增加到 3wt%时，复合材料的损耗角正切值从 0.010 增加到 0.026(在 1kHz 时)，这是由 MWNT 与有机聚芳醚腈基底的不相容性引起的。Huang 等也通过溶液流延法制备了随机取向的多壁碳纳米管(MWNT)/聚芳醚腈(PEN)复合膜。然后将制备好的薄膜在烘箱中进行单轴热拉伸以增强其取向和结晶度。结果表明，热拉伸过程显著提高了机械性能和热性能。他们还研究了 MWNT/PEN 复合薄膜单轴热拉伸过程中导电通路的发展。由于 MWNT 填料的量接近逾渗阈值，介电性能、电导率、击穿强度和能量密度对拉伸比非常敏感。具有 50%拉伸比的复合材料的电导率从 $5.2×10^{-5}$S/cm 增加到 $1.6×10^{-4}$S/cm(在 1kHz 时)。此外，具有 50%拉伸比的复合材料的介电常数从 378.0 显著增加到 1298.1(在 100Hz 时)。最重要的是,具有 50% 拉伸比的复合材料可通过击穿强度补偿一些介电常数,最后,具有 50%拉伸比的复合材料的能量密度从 2.51J/cm^3 增至 3.50J/cm^3,增加了约 40%,并且具有巨大的潜力,被用作有机薄膜电容器。

通常,CNT 的范德瓦耳斯力将导致其自聚。由于 CNT 倾向于聚集,阻碍了介电性能的增强,而不是在有机聚合物基底中均匀分布。为了改善这些缺陷,CNT 的表面改性和改性 CNT 与聚合物基材之间相互作用是控制制备高介电聚合物纳米复合材料的有效方法。Jin 等[47]通过接枝有机分子来改善 CNT 的表面,以增强 CNT 和聚芳醚腈基底之间的相容性。为此目的,酸化的 MWNT 通过溶剂热与含氨基的分子 3-氨基苯氧基邻苯二甲腈(3-APN)反应,形成改性的碳纳米管 (3-APN@MWNT),如图 6-13 所示。之后,将改性碳纳米管(3-APN@MWNT)用作制备具有高介电常数的 3-APN@MWNT/PEN 纳米复合材料的填料。当负载 5.0wt%的 3-APN@MWNT 时,所获得的 3-APN@MWNT/PEN 纳米复合材料在 50Hz 下的介电常数为 32.2,是聚芳醚腈基材介电常数的约 8 倍。此外,损耗角正切值低于 0.9。介电常数和损耗角正切值均随着低载荷下 3-APN@MWNT 的增加而线性增加。3-APN@MWNT 在系统中显示出 4.0wt%的逾渗阈值,因为在较高载荷下介电参数明显升高。Pu 等[48]用邻苯二甲腈基团(CNT-CN)制备改性 CNT,并将其用作制备聚芳醚腈基复合材料的填料。由于大量的邻苯二甲氰基团在其外围表面上,分布在聚芳醚腈基质中的 CNT-CN 均匀地与聚芳醚腈上的氰基相容。此外,CNT-CN 上的邻苯二甲腈在高温下与氨苯砜(俗称二氨基二苯砜,DDS)催化的聚芳醚腈主链上的氰基反应,形成三嗪环。结果显示,当在 320℃下反应 4h 时,介电常数可高达 33.9。

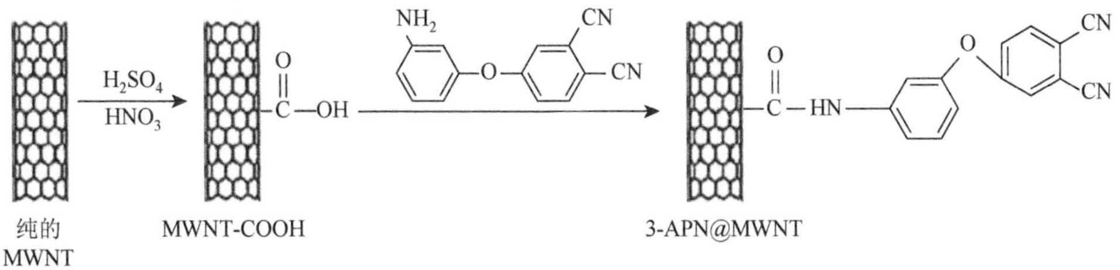

图 6-13　3-APN@MWNT 制备示意图

此外,核-壳-异质结构的 CNT 基纳米材料也被广泛应用于获得具有高介电常数的复合材料。Huang 等[49]报道了核-壳-异质结构的 CNT 基纳米材料 MWNT@BaTiO$_3$的制备,其中 MWNT 作为核,无机 BaTiO$_3$作为壳,通过溶剂热反应。之后,他们通过溶液浇铸制造 MWNT@BaTiO$_3$/PEN 复合材料。载荷为 50.0wt%的 MWNT@BaTiO$_3$,复合材料介电常数在 100Hz 下增加至 13.8,增量高于 200%。更重要的是，Huang 等[50]还通过类似的反应制备了 MWNT@TiO₂ 核-壳-异质结构的 CNT 基纳米材料。在 MWNT 的外围表面形成四方锐钛矿相 TiO₂ 簇。除了作为填料之外，该核-壳-异质结构的 MWNT@TiO₂ 由于其优异的电磁性能而可用作微波吸收材料。此外，Jin 等[47]在 MWNT 表面共价接枝了 SiO₂ 纳米颗粒，然后通过溶液浇铸的方法将杂化材料与聚芳醚腈复合。所得复合薄膜具有良好的介电性能，介电常数为 7，介电损耗为 0.04。拉伸性能测试结果表明，在 MWNT-SiO₂ 的含量为 2wt%时，复合材料的拉伸强度和模量均达到最高值。更重要的是，拉伸强度分别达到 90MPa 和 125MPa，拉伸模量从 2324MPa 提高到 2950MPa。

此外，You 和 Xiao 等[51]报道了 MWNT 可用作纳米级容器的 O-MWNT 的开环，然后通过毛细管作用将聚芳醚腈填充到 O-MWNT 中以获得 F-MWNT（F-MWNT 的示意图如图 6-14 所示）。与不受限制的条件下的结晶相比，填充在受限制的 CNT 容器中的聚芳醚腈显示出更加优异的结晶行为。他们还将 F-MWNT 掺入聚芳醚腈基底中以制备相应的复合物。聚芳醚腈在 10kHz 下的介电常数为 4.02，并且在掺入 F-MWNT 后增加。当 MWNT 的浓度为 1.0wt%时，F-MWNT/PEN 的介电常数达到 5.33（10kHz）。虽然复合材料的介电损耗随着填料的增加而增加，但它们约为 0.011。因此，将 F-MWNT 结合到聚芳醚腈中是设计具有高介电常数和低损耗角正切值的电介质的有效方法。

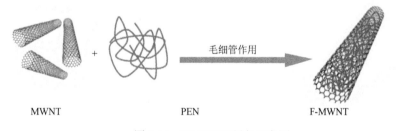

MWNT   PEN   F-MWNT

毛细管作用

图 6-14   F-MWNT 制备示意图

（3）氧化石墨烯（GO）或还原氧化石墨烯（RGO）作为填料。石墨烯是一种具有一个原子厚度的微尺度 2D 晶格碳，具有优异的电性能。因此，它可用来制备导电填料-聚合物复合材料电介质。另外，石墨烯由于其独特的结构特征而具有 2630m²/g 的超大比表面积。因此，当聚合物基体被石墨烯基复合材料中的聚合物基体隔离时，可以容易地形成进一步改善介电性能的微电容器。到目前为止，石墨烯已经显示出其在制造具有高介电常数的复合材料中的广泛应用。Wang 等[52]通过相应的氧化石墨烯（GO）和 PEN 复合物（GO/PEN）的原位热还原制备还原氧化石墨烯（RGO）和 PEN 复合物（RGO/PEN）。由于 GO 在溶剂如 NMP 中的优异分散，GO/PEN 简单地通过溶液浇铸工艺制造。在热还原之后，GO 变成 RGO，RGO

的分布和 GO 在 GO/PEN 中的分布相同。当 RGO 的加入量为 6.0wt%时，最终 RGO/PEN 的介电常数增加至 129.1，增量约为 2600%。此外，当 GO 热转化后转变为 RGO 时，具有 2.0wt% GO 的复合物的介电常数在 50Hz 时也显示出 230%的增量。

与 CNT 类似，石墨烯因其全碳组成和疏水性而不溶于大多数溶剂。由于其在聚合物基质中的分散性差，难以大规模应用。因此，有必要对其进行功能化以改变石墨烯的表面能，从而解决复合材料中石墨烯片的聚集。到目前为止，最常用的修饰石墨烯的方法是首先用强氧化剂处理以获得 GO，然后将其还原为 RGO。Li 等[53]制备了 GO，然后用 CuPc 对其进行官能化，通过溶剂热反应制备出 GO@CuPc。然后，将 GO@CuPc 添加到聚芳醚腈基底中以制备高介电纳米复合材料。当 GO@CuPc 的含量为 5wt%时，介电常数达到 52.0(在 100Hz 时)。Zhan 等[54]也制备了 GO 并首先报道了使用 4-氨基苯氧基邻苯二甲腈(4-APN)对其进行化学改性，形成 GO-CNT。之后，将 GO-CN 成功引入聚芳醚腈基底以制备纳米复合膜。由于 GO-CNT 上的邻苯二甲腈显示出与聚芳醚腈良好的相容性，这种途径为制备石墨烯和聚芳醚腈复合材料开辟了一条新途径。还有，Wang 等[55]用 GN-Fe$_3$O$_4$杂化材料作为填料和聚芳醚腈作为有机基质制备复合材料。GN-Fe$_3$O$_4$杂化材料通过 GO 和 FeCl$_3$与乙二醇作为还原剂的溶剂热反应制备。此外，还构建了新的 3D 碳纳米管和石墨烯网络以防止它们的聚集。Wei 等[56]首先通过与金属离子(Cu^{2+}、Zn^{2+}等)配位形成 GO-Zn-CNT 来制造 3D CNT-GO 网络。之后，通过将可交联聚芳醚腈(PEN-Ph)渗透到 GO-Zn-CNT 网络中获得半互穿体系(GO-Zn-CNT/PEN-Ph)。最后通过 PEN-Ph 的同时交联和 GO 的原位热还原制备了互穿网络(GS-Zn-CNT/PEN)。GS-Zn-CNT/PEN 的制备路线如图 6-15 所示。GS-Zn-CNT/PEN 的介电常数在 100Hz 时高达 78.0，与聚芳醚腈基体相比增加了 2000%，而此时 GO-Zn-CNT 的含量仅为 2.0wt%。此外，当 GO-Zn-CNT 的含量为 2.0wt%时，GS-Zn-CNT/PEN 的损耗角正切值在 100Hz 时为 0.18，但与石墨/聚芳醚腈纳米复合材料相比(0.82，100Hz)低得多(用 2.0wt%的石墨烯)。因此，制备石墨烯基高介电常数复合材料也是一种有效的方法。

总之，用于高能量存储的高介电常数电介质需要具备高介电常数、低介电损耗，以及优异的机械强度和高热稳定性等性能。到目前为止，没有任何单组分电介质满足上述高温应用要求。热稳定聚芳醚腈与高介电常数填料(如有机填料、陶瓷填料和导电填料)的复合是开发耐热高介电电介质的有效技术。虽然近年来聚芳醚腈基复合介电材料的研究取得了一些重要进展，但仍不能完全满足电子工业的发展。本章主要介绍了基于聚芳醚腈的电子应用复合材料的进展。初步揭示了聚合物基体、填料类型、表面改性和制备方法对聚芳醚腈复合材料介电性能的影响。总之，掺入有机填料的聚芳醚腈具有相对高的介电常数、低损耗角正切值、优异的机械强度和热稳定性，但由于这些有机填料的介电常数有限，介电常数的提高是不充分的。铁电陶瓷可有效提高聚芳醚腈基纳米复合材料的介电常数。然而，通常需要高填充比例，这同时降低了系统的机械性能。相比之下，填充导电填料的聚芳醚腈复合材料的介电常数可以在较低的填充率下显著增加。然而，复合材料的导电性也得到改善，这导致相应的高介电损耗。因此，高介电材料的研究和制备仍面临许多挑战，这是未来努力的目标。进一步研究可以从以下几方面进行：第一，制备结构、形貌、尺寸等可控的新型填料，探索一种新的简单的复合技术和界面控制技术；第二，研究和开发介电复合材料，在高温和高频等特殊环境中性能稳定；第三，制造高性能复合材料在可控程序的同时具有高介电常数、低损耗角正切值和其他所需性能。

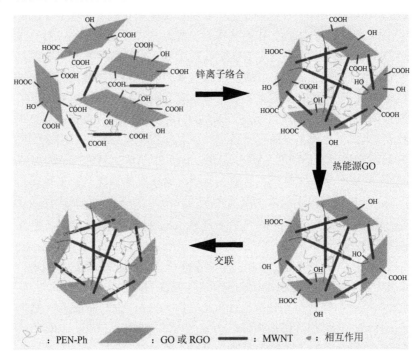

图 6-15   GS-Zn-CNT/CPEN 的制备路线

6.3   高击穿强度聚芳醚腈功能材料

6.3.1   击穿性能概述

对于电容器来说，它的储能是一个简单的能量转换过程。在这类电容器(如平行板电容器)中，外加的电场会诱导两个电极板之间的电子发生转移，在某一极板上使电荷聚集，电能被储存在电介质里，从而使能量发生转换。因此，电容器储能并不发生化学变化，电能只是以表面电荷的形式存储在两个电容器极板之间，这个过程被称为非法拉第反应[57]。当电容器充电时，由于电能被储存在电介质里，因此电容器的最大适用电场 E_{max} 取决于电介质的击穿强度 E_b。对电容器施加电压，其内部的电介质发生电极化，电荷累积到电极板的表面。当积累的总电荷引起的电势等于外加电压时，则充电结束。另外，由于电介质置于电容器形成的电场中，因此电容器的电场变化还会导致电介质材料产生电位移 D。在电场强度 E 的电场下，电位移 D 的微小变量 dD 引起的能量密度变化量为 EdD[58]。因此，电容器的储能密度 U 可用式(6-4)来表示。式中，D 是电场强度 E 下电介质的电位移。前面提到电容器的电介质可以是陶瓷或者聚合物，根据电介质性质的不同，其在变化电场下产生的电位移不同。图 6-3 为不同电介质的电位移随电场强度的变化曲线。由于聚合物电介质属于图 6-3 中所示的线性电介质，D 与 E 呈线性关系，$D = \varepsilon_r\varepsilon_0 E$，$\varepsilon_r$ 为相对介电常数(在没有特殊说明时，一般将相对介电常数简称为介电常数)，ε_0 为真空介电常数(8.85×10^{-12}F/m)，介电常数与电场无关，因此，电容器的储能密度可由式(6-4)简化成式(6-5)。因此对于聚合物电容器而言，电容器的储能密度与聚合物的介电常数成正比，与聚合物的击穿强度的平方成正比。因此，聚合物电介质应尽可能提高击穿强度和介电常数，以获得较高的储能密度，而且提高击穿强度比提高介电常数更有效。虽然高储能密度才是电介质所希望达到的终极目标，但是聚合物电介质储能密度是由电介质的击穿强度和介电常数所决定的，因此在上面章节介绍了聚芳醚腈的介电常数，本章介绍完击穿强度后，不再对储能密度单独进行介绍。

6.3.2 固体击穿理论概述

在弱电场中，介质内的电流与外电压呈线性关系。电场增强时，电流偏离欧姆定律，随电压按幂函数或指数上升。当外加电压 U 达到某个临界值时，电流 I 急剧增加，介质从绝缘状态变为导电状态的现象，称为击穿。广义上的击穿分为气体击穿、液体击穿和固体击穿三大类，目前只讨论固体击穿。固体电介质的击穿现象，与气体、液体介质的击穿现象相比，主要有两点不同：一是由于固体介质的击穿强度比气体和液体介质高，在进行固体击穿试验时，要以气体或液体介质作为环境媒质，所以往往是击穿强度低的媒质在电极边缘电场比较集中的区域先发生击穿，这种现象称为边缘效应。因此，观察固体电介质的击穿现象和确定其击穿强度，必须有效地防止边缘效应。二是固体电介质击穿通常是一种不可逆的变化过程，击穿后在材料中留下不能恢复的痕迹，如贯穿两极的熔洞，烧穿的孔道、开裂等，因此作为表征材料性能的击穿强度，实际上是一个受到多种因素制约的物理量。在大多数实际情况下，材料的击穿强度只是一个统计值。

固体电介质根据电介质被击穿时间不同，将击穿分为长时击穿和短时击穿。短时击穿中，根据击穿机理不同，又可分为电子击穿、热击穿、局部放电击穿、电机械击穿和次级效应击穿。相对于传统电介质，聚合物的介电性质与其组成分子大小、分子量、化学结构等因素有关。大量实验表明：提高材料的宏观均匀性和微观不完整性，它的击穿场强会增大。例如、聚合物材料的击穿场强一般比晶体材料大，极性电介质的击穿场强普遍高于非极性材料。固体电介质的击穿是一个复杂的过程，可以发生在材料的不同部位，存在随机性，且击穿过程具有瞬时性，很难实时观测，使得研究材料的击穿机制存在较大困难。目前，尚无统一和完善的理论用于解释固体电介质的击穿行为，主要发展起来的击穿理论有热击穿理论、电击穿理论、电机械击穿理论和弱点击穿理论。在发生击穿时，可能同时有不同的击穿理论在起作用，其中能导致最低击穿强度的机制起主要作用。下面先对不同的击穿理论和机制做简要介绍。

1. 热击穿

热击穿是指介质内部发热来不及散失导致介质温度升高，直至丧失介电性能而引起的击穿。在电场作用下，通过介质的电流由于存在介电损耗而使介质发热，而介质的电导随着温度的升高而增大，电导的增大又使介质发热更严重。如果散热良好，发热和散热在一定温度下平衡，介质仍然保持稳定状态。如果散热不好，介质温度不断上升，介质中的电流就由于温度升高而不断增大，直到丧失绝缘性能，介质材料就失效而遭到破坏[59]。热击穿的击穿过程较为缓慢，一般需要几秒的时间。热击穿理论上可以用式(6-15)表述：

$$C_v \frac{dT}{dt} - \text{div}(K_t \text{grad} T) = \sigma E^2 \tag{6-15}$$

式中，C_v 是单位体积的比热容；K_t 是热导系数；T 是样品温度；E 是施加电场；σ 是电导率。式(6-15)中左边第一项代表介电材料吸收的热量，第二项代表散发到周围环境的热量，这两项正是之前所提到的两个能量损耗源；右边代表产生的总热量。

通过实验和理论研究得出击穿场强(E_B)的定性结论，主要特点如下：①高温区易发生热击穿，热击穿场强随温度的升高呈下降趋势；②电介质越厚，击穿场强一般越高，但是厚度大的电介质散热差，所以热击穿场强不随介质厚度成正比增加；③直流电压比交流电压下测试的 E_B 大，因为极化弛豫过程引发的介电损耗增加了介质的温度，因此，当电压频率升高时，E_B 降低；④热击穿场强与样品耐热性能和散热条件等外界因素有关，受外界影响较大。

2. 电击穿

电击穿理论认为电子从外电场获得的能量大于电子与晶格作用损失的能量，电子的动能将会越来越大，电子的能量达到一定值时，电子与晶格的相互作用导致电离产生新的电子。随着电子数目的不断增加，电导进入不稳定状态，从而造成电击穿。电击穿理论包括本征电击穿(碰撞电离)理论和雪崩击穿理论。

(1) 本征电击穿理论(碰撞电离理论)[60]。西伯尔最早提出本征电击穿理论，基于一个单电子的平均行为并假设电子之间的相互作用可以忽略，这样电子在外电场作用下被加速而获得能量，在加速过程中和晶格碰撞把能量传递给晶格而损失能量。当获得能量的速率大于在碰撞过程中传递的能量速率时，击穿就会发生。与西伯尔只考虑电子的平均行为不同，弗罗利赫认为由于晶体导带电子能量不同而形成的分布必须加以考虑，各种能量的电子都以一定的概率存在，只要把能量略低于电离能的电子加速到碰撞电离就会导致击穿。

(2) 雪崩击穿理论[61]。固体中电子碰撞电离产生的雪崩击穿理论是指从阴极出发的电子一方面向阳极移动，一方面从电场获得足够能量使其他束缚电子经过 i 次碰撞电离形成电子崩，若 i 足够大，将导致雪崩击穿。赛兹提出以电子崩击传递给介质的能量足以破坏介质晶格结构作为击穿判据，平均每个电子所需能量为 10eV。经过计算，从阴极出发向阳极运动的电子，引起雪崩击穿的电子至少需要经过 40 次碰撞才能发生雪崩击穿，因此雪崩击穿理论又称 40 代理论。用雪崩击穿理论可以很好地解释薄层介质电击穿强度高，即当介质厚度降低，为保证 40 次碰撞，必须提高电场强度。

在研究电击穿场强时，为能求得真实电介质击穿场强，保证材料足够的散热避免热击穿发生，缩短电压作用时间，并且要尽量在电介质内部建立足够均匀的电场，只有同时满足以上条件时，才能获得比较纯粹的电击穿场强。在研究电介质的电击穿规律时，需要注意以下几方面：①电介质厚度不能太厚，否则造成电极边缘电场分布不均匀；②电极的形状要上下对称；③电极与被测材料间接触紧密，避免在电极和固体电介质的孔隙发生电离；④测试时将样品放在液体介电媒质中，消除表面静电作用。

3. 局部放电击穿

在外加电场下，在复合介质中，当击穿强度较低物质的局部电场强度达到其击穿场强时，该物质会发生放电，使介质内部产生不贯穿电极的局部击穿，被称为局部放电击穿现象，电介质材料在实际应用中会经常出现这种现象。在测试电介质击穿电压时，测试体系可能会存在气隙气泡，气泡的大小和形状是多种多样的，根据气隙的存在位置可分为两大类，如图 6-16 所示[62]，即电极与介质材料之间的气隙和介质材料内部存在气泡。

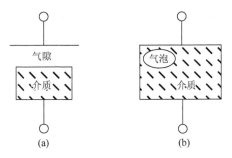

图 6-16   气隙的两种不同存在位置

图 6-17 是对图 6-16(a) 的等效处理，对其做双层介质等效处理，假设气体孔隙与电极相平行，厚度为 d_0，与气隙串联的电介质厚度为 d，介质的介电常数为 ε，U_g、C_g 分别为气隙的电压和电容，C_b、U_b 分别为电介质的电压和电容，则：

$$U = U_g + U_b \tag{6-16}$$

$$U_g/U_b = C_b/C_g = (\varepsilon d_0)/(\varepsilon_0 d) \tag{6-17}$$

$$U_b = (dU_g)/(\varepsilon d_0) \tag{6-18}$$

联立式(6-16)～式(6-18)可得

$$U = U_g + (dU_g)/(\varepsilon d_0) \tag{6-19}$$

假设空气间隙的击穿电压是 U_s，局部放电起始电压是 U_c，计算得

$$U_c = U_s(d_0 + d/\varepsilon)/d_0 \tag{6-20}$$

当外加电压达到上述值时，空气间隙便开始放电。即随着外加电压的增加，加在气隙上的电压也随之增加，直到满足由上式决定的局部放电起始电压 U_c，击穿开始发生。

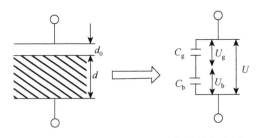

图 6-17   电介质和电极间孔隙的等效电路图

内含气隙的固体电介质局部放电过程与上面的情况有所不同，其等效串联电路图如图 6-18 所示。

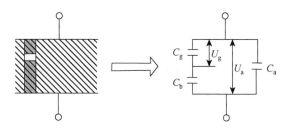

图 6-18　电介质内部气隙的等效电路图

如果电介质内部气隙场强 E_g 达到介质内部气隙的击穿场强，气隙开始放电，产生大量正、负离子，在施加电场的作用下正负离子向气隙壁移动形成空间电荷，建立一个反电场使总电场强度下降，放电停止。放电的过程持续时间很短，约 $0.1\mu s$，放电时气隙上的电压是瞬变的。当电压上升或运动电荷减少使气隙再次达到击穿电压时，气体继续放电。若外加电压是交变电压，则局部放电是脉冲的。

局部放电是聚合物电击穿的主要因素之一。聚合物的击穿呈现很高的电导，主要是由聚合物的气隙引起的。空气的耐压强度 3MV/m，与固体电介质击穿场强相差甚远。给聚合物电介质施加电压时，早期击穿出现在聚合物边缘处。击穿会破坏聚合物，降低绝缘能力，反复击穿最终导致介质完全丧失绝缘能力，绝缘性受到了永久性的破坏。许多聚合物，理论上的击穿场强很高，但实际工作场强往往仅为理论击穿场强的十分之一甚至百分之一，其中主要因素归因于局部放电。

聚合物电介质的局部放电会对聚合物本身造成影响：①热的作用。局部放电可以引起电介质局部温度迅速升高，可能引起电介质的热熔解和化学分解，使电介质失效甚至造成介电损坏。②电的作用。聚合物电介质中由于局部放电产生的大量的带电粒子会轰击电介质，使聚合物的分子主键断裂分解成低分子，同时使介质温度升高发生热降解，最后导致介质击穿。③化学作用。局部放电的化学作用在聚合物中明显，不仅聚合物的电学性能发生变化，而且会被侵蚀，长期发展在质量上也有所体现。可见，局部放电会加速电介质材料老化，必须想办法加以防止。应该在合理选用材料的基础上，采用严格的工艺流程制造不含气隙和其他杂质的绝缘材料。就目前来看，此种方案的实施还是有困难的。想办法降低气隙中的电场，或研制耐局部放电性能优良的介质材料或找到提高耐放电性的添加剂，对解决上述问题是有帮助的。

4. 聚合物的特殊击穿

相比于其他电介质，聚合物电介质有特殊性的一面，科学家们经过长期的实践研究，提出了针对于聚合物的特殊击穿理论：电机械击穿和树枝化现象。

(1) 电机械击穿[63]。电机械击穿是指加电场后由于电场和机械的相互作用而使材料击穿破坏的情形，击穿过程可以看成是在外电场作用下诱导材料内部微裂纹成核、长大和传播而形成的。电机械击穿常发生于类橡胶等聚合物电介质中，是电场作用下 Maxwell 应力产生的机械形变造成的。我们知道，材料的断裂破坏是表面或内部的缺陷引发和传播所造成的，本质是裂纹的拓展。M. Robert 等对介质陶瓷材料的裂纹与其电击穿之间的关系进行研究后，认为裂纹处的 Maxwell 应力会造成材料的机械破坏，从而引发电机械击穿。

　　(2) 树枝化现象。聚合物中的电树枝化实际上是一种放电老化，在聚合物的局部区域内，杂质、气泡等缺陷造成局部的电场集中所导致的局部击穿，进而形成树枝状放电破坏通道，因其形状与树枝类似而得名，如图 6-19 所示[64]。Rayner 在 1912 年对被闪电击穿的非常厚的绝缘材料的横截面进行观察后，提出了电树枝化现象。Budenstein 紧接着提出与电树枝化有关的固体电介质的击穿模型。在 20 世纪 70 年代中期，Bahder 首次在文献中提出水树枝化的概念。总的来说，在聚合物中存在着两大类树枝：电树枝和水树枝。二者的引发机理不同，电树枝仅由电场引起，而水树枝可以由电场和水及其他化学作用等因素共同引起。通过扫描电子显微镜观察与电树枝增长方向垂直的树枝截面，发现了永久性存在的孔隙。水树枝似乎是由很细微的纤维状通道构成，水分在电压作用下穿透进去时，可以观察到沟道，但当去掉电压和水源之后，水树枝通道逐渐消失不见，在扫描电子显微镜下观察水树枝的截面并未发现空心通道。电树枝和水树枝的本质区别在于是否拥有永久性的空心沟道。

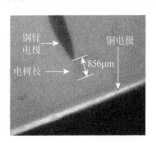
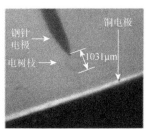
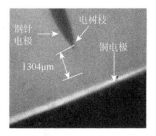
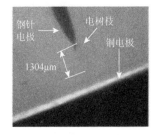
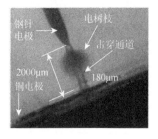

图 6-19　工频交流下聚乙烯中的电树枝生长

　　聚合物本身大分子结构的复杂性，再加上结晶和极性因素的复合干扰，使得对聚合物的研究十分困难，聚合物电击穿过程存在着很多未知因素。在前人实验结果的基础上逐步摸索，解出未知的内部原因。聚合物的物理性能和电性能均随温度变化，聚合物的耐压强度有温度依赖性。大致可以分为两个区域：低温区击穿电压随温度增加而增加，变化趋势缓慢；高温区击穿电压随温度增加而降低。聚合物的击穿特性同普通介电材料不同，聚合物的击穿特性可以归纳为以下几点：聚合物的最大击穿场强出现在低温区；在玻璃化转变温度附近，热塑性聚合物的击穿场强急剧下降。聚合物电介质的击穿场强是由本身的击穿属性决定的，另外还与其他因素有关。聚合物的分子结构、分子量、退火工艺、机械拉伸、添加成核剂均对材料击穿场强有影响。当介质厚度极薄时(μm 量级)，越薄击穿场强会越大，这就是"薄层强化"效应。若介质厚度较厚(mm 量级甚至更大)，击穿场强与厚度呈正比关系。

6.3.3　影响固体介质击穿的因素

1. 电压作用时间

如果电压作用时间很短(如作用时间在 0.1s 以下)，固体介质的击穿往往是电击穿，击穿电压也较高。随着电压作用时间的增长，击穿电压将下降，如果在施加电压数分钟到数小时后才引起击穿，则热击穿往往占主要作用。不过二者有时很难分清，例如，在工频交流 1min 耐压试验中，常常是电击穿和热击穿双重作用的结果。如果电压作用时间长达数十小时甚至几年才发生击穿，则大多属于电化学击穿的范畴。

2. 电场均匀程度

处于均匀电场中的固体介质，其击穿电压往往较高，且随介质厚度的增加近似地呈线性增大；若在不均匀电场中，介质厚度增加将使电场更不均匀，于是击穿电压不再随厚度的增加而线性上升，当厚度增加使散热困难达到可能引起热击穿时，增加厚度的影响意义就更小了。常用的固体介质一般都含有杂质和气隙，所以即使处于均匀电场中，介质内部的电场也可能是不均匀的，最大电场强度一般集中在气隙处，使击穿电压下降。如果经过真空干燥、真空浸油或浸漆处理，则击穿电压可明显提高。

3. 温度

固体介质在某个温度范围内其击穿性质属于电击穿，其击穿场强很高，且几乎与温度无关。超过某温度后将发生热击穿，温度越高热击穿电压越低；如果其周围介质的温度很高，且散热条件又差，热击穿电压将更低。因此，用固体介质作绝缘材料的电气设备，如果某处局部温度过高，在工作电压下也有热击穿的危险。不同的固体介质其耐热性能和耐热等级是不同的，因此它们由电击穿转为热击穿的临界温度也是不同的。

4. 湿度

受潮对固体介质击穿电压的影响与材料的性质有关，对不易吸潮的材料，如聚乙烯、聚四氟乙烯等中性介质，受潮后击穿电压仅下降为干燥时的一半左右；容易吸潮的极性介质，如棉纱、纸等纤维材料，吸潮后的击穿电压可能仅为干燥时的百分之几或更低，这是电导率和介质损耗大大增加的缘故。所以高压绝缘结构在制造时要注意除去水分，在运行中也要注意防潮，并定期检查受潮情况。

5. 积累效应

固体介质在不均匀电场中以及在幅值不很高的过电压下，特别是雷电冲击电压下，介质内部可能出现局部损伤，并留下局部碳化、烧焦或裂缝等痕迹。多次加电压时，局部损伤会逐步发展，这称为积累效应。显然，它会导致固体介质击穿电压的下降。在幅值不高的内部过电压以及幅值虽高但作用时间很短的雷电过电压下，由于施加电压时间短，可能来不及形成贯穿性的击穿通道，但可能在介质内部引起强烈的局部放电，从而引起局部损伤。

主要以固体介质作绝缘材料的电气设备，随着施加冲击或工频试验电压次数的增多，很可能因累积效应而使其绝缘击穿电压下降。因此，在确定这类电气设备耐压实验时，施加电压的次数和试验电压值应考虑这种积累效应，而在设计固体绝缘结构时，应保证一定的绝缘裕度。

6.3.4　高击穿强度聚芳醚腈及其复合材料

固体电介质在外加电场作用下会发生被击穿的现象，根据击穿原理的不同，可以分为电击穿、热击穿等。电击穿和热击穿的本质原理不同，但均表现为介电材料电导的突增。电击穿的本质是电子在外加电场的作用下被加速，导致电导增加。热击穿的本质是外加电场使电介质内部产生热量从而材料的温度升高，导致电导增大。一般情况下，当固体电介质的介电损耗很小，又有较高的散热条件时，材料一般不会发生热击穿。通常电击穿和热击穿并存，温度低时，电击穿为主导；当温度较高时，热击穿处于主导。在研究电击穿场强时，为了能够获得比较真实的材料击穿强度，要使样品测试区域足够大而散热，避免热击穿的发生。在研究聚合物材料的击穿规律时，规范了以下条件：①聚合物薄膜厚度均匀，且样品厚度均为 $40\mu m$；②上下两个电极对称，且接触紧密；③薄膜放置好以后，电极与薄膜之间没有孔隙。因此在大多数实际情况下，材料的击穿强度只是一个统计值。本章主要介绍已报道的与聚芳醚腈的击穿强度。

1. 不同结构聚芳醚腈击穿性能

为了与文献数据对比,唐晓赫[65]同时报道了聚芳醚腈(PEN)、双向拉伸聚丙烯(BOPP)和聚偏氟乙烯(PVDF)的击穿强度。结果显示,BOPP 的击穿强度最高,为 360kV/mm 左右。PEN 的击穿强度为 240kV/mm。由于 BOPP 为双向拉伸法制备的薄膜,因此击穿强度值比较接近真实理论值。而聚芳醚腈薄膜是用流延法制备而成,在制备过程中存在杂质、缺陷等问题,所得击穿强度值较理论值小。由于环境、设备等因素的影响,在实际制备聚合物薄膜时会不可避免地产生杂质、针孔等击穿弱点。因此唐晓赫[65]还将双层薄膜叠在一起,利用针孔遮蔽效应尽可能将薄膜中的针孔错开,以便测试的数据更加接近理论真实值。如图 6-20 所示,经过双层薄膜叠加后,PEN 和 PVDF 薄膜的击穿强度有了明显提升。其中常温下聚芳醚腈的击穿强度由单层的 240kV/mm 提高至双层的 365kV/mm。PVDF 的击穿强度由单层的 160kV/mm 提高至双层的 220kV/mm。这是由于在薄膜的制备过程中内部产生的针孔等缺陷,在双层结构中被不同程度地遮蔽,因此测试的击穿数据更加接近理论真实值。而由于 BOPP 薄膜是采用双向拉伸技术制备而成,很大程度上避免了针孔等缺陷的产生,因此其双层结构则对击穿强度提升不大。除此之外,他们还测试了高温击穿强度。随着测试温度的不断增加,三种材料的击穿强度逐渐降低。这是由于测试温度升高时,固体电介质内部的化学结构、微量杂质等运动加快,会导致电化学击穿,且温度的上升导致电导增加,进而可能造成热击穿。图中聚芳醚腈的击穿强度-温度曲线表明,当温度升至 220℃时,双层聚芳醚腈薄膜仍具有 150kV/mm 的高击穿强度。聚芳醚腈优异的热击穿强度证明其可以在特殊环境下应用于薄膜电容器。

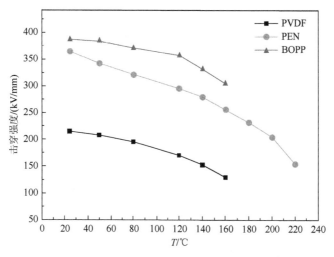

图 6-20　双层结构薄膜击穿强度随温度的变化曲线

2. 聚芳醚腈嵌段共聚物击穿性能

除了聚芳醚腈均聚物，刘孝波团队也开发了一系列的聚芳醚腈共聚物并研究了其击穿强度。Hu 等[66]报道了聚芳醚腈和聚芳醚砜的无规共聚物(PENS)的制备及击穿性能研究。结果显示随着聚芳醚腈链段的增多，其击穿强度也逐渐增加(表 6-4)。类似的，毛华[67]报道了聚芳醚腈和聚芳醚酮无规共聚物(PENK)的制备及击穿性能研究。结果显示随着聚芳醚酮链段的增多，其击穿强度逐渐增强。同时，毛华[67]还制备了聚芳醚酮与不同结构的聚芳醚腈的共聚物(PENK-BPA、PENK-HQ、PENK-BP 和 PENK-PPL)，结果显示，不同结构的聚芳醚腈与聚芳醚酮共聚物的击穿强度相差很大，从 161kV/mm 变化到 253kV/mm。从结构上来说，PENK-HQ 和 PENK-BP 属于结晶型聚合物，因此结晶型聚合物的击穿相比无定形聚合物的击穿强度要高。

表 6-4   不同聚芳醚腈共聚物的击穿强度(E_b)

样品	E_b/(kV/mm)	样品	E_b/(kV/mm)	样品	E_b/(kV/mm)
PENS0	192.6	PENK0	189.3	PENK-BPA	161.2
PENS5	194.3	PENK2	191.2	PENK-PPL	208.3
PENS20	197.1	PENK5	197.1	PENK-BP	236.8
PENS50	199.2	PENK10	223.1	PENK-HQ	253.2
PENS100	203.5	PENK20	244.6		

3. 拉伸样品击穿性能

鉴于双向拉伸之后的 BOPP 的击穿强度比普通聚丙烯的击穿强度要有所提高，也有一些研究报道了聚芳醚腈的单向拉伸实验。不过这些文献大多没有报道拉伸后聚芳醚腈的击穿强度。主要是因为拉伸设备限制了大面积薄膜的拉伸，因此拉伸后的样品相对较小，无法满足击穿测试要求。唯一有实验结果的是 Huang 等[68]的结果。他们先在聚芳醚腈中填充碳纳米管，然后再经过热拉伸处理获得具有高储能密度的电介质。虽然其结果显示当拉伸到50%时，其取得了高达 3.5J/cm^3 的储能密度，但是其击穿强度却随着拉伸倍率的增加而降低。这主要是因为体系中添加了碳纳米管，而且碳纳米管的含量接近逾渗阈值。所以即使未经拉伸的样品的击穿强度也只有 79.6kV/mm。而当拉伸过后，碳纳米管实现了在聚芳醚腈基体中的二次分散，使得体系中的碳纳米管更加均匀地分散在聚芳醚腈各处。而碳纳米管属于导电材料，更加均匀分散的碳纳米管将导致体系的点击穿。这一点也可以从体系的高介电损耗得到证明。

4. 交联聚芳醚腈击穿性能

You 等[69]制备了邻苯二甲腈封端的可交联聚芳醚腈 TR-PEN200，然后分别在 320℃和 350℃下热处理得到了交联型聚芳醚腈 TR-PEN320 和 TR-PEN350，最后研究了它们的击穿性能，如图 6-21 所示。根据前面章节所述，TR-PEN200 属于未交联聚合物，而随着交联温度的升高，得到的交联型聚合物的交联密度也逐渐增大。结果显示，在室温下，TR-PEN200、TR-PEN320 和 TR-PEN350 的击穿强度变化不大，说明交联对其击穿强度在室温下影响不大。然而随着测试温度的升高，结果显示，TR-PEN200、TR-PEN320 和 TR-PEN350 的击穿强度都随测试温度的提高而升高。这是由于测试温度升高时，固体电介质内部的化学结构、微量杂质等运动加快，会导致电化学击穿，且温度的上升导致电导增加，进而可能造成热击穿。另外，可以看出，在同一高温下，TR-PEN200、TR-PEN320 和 TR-PEN350 的击穿强度逐渐升高。这主要是因为随着交联密度的增加，电介质内部的结构被限制得更严重，即使在高温下也难以运动，因此提高了其击穿强度。

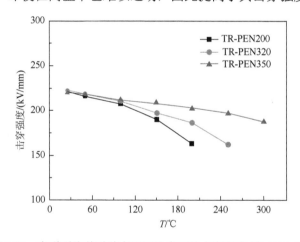

图 6-21　交联型聚芳醚腈在不同温度下的击穿强度(在 1kHz 下)

5. 多层膜聚芳醚腈击穿性能

由于聚合物薄膜中或多或少存在一些杂质或缺陷，这些地方的尺寸虽小但是很容易被击穿，因而降低了薄膜的击穿强度。因此，通常添加调料到聚芳醚腈体系中均会导致其击穿强度的降低。例如，唐晓赫[65]先将氧化石墨烯用磺化聚芳醚腈包裹，然后再一起引入聚芳醚腈基体中，结果显示其击穿强度随填料的增加而降低。然而即使在填充量达到 15wt%时，复合材料薄膜依然具有 175kV/mm 的击穿强度，表现出优异的抗击穿性能。与 RGO/PEN 两相复合材料的低击穿强度相比，SPEN@GO/PEN 三相复合材料的高击穿强度主要是由于填充物表面有一层绝缘的有机物，在外加电场的作用下，RGO 的电子只能先在 SPEN 形成的壳层内运动，穿透壳层后再击穿聚芳醚腈薄膜。且 SPEN@GO 的均匀分布使外加电压在薄膜上均匀分配也能有效提高复合材料薄膜的击穿强度。另外，由于 SPEN@GO 的加入可以明显地提高体系的介电常数，因此所得到的复合材料的储能密度可高达 3.1J/cm³。

为了进一步提高击穿强度，获得高储能密度电介质，唐晓赫[65]一方面利用针孔遮蔽效应，将薄膜叠层相加，使不同的薄膜之间互相遮蔽针孔或杂质，这样在介电常数不变的情况下，可以得到较高的击穿强度，进而提升其储能密度。另一方面，采用三明治结构叠加薄膜，上下两层放置高击穿强度的纯联苯型聚芳醚腈，中间放置氧化石墨烯共混的高介电常数复合薄膜。这样上下两层提供高击穿强度保护，中间提供高介电常数，在提升复合薄膜的介电常数的同时，也提高了复合薄膜的击穿强度，进而大幅度提升了其储能密度。图 6-22 为三种材料不同叠层数测得的击穿强度。同一种材料薄膜的击穿强度与薄膜厚度有关。在一定范围内，薄膜越厚，薄膜的击穿强度越低。为了排除薄膜厚度对测试结果产生的影响，在不同层数的结构中，设置薄膜的总体厚度为相同厚度，所有叠层薄膜的总厚度都为 40μm，因此叠层薄膜的差异只在于薄膜层数不同。从图中可以看出，随着薄膜层数的增加，三种材料薄膜的击穿强度逐渐增强。其主要原因为叠层薄膜由多个独立层形成的电介质，具有相邻层中缺陷不相关的优点，因此，这种叠层电介质的击穿强度由层数成比例地增加。还可以看出，击穿强度随层数逐渐增强的幅度越来越小，其斜率接近于 0。这说明随着层数的增多，缺陷被遮蔽的越多，所测试的击穿强度越接近于材料的理论击穿强度。当层数足够多时，叠层薄膜的击穿强度不再变化，即为材料理论击穿值。当聚芳醚腈薄膜叠

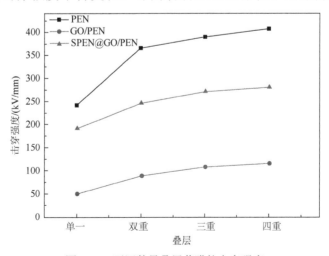

图 6-22   不同数量叠层薄膜的击穿强度

层数为 4 时，其击穿强度为 400kV/mm，比单层聚芳醚腈薄膜高约 150kV/mm。当 SPEN@GO/PEN 薄膜层数为 4 时，其击穿强度比单层薄膜提高了 80kV/mm。这说明叠层结构可以有效提升薄膜的击穿强度。再综合介电常数值，他们获得了高达 $6.5J/cm^3$ 的储能密度。

6.4　耐高温高介电常数聚芳醚腈功能材料

高分子介质材料最为致命的缺点就是热性能差。例如，聚酰亚胺是目前公认的具有最好耐热性的介质材料之一，被广泛地应用于电力传输系统和柔性及可穿戴电子品的制造当中，可谓介质材料中的翘楚。然而在较高的温度下其稳定性急速下降，因此其难以在苛刻的环境下正常工作。随着社会的发展，高温领域越来越多，例如，电动汽车工作发动机附近的温度超过 120℃，石油开采时的环境温度可达 200℃，航空航天领域中的电子元件的工作温度将达到 250℃甚至更高。而目前的情况是已有商业化电介质很难满足超过 200℃时的使用，耐 300℃的商品还未见报道。以型号为 944U 的聚丙烯薄膜电容器为例，其操作温度仅为–40～85℃。这样的正常工作温度范围难以满足类似于高能军事工业、极地科学考察以及一些要求高温或低温工作环境领域的应用。

6.4.1　高温介电性能概述

电介质的储能密度分为释放能量 J_{reco}（图 6-3 中阴影部分的面积）与残留在电介质中未释放出的损失能量 J_{loss}，实际研究中储能密度指的是 J_{reco}，而不是总存储能量（图中阴影部分的面积与曲线所包含的面积之和）。虽然聚合物电介质属于线性电介质，其 J_{loss} 在室温下可以看成是零，但是随着温度的升高，聚合物电介质的 J_{loss} 是不可以忽略的。图 6-23 是交联后的聚芳醚腈电介质在不同温度下的电滞回线[19]。从图中可以看出，随着温度的升高，交联后的聚芳醚腈电介质的 J_{loss} 逐渐变大并且达到不可忽略的数值。这种损失能量是由电介质的介电损耗引起的。在交流电场中，由于电场方向频繁变化，分子中偶极子随电场方向变化而转动，其运动中摩擦做功发热使电能转化成热能，由此产生的损耗称为材料的介电损耗。在室温下，聚合物电介质的介电损耗很小，可忽略不计，因此其 J_{loss} 也很小。随着温度的升高，聚合物电介质的介电损耗逐渐升高，尤其是当温度高于其玻璃化转变温度时，聚合物电介质的介电损耗呈指数变大，因此也就导致了 J_{loss} 的明显增大[44]。电介质的介电损耗影响材料的击穿和电容，损耗过大使得电介质的电容变小，击穿下降；还会加速材料老化，减短材料寿命。反过来，J_{loss} 最后由于介电损耗也转化成热能，使得电介质的温度升高，进而形成一个恶性循环。因此，为了满足电子信息产业及能源行业向小型化和高性能化方向的发展，以及满足电子设备轻量化、便携化、集成化、清洁化以及使用条件苛刻化的需求，聚合物电介质不仅需要具有较低的介电损耗，还需要在高温下能保持较低的介电损耗，即具有良好的介-温稳定性[70]。

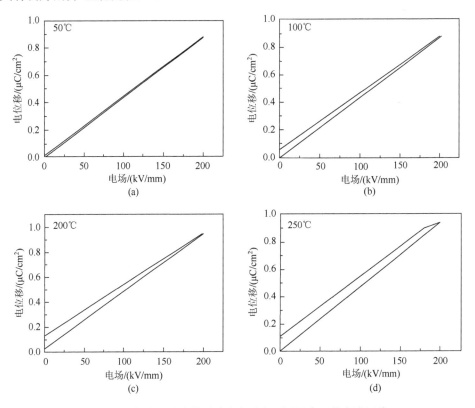

图 6-23　交联后的聚芳醚腈电介质在不同温度下的电滞回线

到目前为止，应用最广泛的聚合物薄膜电容器是聚丙烯（PP）薄膜电容器。虽然 PP 的介电常数只有 2.2，但是其击穿强度可达 600kV/mm，相应的储能密度可达 1.2J/cm³[71]。经过双向拉伸后得到双向拉伸聚丙烯（BOPP）的击穿强度可进一步提高，因而其储能密度可进一步提升。不过 PP 的使用温度低于 105℃，即使经过双向拉伸的 BOPP 的使用温度也必须低于该温度，因而 PP 并不适用于高温电容器。图 6-24 为不同应用领域中电容器所需要承受的温度范围[72]。从图中可以看出，大部分的应用领域需要电容器材料能耐 200℃以上，甚至有些要求能耐 300℃以上高温。另一种常用的聚合物薄膜电容器是聚偏氟乙烯（PVDF）电容器。如表 6-2 所示，PVDF 的介电常数可达 10，再加上较高的击穿强度，PVDF 的储能密度可达 2.4J/cm³[71]。不过 PVDF 的熔点在 170℃左右，其使用温度也需要低于此温度，因此也并不适用于高温电容器的应用。聚苯硫醚(PPS)的介电常数和击穿强度都不是很高，但是作为一种耐高温聚合物，被用于高温电容器，不过最大使用温度也只能达到 200℃。另外，报道的可达 200℃的薄膜电容器还有聚四氟乙烯薄膜电容器和聚酰亚胺薄膜电容器[73]。高端的聚四氟乙烯薄膜主要由美国杜邦公司生产，介电常数偏小，薄膜厚度目前只能做到 12.7μm，不便于实现电容器的小型化。电容器级聚酰亚胺薄膜也由美国杜邦公司生产，介电常数仅为 3.4，并且对我国限制出口。因此发展可以耐 200℃甚至更高温度的电介质材料具有重要的实际应用意义。本章将介绍聚芳醚腈作为耐高温电介质的一些成果。

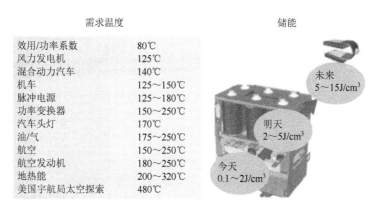

图 6-24　不同应用领域中对电容器材料耐温的要求

6.4.2　介电松弛谱

聚合物分子的原子间主要由共价键连接，成键电子对的电子云相对两原子的偏离程度决定了这些键的极性情况。分子中各个原子排列和位置的不同，使分子有着不同的几何结构和构象。每个分子的电子云和核电荷也有着各自的分布状况，没有外场作用时，将正、负电荷中心重合的分子称为非极性分子，则正、负电荷中心不重合的分子称为极性分子。聚合物材料在外场作用下会发生极化，介质各组成部分的运动受到束缚，极性基团的极化来不及跟随外场的频率变化滞后于外场，此过程被称为介电松弛，该过程受到聚合物结构、极性、堆叠方式等一系列因素的影响，可以通过介电松弛谱来测得。

振动谱主要分为两大类：一类为共振类振动谱，另一类为松弛类振动谱，而松弛类振动谱又称为介电松弛谱。近些年，随着研究技术的进步，介电松弛谱测试频率范围已拓宽至 $10^{-6} \sim 10^{12}$Hz，大大超过传统的测试手段。因此，可以通过介电松弛谱来研究近代物理学众多的问题。除此之外，介电松弛谱还具有非入侵式测量，且测量迅速、测量对象受限小等优点。正是得益于这些优点，近年来，介电松弛谱在科研领域异军突起，甚至具有不可替代的发展趋势[74]。

无论是介电松弛谱，还是像红外、紫外、核磁、光散射等传统的研究手段，最终获得高分子链信息(构象、动力学等)，必定离不开解析特征参数。故特征参数的获得及其解析极为重要。在介电松弛谱法中，可以获得不少于 20 种电学参数，最常用的当数介电常数 ε 和损耗常数 ε''、介电松弛强度 $\Delta\varepsilon$ 及松弛时间 τ (或者松弛频率 f)。介电常数 ε 表示电介质储存电荷能力的大小；介电松弛强度表示介电常数的松弛变化量；而松弛时间是指分子链从非平衡态到平衡态运动所需要的时间。分子或分子聚集体的偶极波动、电荷或离子的移动以及相界面处电荷的积累，都会引起上述参数的产生或变化。所以，通过上述参数，可获得所研究体系的动力学信息。

电介质由于组成和结构的不同，当对其施加外电场时，其内部的极化机制也有所不同；即便对同一电介质而言，外电场作用下也会产生不同的极化形式。从微观角度，可具体分为电子极化、离子极化、偶极极化、界面极化。对于高分子材料来说，高分子体系极化机制主要属于后两种极化机制。需要注意的是：介电松弛谱主要测试带有强极性基团的物质。

介电松弛谱发展至今，可以将其分为两大类：①频域介电松弛谱；②时域介电松弛谱。频域介电松弛谱是改变频率，测量各个频率点的介电常数和介电损耗，然后作频率的函数来求解；时域介电松弛谱则是给电介质施加一个阶跃式的脉冲，然后再观察电介质对这个刺激的响应，是一种将暂态电流或者电荷作为时间的函数来观测，通过解析观测结果来求解介电特性的方法。

1. 频域介电松弛谱

频域介电松弛谱也称宽频介电松弛谱，主要是指在 $10^{-6}\sim10^{12}$Hz 频率范围内的电磁波与物质的相互作用。在这个动态范围内，分子和基团会发生偶极波动，内层外层的界面处会发生电荷传输和极化效应，正是这些决定了材料的介电性能。因此，频域介电松弛谱能够通过获得丰富的边界偶极子和载流子的动态信息，从而反映出分子的特征结构信息[75]。频域介电松弛谱是目前使用最广泛的介电松弛谱，源于其具备了较为完整的数学模型来解析介电数据。虽然频域介电松弛谱测量范围十分宽泛，但如此宽的范围并非建立在一种测量技术基础之上，而是融合了主要的四种测量技术：在 $10^{-6}\sim10^{7}$Hz 频率范围内，不但结合了介电变频器的傅里叶分析系统，还有 $10^{1}\sim10^{7}$Hz 的阻抗分析；$10^{6}\sim10^{9}$Hz 的射频反射计；$10^{7}\sim11^{9}$Hz 的网络分析系统。值得注意的是：大多数聚合物类的介电信息都集中于 $10^{1}\sim10^{7}$Hz 的频段。

频域介电松弛谱测量主要是运用集总回路法，如图 6-25 所示[76]，将电解质置于真空电容器中，这时的电容 $C=\varepsilon\times C_0$ (其中 C_0 表示真空电容)。可将图 6-25(a)

等效为图 6-25(b) 的并联电路，此时流过电容器的电流 $I = i\omega CV(\omega C$ 的乘积的倒数表示容抗，单位为欧姆；$i = -1^{0.5}$，用来表示流过电容器上的电流落后施加的相位差；当电容为真空电容，不存在介电损耗时，相位差 θ 为 90°)，通常情况下损耗的相位移角 δ 总大于 0° [图 6-25(c)]。设定电压 V 方向为实轴方向，将电流 I 分解为实部 $\omega\varepsilon''C_0V$ 和虚部 $i\omega\varepsilon'C_0V(\varepsilon'$、$\varepsilon''$ 为两个实数)，则电流 I 表达为式(6-21)：

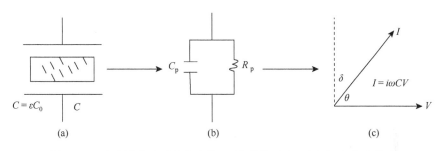

图 6-25　(a)充满电介质的电容器；(b)等价回路；(c)电压-电流关系

$$I = \omega\varepsilon''C_0V + i\omega\varepsilon'C_0V = i\omega(\varepsilon' - i\varepsilon'')C_0V \tag{6-21}$$

可以得出 $\varepsilon = \varepsilon' - i\varepsilon''$。

充满电介质的电容器可以用一个电容 C_p 和一个电阻 R_p 的并联来表示，故可以得到以下两式：

$$C_p = C_0\varepsilon' \tag{6-22}$$

$$R_p = \frac{1}{\omega\varepsilon''C_0} \tag{6-23}$$

综上所述，测试电介质的相对介电常数，可通过测试电容来获得：

$$\varepsilon_r = \frac{dC}{\varepsilon_0 A} \tag{6-24}$$

也可通过测试电介质的损耗相位角 [式(6-25)] 来获得：

$$D = \tan\delta = \cot(90° - \delta) = \frac{\varepsilon''}{\varepsilon'} \tag{6-25}$$

2. 时域介电松弛谱

时域介电松弛谱是给电介质施加阶跃电压脉冲，观察电介质对这个刺激的响应。因此，它是一种将暂态电流或电荷作为时间的函数来观测，通过解析该观测结果求解介电特性的方法。因频域介电松弛谱在超低频范围无法测量，因此，时域介电松弛谱是对频域介电松弛谱的补充。另外，随着技术的进步，时域介电松弛谱也可用于微波领域的测量[74]。

我们从分子角度对时域介电松弛谱工作原理做一简介。取材料中体积部分 V，假定此部分含有 N 个分子，每个分子都具有相同的偶极矩。由于材料的热运动促使偶极矩的方向随时间不断变化。假定在 $t=0$ 时，在 N 的子集 N_1 中分子的偶极矩同相，如图 6-26 所示。随着时间的推移，分子的热运动促使偶极矩的方向逐渐偏离 $\mu(0)$。最后，当时间 $t\to\infty$ 时，偶极矩与其最初的方向没有关联。在 t 时刻，每个分子的偶极矩在 $t=0$ 偶极矩方向上的投影为

$$\langle\cos\theta(t)\rangle=\frac{\mu(0)\cdot\mu(t)}{\mu(0)\cdot\mu(0)}\tag{6-26}$$

式中，$\langle\cos\theta(t)\rangle$ 随着时间的增大逐渐从 1 变为 0。偶极矩的时间相关函数 $\varphi_\mu(t)$ 与所有 N 中的分子的偶极矩的 $\langle\cos\theta(t)\rangle$ 的平均值等价，故有

$$\varphi_\mu(t)=\frac{\mu(0)\cdot\langle\mu(t)\rangle}{\mu^2}=\frac{\langle\mu(0)\cdot\mu(t)\rangle}{\mu^2}\tag{6-27}$$

再根据线性响应理论得

$$\frac{\varepsilon(\omega)-\varepsilon_\infty}{\varepsilon_0-\varepsilon_\infty}\cdot p(\omega)=1-i\omega\xi[\varphi_\mu(t)]\tag{6-28}$$

式中，$p(\omega)$ 是内场因子；ξ 是单向的傅里叶转变。因此，只要知道 $\varphi_\mu(t)$ 随时间如何衰减到 0，就可以从上式获得 $\varepsilon(\omega)$。另外，当 $p(\omega)=1$ 时，经过傅里叶转变将获得

$$\varepsilon(\omega)=\varepsilon_\infty+\frac{\varepsilon_0-\varepsilon_\infty}{1+i\omega\tau_\mu}\tag{6-29}$$

式(6-29)中 τ_μ 变为 τ，称为德拜公式。

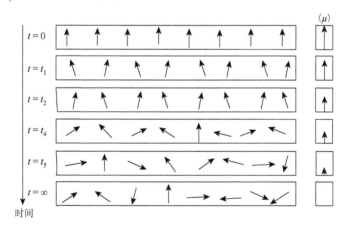

图 6-26　偶极矩随时间的变化

6.4.3　耐高温高介电常数聚芳醚腈及其复合材料

目前，一些聚合物介电材料如双向拉伸聚丙烯和聚酯等已经商业化。虽然它们具有优异的介电性能，但这些介电材料只能在 160℃下保持各种性能的稳定性。

因此，具有高热稳定性的高介电常数材料引起了研究人员的兴趣。前面提到，聚芳醚腈 PEN 是一种高性能热塑性工程树脂，其主链上由于具有大量的 C≡N 侧基，具有强烈偶极矩，聚芳醚腈通常具有较高的介电常数(聚芳醚腈均聚物的介电常数在 3.6～6.0 之间，是聚丙烯的 2 倍)，使其在有机薄膜电容器及高储能薄膜电容器等电子器件领域具有潜在应用。此外，聚芳醚腈主链中存在大量的苯环和可以自由旋转的—O—(醚键)。这些特性赋予聚芳醚腈优异的拉伸强度、拉伸模量、化学稳定性和耐辐射性等[7]。基于这些特性，研究者们制备了不同结构的聚芳醚腈聚合物以及用不同的方法对其进行了后处理。在本节中，主要讲述了聚芳醚腈在高温下使用时的介电性能。

1. 聚芳醚腈本体高温介电性能

聚芳醚腈基体通常是通过在碳酸钾催化下由 2, 6-二氯苯甲腈和芳族二酚合成的亲核取代聚合反应制备的。通过改变芳族二酚的结构，可以得到一系列不同结构的聚芳醚腈。此外，随着聚合方法的发展，聚芳醚腈不仅仅限于均聚物。刘孝波团队已经制备了一系列聚芳醚腈的无规共聚物和嵌段共聚物，极大地丰富了聚芳醚腈的种类，满足了现代社会不同的应用要求。经过近 40 年的发展，聚芳醚腈系列可根据其结晶度分为无定形聚芳醚腈、半结晶型聚芳醚腈和结晶型聚芳醚腈，也可根据交联的程度分为非交联型聚芳醚腈和交联型聚芳醚腈。图 6-27 为不同结构聚芳醚腈聚合物的介电常数随温度变化的曲线(1kHz)，由图可以清楚地看到，所有结构的聚芳醚腈在其 T_g 前均有着良好的高热稳定性，当温度达到 T_g 后，介电常数出现较大幅度的增加，这是由于当温度达到聚芳醚腈聚合

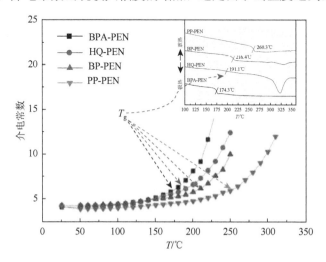

图 6-27　不同结构聚芳醚腈聚合物的介电性能(在 1kHz 时)

物的玻璃化转变温度时，聚合物的分子链开始运动，这进一步增加了系统内的极化，从而导致介电性能的提升[7]。由此可见，这些不同结构的聚芳醚腈聚合物均可作为介质薄膜用于 160℃以上高温环境中。

2. 聚芳醚腈共聚物高温介电性能

除了聚芳醚腈，其他的聚芳醚类聚合物也具有优异的耐热性能。Hu 等[66]研究报道了聚芳醚腈和聚芳醚砜的无规共聚物(PENS)的制备及性能研究。PENS 的结构如图 6-28(a)所示。随着聚芳醚砜含量的增加，聚合物的玻璃化转变温度降低，5%的热失重温度降低且力学性能也有所降低。此外，他们还研究报道了聚芳醚腈、聚芳醚砜无规共聚物的介电温度稳定性。当测试温度在 190℃以下，其介电常数是相对稳定的，且随着聚芳醚砜含量的增加，介电温度稳定性有所下降，但总体仍然保持在 180℃以下时的介电常数温度稳定性，这说明了该聚合物可以在 180℃高温下使用。相似的，毛华[67]研究报道了聚芳醚腈和聚芳醚酮的无规共聚物(PENK)的制备及性能研究。PENK 的结构如图 6-28(b)所示。随着聚芳醚酮含量的增加，聚合物的玻璃化转变温度基本保持不变，其力学性能有所提高。同时，聚芳醚腈与聚芳醚酮无规共聚物的介电常数随温度变化比较稳定。可以观察到，其在温度低于 200℃之前保持着良好的介电温度稳定性。

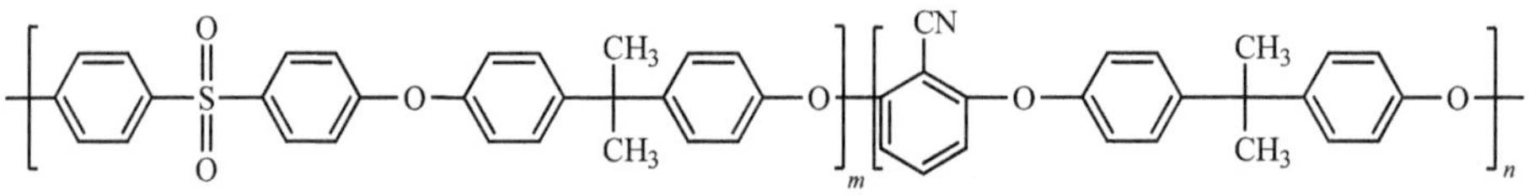

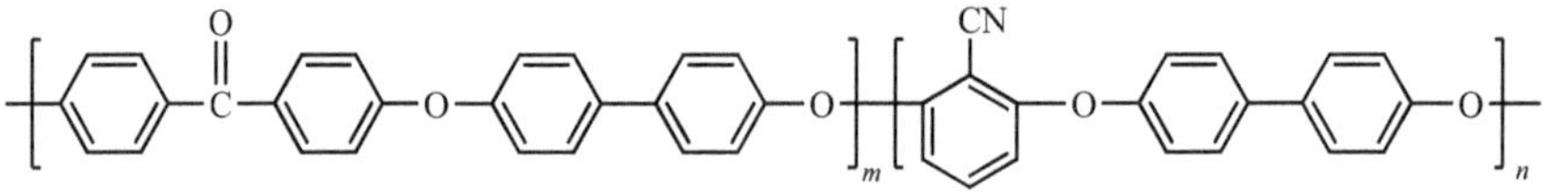

图 6-28　PENS(a)和 PENK(b)的结构式

3. 聚芳醚腈复合物高温介电性能

相较于已报道的高储能密度电容器电介质，聚芳醚腈的介电常数仍然比较低。为了解决该问题，将导电填料或高介电填料与聚芳醚腈进行复合而提高其介电常数是一种常用的方法。与聚芳醚腈基体进行复合的填料大致可以分为两大类，即有机填料和无机填料。有机填料的优点在于它与聚合物基体具有良好的相容性，并且易于均匀分散在聚芳醚腈基底中以获得均匀的复合材料。有机填料/聚芳醚腈复合介电材料具有优异的力学性能，适用于制备高介电复合薄膜。而无机填料的优点在于其具有高的介电常数，如铁电陶瓷的介电常数可高达 10^4，且其具有极低的介电损耗和优异的热稳定性。在掺入这些铁电陶瓷之后，可以容易地制备具有高介电的聚芳醚腈基复合材料。然而，由于聚合物基底和填料之间的相容性差，复合材料的损耗角正切值将急剧增加。相比于前面的章节，本节主要介绍一些添加填料后得到的聚芳醚腈在高温下的介电性能。

(1)有机填料改性聚芳醚腈高温介电性能。Wei 等[32]研究了聚苯胺(PANI)掺杂硫酸作为填料，制备了 PEN/PANI 复合薄膜，通过溶液浇铸法提高聚芳醚腈的介电常数。随着填料含量的增加，复合材料的 T_g 略微增大，并且没有在 SEM 图上观察到相分离。这些结果表明了 PANI 与聚芳醚腈基底具有良好的相容性。此外，如图 6-29 所示，PANI 的加入大大地提高了聚芳醚腈的介电常数，在 1kHz 下可达 15。而且可以观察到 PANI/PEN 复合材料的介电常数在 180℃以下是相对稳定的，这表明 PANI/PEN 复合材料可以在较高温度下使用。另外，Wei 等[32]还对 PANI/PEN 复合材料在高温下多次循环使用时的介电性能也进行了详细的研究，研究表明 PANI/PEN 复合材料可在高温下长期使用而介电性能基本保持不变。

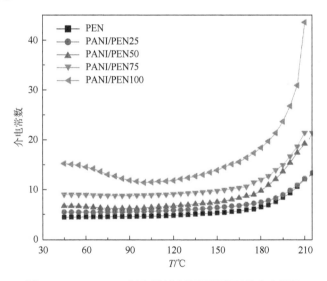

图 6-29　PANI/PEN 复合材料在不同温度下的介电常数

(2)无机填料改性聚芳醚腈高温介电性能。You 等[44]报道了用羧基官能化的聚芳醚腈(CPEN)作为缓冲层制备核-壳结构的纳米颗粒 $BaTiO_3$@CPEN@CuPc。将该核-壳结构的纳米颗粒 $BaTiO_3$@CPEN@CuPc 掺入到聚芳醚腈基底中通过溶液浇铸法制备得到了 $BaTiO_3$@CPEN@CuPc/PEN 复合材料。结果表明，$BaTiO_3$@CPEN@CuPc/PEN 复合材料的介电常数在测量频率下是稳定的。且随着 $BaTiO_3$

@CPEN@CuPc 含量的增加，BaTiO$_3$@CPEN@CuPc/PEN 复合材料的 T_g 也逐渐增大。如图 6-30(a)所示，当测试温度低于其 T_g（>200℃）时，BaTiO$_3$@CPEN@CuPc/PEN 复合材料的介电常数和介电损耗都非常稳定，而当温度接近 T_g 甚至高于 T_g 时，复合材料的介电常数和介电损耗都会突然增加。此外，You 等[44]还测试了在不同温度下 BaTiO$_3$@CPEN@CuPc/PEN 复合材料的介频稳定性，如图 6-30(b)所示。可以观察到，在测量的频率范围内，BaTiO$_3$@CPEN @CuPc/PEN 复合材料在不同温度（25～180℃）下具有稳定的介电常数，以上研究表明 BaTiO$_3$@CPEN@CuPc/PEN 复合材料可以在较高温度下使用且保持介电性能不发生变化。

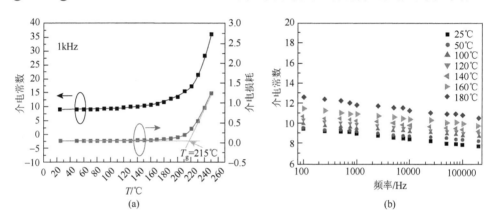

图 6-30   (a) BaTiO$_3$@CPEN@CuPc/PEN 复合材料在不同温度下的介电常数和介电损耗；(b) BaTiO$_3$@CPEN@CuPc/PEN 复合材料在不同温度下的介频稳定性

4. 交联聚芳醚腈复合物高温介电性能

聚芳醚腈由于其分子主链上具有大量的侧基氰基基团以及第二代聚芳醚腈分子链的末端具有的氰基基团，在高温下可以发生自交联反应生成大量的三嗪环或者酞菁环，交联机理如图 6-31 所示[7]。发生交联反应后得到的产物的耐热性得到了显著的提升，增大了其使用温度范围。耐热性的提升，赋予了聚芳醚腈在耐高温薄膜电容器领域的潜在应用。You 等[69]制备了在不同温度下分别处理不同时间的交联聚芳醚腈薄膜，通过控制温度和时间对聚芳醚腈进行热处理来控制聚芳醚腈的自交联程度从而控制其热学性能。他们的研究结果显示，随着热处理温度的升高，聚芳醚腈薄膜的 T_g 和 5%热失重温度均增大，当热处理温度为 350℃时，其 T_g 达到了 371℃，此时 5%热失重温度高达 530℃。此外，通过图 6-32 可以观察到热处理条件的不同，介电常数的拐点也不同。这是由于随着温度的升高，聚芳醚腈在自交联反应中形成的酞菁环增多，体系的玻璃化转变温度升高。因此，可以通过控制第二代聚芳醚腈的交联反应条件获得具有不同耐热等级的耐高温电介质材料。

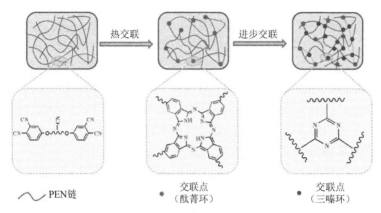

PEN链　　交联点　　交联点
　　　　　（酞菁环）（三嗪环）

图 6-31　第二代聚芳醚腈的交联机理图（彩图请扫封底二维码）

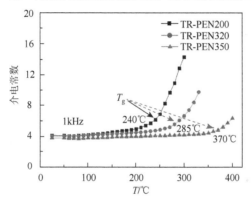

图 6-32　TR-PEN200、TR-PEN320 和 TR-PEN350 在不同温度下的介电常数

Wei 等[77]研究报道了在 320℃对第二代聚芳醚腈进行不同时间热处理后，其介电常数随温度的变化。研究发现，随着热处理时间的延长，聚芳醚腈的 T_g 升高，测试温度在低于其 T_g（<240℃）之前展现了良好的介电温度稳定性。且 Wei 等[77]还发现了如果对交联之后的聚芳醚腈进行索式提取之后，其介电温度稳定性可以获得进一步的提升。结果显示，索式提取之后的交联聚芳醚腈在测试温度高达 300℃时仍然保持着较好的介电稳定性，这是由于交联聚芳醚腈在索式提取之后其无定形的链段被完全溶解掉了，剩下的是分子链与分子链之间形成的交联网络结构，其抑制了分子链的运动，使得其介电温度稳定性更好。

前面提到了使用第二代聚芳醚腈的自交联反应来制备耐高温介电材料，得到的电介质在较宽的温度区间内保持了极其优异的性能-温度稳定性及在其他环境下的性能稳定性，这对聚芳醚腈的实际应用具有极其重大的意义。然而，在交联过程中需要达到较高的温度以及需要较长的时间，不利于材料的加工、实际应用与节约能源。因此，需要探索一种高效的能提高交联效率并降低交联温度的方法使得材料便于加工是极为重要的。氰基树脂是一种性能优异的热固性材料，根据报道，有特定种类的金属阳离子及胺类，如 Zn^{2+}、Cu^{2+} 以及钼酸铵等可以催化氰基树脂固化[78,79]，而氰基固化机理与提到的聚芳醚腈的交联机理基本一致，所以这些离子及化合物也能催化聚芳醚腈的交联反应[80]。然而，这些方法虽然都可以有效地提高交联效率，但是金属离子的加入会使材料本身的绝缘特性受到损害而不利于其在电介质方面的应用。虽然有机金属离子可以在一定程度上降低阴离子的活动性而削弱对绝缘性的破坏，但是有机阴离子的热稳定性极差，在热交联过程中可能会发生热分解反应而降低材料的热稳定性，并且在这个过程中会使材料内部形成针孔，使得材料形成应力集中点破坏力学强度并且也会使材料的电气特性产生极大的削弱。基于以上原因，杨瑞琪[81]提出了制备一种特殊结构的氧化锌纳米线(ZnO-NW)，并以此为催化剂及增强剂，通过原位复合的方法制备了ZnO-NW/PEN复合薄膜，其优点在于既不含可自由移动的离子，也不破坏热稳定性。通过 DSC 等方式研究了 ZnO-NW 对第二代聚芳醚腈的交联反应的催化作用，然后以最佳催化剂含量研究了不同交联温度对复合材料性能的影响并得到了获得最优热稳定性的交联温度控制方式，并以此来探究不同 ZnO-NW 含量对复合材料综合性能的影响。结果表明，ZnO-NW 对聚芳醚腈的交联反应有催化加速作用，其既能降低反应起始温度也能使交联程度加深并最终提高材料的交联密度。相较于无催化剂体系交联温度下降了 10℃，交联时间缩短了 4h。且在得到的ZnO-NW/PEN 材料中，有效地避免了有机锌在热交联过程中的分解以及 Zn^{2+} 所带来的材料绝缘性的降低。而介电测试显示，制备的 ZnO-NW/PEN 可以在 350℃ 以下不发生明显的增加，展示出优异的介电温度稳定性。

5. 耐高温高介电聚芳醚腈复合物

聚芳醚腈作为一类特殊的高性能高分子材料，由于其具有较高的热分解温度、耐腐蚀性和优良的机械性能等，被广泛地应用在航空航天、汽车制造等耐高温领域。不过聚芳醚腈的玻璃化转变温度低于 250℃，因此其使用温度也限于该温度以下。第二代聚芳醚腈是将聚芳醚腈的末端用邻苯二甲腈封端，得到邻苯二甲腈封端的聚芳醚腈。该第二代聚芳醚腈一方面可以发生自交联反应，使其玻璃化转变温度提升到350℃以上，从而满足了聚芳醚腈在更高温度下的使用要求[4]。另一方面，聚芳醚腈主链侧基大量氰基的存在，使得聚芳醚腈具有较高的介电常数，而在薄膜电容器领域具有潜在应用。然而，相比于无机陶瓷电介质，聚芳醚腈的介电常数仍然是较低的[4]。为了解决这一问题，有必要将导电或高介电填料引入聚芳醚腈中，以提高聚合物的介电常数。虽然填料与聚芳醚腈形成的复合材料的介电常数可以得到有效的提高，但是得到的复合材料的介电损耗也随之升高。高的介电损耗将导致在储能过程中大部分能量转化为热能，不仅浪费了能量而且会导致体系的温度过高而影响其寿命。研究显示填料与聚芳醚腈复合材料的高损耗主要是由这两者的不相容所导致的，因此前期已有一些报道对填料进行物理或者化学改性，然后再与聚芳醚腈复合，得到了具有高介电低损耗的介电复合材料。然而，仔细研究会发现，目前已有的对填料进行物理或者化学改性都是先使填料表面带上羧基、羟基，然后再通过化学反应形成酯键、酰胺键、氰酸酯键等作为连接基团，但是这些基团的耐热性能有限，在高温下会分解，从而影响其高温下的储能性能[82]。因此，要获得耐高温高储能介电材料，不仅要引入高介电填料，而且还要对填料进行改性。除此之外，填料、改性基团以及这两者之间的连接基团均需要具有耐高温的特性，以保证体系的高温稳定性。

基于此，危仁波等[83]还研究报道了氰基化还原氧化石墨烯/聚芳醚腈复合材料在高温下发生交联反应之后的介电温度稳定性。石墨烯是一种碳原子通过 sp^2 杂化后在平面内以六方排列而形成的 2D 蜂窝状结构的二维纳米材料，具有优异的光学、电学、力学等特性。因此，将聚芳醚腈与石墨烯进行复合可以进一步提高聚芳醚腈的介电常数，但是得到的复合材料的介电损耗也随之升高。为了提高石墨烯与聚芳醚腈的相容性，他们对石墨烯进行了改性。而为了避免引入不耐温的基团，他们选择了偶合反应直接将邻苯二甲腈连接到氧化石墨烯基体上，然后在还原得到邻苯二甲腈改性还原氧化石墨烯，如图 6-33 所示。将邻苯二甲腈改性还原氧化石墨烯引入第二代聚芳醚腈基体中制备氰基化还原氧化石墨烯聚芳醚腈薄膜复合材料，最后将该薄膜在 350℃下处理 4h 使其发生自交联反应得到氰基化还原氧化石墨烯聚芳醚腈杂化材料作为耐高温介电储能材料。结果显示，氰基化还原氧化石墨烯聚芳醚腈杂化材料不仅具有高的介电常数和低的介电损耗，而且在温度达到 350℃时仍然具有良好的介电温度稳定性。

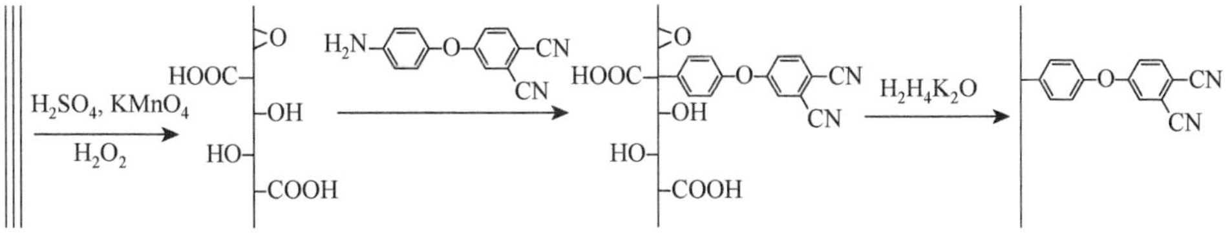

图 6-33　氰基化还原氧化石墨烯的制备示意图

6.5　低介电常数聚芳醚腈功能材料

6.5.1　低介电性能概述

近年来微电子工业迅速发展，电子元器件的应用尺寸不断趋向小型化，大规模集成电路中芯片集成度显著提高，芯片互连线密度增大，线路中电阻和布线中电容增加，产生信号阻容延迟效应，影响信号传输速度和信号损耗，已成为集成电路向高速、高密度、低能耗及多功能方向发展的新的桎梏。由门电路的滞环实验可知，信号传递的延迟时间是 τ，满足式（6-30）：

$$\tau = RC = 2\rho\varepsilon\varepsilon_0\left(\frac{4L^2}{P^2} + \frac{L^2}{T^2}\right) \tag{6-30}$$

式中，R 是电阻；ρ 是导体自身电阻；C 是电容；L 是长度；T 是厚度；P 是两导线的间距；ε 和 ε_0 分别是材料和真空的介电常数。分析该公式可知，信号传递的延迟时间正比于导体自身的电阻，也正比于其介电常数，同时正比于导体的长度与厚度之比。因此，要想缩短信号传递的延迟时间，可以选择自身电阻与介电常数较低的材料，或者使用其他方法减小材料的自身电阻及介电常数，也可以扩宽导线间的距离。然而由于导线间的距离不易扩宽，要想缩短信号传递的延迟时间，主要得从减小导线的介电常数入手。经计算，其他条件一致时，当封装导线的介电常数由 4.0 改为 2.5，导线传递信息的速度可变为原来的 2.6 倍，如果能够进一步减小导线的介电常数，导线传递信息的速度能够得到明显提高[84]。因此，为了达到集成电路高集成度的要求，提高信号的传输速度，封装内高密度的信号线路要求彼此之间保持电绝缘，应选取介电常数值尽可能低的电介质材料作为集成电路用的层间绝缘材料，以确保最小的电交互信号能够正常地在相邻线路中进行传输。

根据国际半导体技术蓝图的节点要求，在国际半导体技术蓝图中的完成情况中，其他几项都是提前完成的，而介质层的介电常数远远落后于预期，这主要是由于介电材料有很多性能指标。在降低介电常数的前提下，要保证介电材料工作时的漏电流不能过高，电压耗散系数不能太大。要保证介电材料的力学特性，在后端工艺中，要确保互连线（铝或者铜）与介电材料之间的沉积与平坦化过程，要在机械抛光的作用下不会发生断裂，以支撑多层互连结构。由于水的介电常数是 80，因此就要确保介电材料有很低的吸水性，这样介电材料的值才能维持一个较低的值。另外，由于介电材料很多时候要在高温的环境中工作，在超大规模集成电路系统下，介电材料也要经受多次热循环过程，所以介电材料的性能不能在高温下发生严重的衰减。这些都增加了介电常数降低的难度，导致在国际半导体技术蓝图中，介电常数难以达到要求。由于介电材料薄膜是用来填充互连线之间的孔隙，以保证互连线多层的支架结构。在器件的制备过程中，介电材料要承受机械抛光的应力，保证介电材料不会发生断裂，所以要有很好的弹性和硬度。一种好的介电材料要满足很多性能方面的要求，表 6-5 是大规模集成电路中对低介电材料的性能要求[85]。

表 6-5 大规模集成电路中对低介电材料的性能要求

电学性能	力学性能	化学性能	架构性能
低介电常数	高模量	低吸湿性	小且封闭孔
低漏电流密度	高硬度	不腐蚀金属	厚度均匀
低电荷俘获	高黏附力	刻蚀剂可选择性	不形成连续孔道
低介电损耗		化学稳定性	
高击穿电场		热稳定性	

6.5.2 低介电性能基本理论

对电介质材料来说，其介电性能如介电常数与介电损耗是本身就存在的，在理想状况下，它只由介质的自身组成决定，然而在现实中，它们会随材料实际环境的情况而发生改变。这其中，电场中电流的频率、环境的温度及潮湿程度不同，都会使材料出现不同的微观极化水平，从而使材料的宏观介电能力改变。从理论出发，由于材料会出现极化，从而才出现介电。因此不同极化是材料产生介电能力的原因，而材料的极化是微观中出现各种极化的综合结果，我们知道极化即松弛运动，它是一段时间的行为且极化路径不同，所需的频率也有所差别，因此当变换电场频率时，材料各极化的程度开始改变，最终材料表现的整体介电常数也不一样。因此，频率可改变材料的介电常数。对电介质基体来说，其出现极化有多种原因，如电子位移、取向、密度改变等，这些极化在电场的频率不高时都表现得比较明显，因此，此时材料的介电常数与介电损耗都偏大，增大频率后有些极化将来不及出现。因此材料的整体极化产生变化，最终其介电常数值与损耗值都不再一样。

温度对材料的介电常数可出现多重影响，就结晶类介质材料或材料中包含有晶体而言，当温度出现变化时，其微观晶型将可能随之转换，介电性能也会出现波动，另外材料本身应电荷的运输活性也与温度有关，对高分子基体来说，不改变频率且忽略转换晶型的前提下，当温度升高时材料本身的应电荷将加快其互相传输，进而缩短材料极化的时间，同理于时温等效。因此介电材料的介电常数与介电损耗随温度升高而变大。

对于同一种材料而言，在不同频率下受到的极化类型有所不同。在低频时，电场的变化周期要比极化分子的弛豫时间长，极化完全来得及跟上电场的变化，且各类型的极化都会发生。随着频率升高，电场周期变短，材料内部的极化逐渐跟不上电场的变化，只有瞬时极化发生，大部分的极化作用不能起作用，宏观上体现为极化作用减弱，所以导致材料的介电常数与频率呈现负相关的关系。

湿度改变将对材料的电学性能造成改变，当试验环境比较潮湿时，空气中含有许多水分子，此时，当水汽互相聚集时，会在电介质界面形成薄层水膜，进而提高界面的导电水平。此外，电介质的内侧也有可能藏匿水汽，导致其极性变大，这对于固有极性本来就偏大的材料来说，更易受测试条件的潮湿程度影响。因此，介质材料的介电常数与介电损耗随潮湿程度的变大而增加[86]。

在实际的研究中，非极性分子对于低介电材料的研究是一个非常重要的选择。Clausius-Mossotti 方程［式(6-31)］展示了由分子组成的电介质的极性 α 与介电常数 ε 之间的关系[87]：

$$\frac{\varepsilon - 1}{\varepsilon + 2} = \frac{N\alpha}{3\varepsilon_0} \qquad (6\text{-}31)$$

式中，ε 是介电常数；ε_0 是真空介电常数，为 8.854×10^{-12}F/m；α 是分子极化率；N 是单位体积极化分子数。由公式可以看出，想要降低介电常数，可以从两方面入手，降低分子极化率，即通过选择或研发低极性分子来实现；降低单位体积极化分子数，即降低材料的密度。具体可以通过以下几个方面来实现。

1. 无极性基团的低介电常数聚合物

由于这种材料的基团都呈非极性，没有极性的构造，因此其出现极化的原因只有电子的位移变化与原子核的位移改变，而不出现取向极化，进而其介电常数值有所减少。例如，聚降冰片烯，它的链节由桥环组成，刚性较大且没有极性，所以其介电常数为 2.1。然而，该结构也导致它与极性基体的附着力很差，此外，其分子链过于刚硬也使得材料的韧性极低。

2. 低介电常数聚合物基复合材料

最近，研究者更倾向于将纳米级粒子设计为填充剂，加入高分子基体中，并尽量使其在基体中分散成纳米等级，以降低材料的介电性能。科研人员发现这种手段既简单快捷又可靠高效，这是因为纳米粒子在高分子基体中均匀地分散，二者互相影响后，粒子与高分子基体的界面将被诱导出现极化，当外电场介入后，材料的电子云被抑制极化，从而促使材料的介电常数降低。Leu 等[88]选择双键作为端基的 PEG-200 和端氰基 POSS 发生 Si-H 加成反应，成功键接为 POSS-PEG，再将其混入 PI 树脂中，得到 PI 基复合材料。测试该材料性能发现，POSS-PEG 的混入量越多，材料的介电能力越低，当加入 10%POSS-PEG 时，其介电常数从 3.25 降为 2.25。另外，要使材料的介电常数减小，可通过增大基体的自由体积或者增多基体结构中的孔洞来实现。而 POSS 的主体构造即呈笼形，其 Si—O—Si 骨架是低介电树脂的主要组成部分，在基体中加入 POSS，可理解为使基体出现孔结构，使自由体积增大，这是材料的介电常数下降的关键，翻查低介电范围的工作成果可以发现，POSS 纳米粒子在该类材料中的身影越来越多。可经物理手段将 POSS 混入高分子基体中，也可与基体进行各类化学反应，以最佳效果提升基体的性能[89]。

3. 多孔低介电常数材料

我们知道空气介质的介电常数较低，其介电常数值是 1.0005，如果能在高分子基体中掺进空气，那么材料的介电常数值应该会大幅度减小。图 6-34 是不同介电材料的介电常数随着材料内部孔隙率的变化规律[90]，从图中可以看出，随着材料内部孔洞的出现，其介电常数明显降低。孔洞的引入可以由化学或物理手段实现。化学手段就是在既定的条件下反应，合成多孔材料。Jia 等[91]合成一种新型 T8 类 POSS，该 POSS 不仅自身为空心结构，且含超支化基团，通过加热使其顶角分解，最终形成有纳米孔洞的聚硅氧烷高分子膜，此膜的孔径为 1.1～1.6nm，且当提升其孔隙率时，膜材料的介电常数逐步减少至 1.5。在超临界下，利用 CO_2 发泡能使高分子基体出现孔洞，这就是物理手段。Taki 等[92]在 DMAC 溶液中添加 PMMA 和 PI，在超临界 (5MPa) 状态下加入 CO_2 溶剂，这时 PMMA 变成两性离子，高速诱导成为两相，再加入光引发剂后进行 UV 交联，成为含孔高分子膜，经测试该膜的微观孔径均一，直径为 $1\mu m \pm 0.8\mu m$，孔隙率高至 75%，介电常数为 1.535。总结前人的成果可知，高分子基体中有孔洞存在确实能够明显地促使材料的介电常数大大下降，且介电能力与材料的孔隙率呈负相关，最低可小于 2.0，但是膜的力学水平同时也大打折扣。因此，仅靠在高分子基体中形成孔洞不能使封装材料拥有较优异的综合性能。

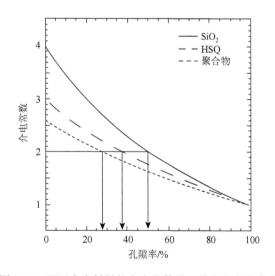

图 6-34　不同介电材料的介电常数随孔隙率的变化曲线

6.5.3 常见低介电常数材料

根据科学技术的发展和介电常数的大小,介电高分子材料可分为三种,即 $3.3 < \varepsilon \leqslant 20$、$2.2 < \varepsilon \leqslant 3.3$、$\varepsilon \leqslant 2.2$。其中 $\varepsilon \leqslant 3.3$ 为低介电材料,$\varepsilon \leqslant 2.2$ 为超低介电材料。低介电常数材料按材料特征可分为无机和有机两大类。前者具有高稳定性、低收缩性和耐腐蚀性等优点,而后者则具有分子设计多样化、加工性能好等优势。当然也可以通过加工方法制备有机/无机复合多孔低介电常数材料。

1. 无机低介电常数材料

(1)氧化硅低介电常数材料。氧化硅材料具有良好的化学稳定性和热稳定性,与硅基板具有良好的相容性,因此在众多低介电常数材料中是最具发展前景的。氧化硅多孔材料因具有更低的介电常数,在目前集成电路高度密集化的发展过程中,获得了广泛关注。传统的多孔氧化硅薄膜是通过超临界溶剂提取法制备的,由于这种方法所需设备昂贵且制作过程危险,不值得推广。气凝胶薄膜一般是在水蒸气条件下加工制备。Hong 等[93]研究了溶胶的黏度对气凝胶薄膜介电性能的影响,结果表明,溶胶的黏度应该控制在 $10 \sim 40$cP,随着溶胶黏度的增加,薄膜的气孔率下降,在上述黏度范围内可以制得介电常数为 $1.99 \sim 2.45$ 的薄膜。气凝胶的微结构和表面端基直接影响到薄膜的性能,因此对氧化硅气凝胶的表面改性是薄膜制备过程中必不可少的工艺。Kim 等[94]研究了利用三甲基氯硅烷(TMCS)作表面改性剂对气凝胶薄膜性能的影响,结果表明,随着 TMCS 用量的增加,薄膜表面形貌由二维结构转变为三维结构。当 TMCS 用量较少时,表面羟基较多,在预处理阶段形成的三维网络结构容易在浓缩反应中坍塌,随着 TMCS 用量的增加,表面甲基含量增加,浓缩反应可以忽略,薄膜可以保持三维结构。因此随 TMCS 用量的增加,材料的孔隙率增加,介电常数减小。

(2)掺氟二氧化硅(SiOF)。在 SiO_2 中偶极子极化主要来源于 Si—OH 基团,而有机含氟材料掺杂 F 使 Si—OH 键形成 Si—F 键。这样就从两个方面降低了介质的介电常数:①强负电性的 F 将电子牢牢束缚,导致 SiO_2 中的 Si—O 网格的四个 sp^3 轨道变成极性较小的 sp^2 轨道;②极性强的氢氧根的减少导致整个 Si—O 网格极化的减少。F 掺杂在 SiO_2 中能大大降低偶极子的极化,甚至可使极化完全消失,但是过量的 F 会导致 $Si—F_2$ 的生成,不利于介电常数的降低,所以掺杂 F 的量要严格控制。SiOF 一般介电常数为 3 或低于 3,具有很好的力学强度和耐热性。

(3)氮化硅低介电常数材料。氮化硅材料具有耐腐蚀、机械强度高、耐高温、介电常数低(5.6)和介电损耗小的特点,被视为未来的航天材料。Ding 等[95]在 $1200 \sim 1500$℃、氧化气氛下反应烧结制备出氮化硅多孔低介电常数陶瓷材料。氮化硅在高温氧化气氛中容易生成二氧化硅附着在粉体表面,粉体间通过二氧化硅连接在一起，孔隙存在于粉体与粉体之间。这样制备得到的多孔氮化硅陶瓷的抗弯强度可达 136MPa，介电常数可达 3.1，适用于雷达天线罩和商业用途。Liu 等[96]采用浆料注入法和硅胶循环渗透法，在 750℃反应条件下制备出熔融石英纤维增强多孔氮化硅低介电常数陶瓷材料。实验结果表明，熔融石英纤维的加入能够有效提高材料的抗弯强度，在如此低的烧结温度下，材料的抗弯强度可达 57MPa，在高测试频率下材料的介电常数为 2.8～3.1。

(4)碳化氮低介电常数材料。日本 Gifu 大学 MasamiShoji 等研制出层状无定形碳氮膜(LLa-CN$_x$)，先利用氮原子溅射制备 a-CN$_x$，再通过氢原子处理得到多层无定形碳氮膜(LLa-CN$_x$)，其介电常数低至 1.9[97]。

(5)氧化铝低介电常数材料。金属铝是大规模集成电路中普遍使用的传导材料，如果能够在布线的过程中通过化学办法直接获得绝缘层则可以降低成本、提高效率和可靠性。Lazarouk 等[98]采用电化学阳极处理技术，在制备器件的过程中直接制备出多孔氧化铝低介电常数埋层绝缘体。他们把经过保护处理的金属铝镀层浸在硫酸和磷酸的混合水溶液中，加上阳极电压进行阳极处理，然后将处理后的样品浸入阳极处理溶液中进行化学分解制得多孔氧化铝薄膜。经测试，多孔氧化铝薄膜的介电常数为 2.4，击穿电压为 400V。他们还研究了制备的多孔氧化铝薄膜的可靠性，经测试这种薄膜满足高端集成电路的所有要求。

2. 有机低介电常数材料

(1)有机本体低介电常数材料。芳基聚合物类：很多聚合物的介电常数都很低(2.0～3.0)，但是能够应用于微电子技术中的并不多，关键问题在于大多数聚合物耐温性差，一般 T_g 都在 200℃以下，不能满足电子电路和芯片的要求。所以，有应用价值的聚合物一般均含芳基或者含有多元环，以增加其耐温性。早期的低介电常数材料多为芳基聚合物，下面介绍几种典型的芳基聚合物材料。

聚酰亚胺(PI)：二酐与二胺先加聚生成聚酰胺酸，再加热硬化生成聚酰亚胺。自 20 世纪 80 年代起聚酰亚胺就被用作低介电材料，其具有较高的耐热性、力学性、电气绝缘性、耐化学腐蚀性，但其介电常数一般在 2.9～3.5，不能达到超低介电常数的要求，个别介电常数在 2.5 左右，但 T_g 小于 250℃，现阶段已很少用单一聚酰亚胺类作为低介电材料。

聚芳基醚：聚芳基醚介电常数一般在 2.8 左右，最高耐温 450℃，通过芳基二酚与芳基二卤化物(F、Cl)在碱性(K$_2$CO$_3$)高温(160～220℃)条件下反应 2～12h制得。但多数聚芳基醚耐温性和力学性能不够理想。

SiLK：SiLK 是一种多芳基碳氢化合物的商品名，它由 Dow Chemical 公司研制并命名，现已应用在微电子芯片中，其介电常数为 2.65，能耐 450℃高温，有较好的力学强度和耐腐蚀性。现在研究 SiLK 材料不仅是改进其组分以达到更理想的介电常数值，而且还有很多的研究集中在其与铜之间的结合工艺等。Fayolle 等报道了 SiLK 材料应用于 0.12μm 节点互联技术的情况[99]。

(2)含氟有机低介电材料。原子引入介质能有效地降低材料的极化强度，从而有效地降低材料的介电常数，通过对材料的氟元素掺杂和直接合成多氟聚合物是得到含氟低介电常数材料的主要途径。多数的含氟低介电常数材料都有较高的热稳定性、力学强度，但是含氟类材料也有着固有的局限性：在高温时会缓慢放出 F_2 气体，从而对电子电路、电子器件、金属介质造成腐蚀，所以新的低介电常数材料均向无氟材料方向发展。

掺氟聚酰亚胺：采用含氟二酐与含氟二胺反应可得掺氟聚酰亚胺，随着 F 的引入，有效降低分子极化，降低介质介电常数，比较无氟聚酰亚胺有较大的改进。例如，6FXDA-TFDB 的介电常数为 2.4，$T_g = 420℃$，并能保持较好的力学强度。

含氟聚芳基醚：含氟聚芳基醚性能最优异的为 Ailled Signal 公司的 FLARE 系列产品，具有低出气、高热稳定和优良的力学性能，FLARE2.0 的介电常数为 2.8，$T_g = 400℃$，该公司还为抛光 FLARE 膜开发了专用泥浆[100]。

氟代聚苯并噁唑：聚苯并噁唑系列为具有较高 T_g 的聚合物，其物理、化学性质有些类似于聚酰亚胺类，其多氟化物具有较低的介电常数(3.0)，T_g 多在 300℃ 左右。介电常数低于 2.7 的聚苯并噁唑已有报道。

非晶聚四氟乙烯：四氟乙烯本身具有很低的介电常数(1.9~2.1)，较高的 T_g 和很好的力学性能，但由于很难与金属进行黏合，在微电子电路方面的应用主要利用化学气相沉积(CVD)工艺。美国 Clemson 大学 Sharangpani 等设计了 CAV 设备工艺，得到了性质更好的 Teflon AF 材料(介电常数为 1.9)[101]。

聚全氟环丁烷(PFCB)：多(三氟乙烯基)单体在 300~350℃ 活化 60s，再在 250℃ 固化 1h，即制得介电常数 2.35($T_g = 400℃$)的聚全氟环丁烷。材料拉伸模量 2.27GPa，最大吸水量 0.2%。

(3)含硅有机低介电材料。由于 Si 原子的特殊性质，硅材料一般都有较低的偶极矩和较小的极化强度，并且硅材料都有较好的耐热性和力学强度。

氢倍半硅氧烷(HSQ)：HSQ 的介电常数为 2.5~2.9，是一种已广泛用于微电子领域的低介电常数材料，其制备通过旋转沉积介质(SOD)工艺，主要用于 0.5μm 和 0.25μm 工艺。

双乙氧基硅烷 BCB(DVS-BCB)：双乙氧基硅烷 BCB 材料介电常数为 2.7，热稳定性至 390℃，日本 Anda 等[102]报道利用旋转涂抹工艺，将其用于 0.15μm T 型栅上达到了较为理想的效果。

甲基倍半硅氧烷(MSQ)：MSQ 的介电常数为 2.6~2.8，已广泛用于电子电路中。Chang 等[103]在单晶硅片上涂抹 MSQ 于 180℃ 烘烤 2min 再在 250℃ 固化 1min，最后 400℃ 退火，得到介电常数为 2.75 的 MSQ 材料，该材料有较好的力学性能。

(4) 有机多孔低介电常数材料。有机高分子材料由于材料本身构成分子的规整性好，材料的介电常数都很低，通过加入造孔剂在机体中形成孔隙，材料的介电常数得到进一步的降低。通过表面改性可以提高有机高分子材料的介电性能，但是由于材料本身耐高温性能差，限制了有机高分子材料在高温环境中的使用。

聚酰亚胺多孔材料：聚酰亚胺早在 20 世纪 80 年代就被用作低介电常数材料和封装材料广泛应用于微电子工业领域。但是，聚酰亚胺的介电常数为 3.4，无法满足 120nm 节点所要求的介电常数 2.2 的要求，最近几年的研究都致力于降低其介电常数，比较成功的方法是在聚酰亚胺基体材料中引入孔隙。Jiang 等[104]通过两步法制备出纳米多孔聚酰亚胺薄膜：首先，通过溶胶-凝胶法制备出聚酰亚胺-氧化硅混合物薄膜；其次，利用氢氟酸(HF)将分散在薄膜中的氧化硅除去，留下小孔，即可制得纳米多孔聚酰亚胺薄膜，孔径为 20～120nm。测试结果显示，薄膜的介电常数与孔隙率有关，随着孔隙率的增加，薄膜的介电常数降低，最低降至 1.8。介电常数降低的原因是空气隙的介电常数为 1.0，低于本体的介电常数。Lee 等[105]利用聚乙二醇功能化的倍半硅氧烷(PEO-POSS)为成孔剂，制备出多孔聚酰亚胺薄膜。他们首先将聚酰亚胺与聚乙二醇功能化的倍半硅氧烷混合，由于此混合物不稳定，通过加热的方法使其发生氧化分解，产生的小分子扩散出基体，留下空穴形成多孔薄膜，孔径为 10～40nm，薄膜的介电常数可降低至 2.25。

聚乙烯多孔材料：聚乙烯是一种非极性高分子材料，且具有无毒、耐化学腐蚀、吸水性小、电绝缘性能优良和价格低廉的优点，非常适合用作低介电常数材料。通过将聚乙烯与马来酸酐接枝共聚，可以提高聚乙烯与极性材料和金属材料的黏结性。Zhang 等[106]利用邻苯二甲酸二辛酯(DOP)为溶剂，甲醇为萃取剂，采用热引发相分离方法制备出高密度聚乙烯接枝马来酸酐共聚物多孔薄膜。实验结果表明，孔的形貌和孔隙率与高聚物的浓度和冷却时间有关；介电常数主要受孔隙率的影响。当孔隙率为 62.9%时，薄膜的介电常数可降低至 1.56。

含氟聚合物多孔材料：聚四氟乙烯(PTFE)因具有良好的机械强度、低的介电常数和较高的玻璃化转变温度，被认为是一种理想的低介电常数材料。但是由于与金属的黏结性不好，限制了 PTFE 在超高集成电路中的应用。Sharangpani 等[107]采用化学气相沉积(CVD)技术制得 Teflon AF 材料，这种材料比 PTFE 介电常数低，与金属的黏结性能好。Ding 等[108]以 Teflon AF 1600 溶液为原料，采用旋涂法制得非晶态含氟聚合物多孔薄膜。经测试，这种薄膜的介电常数可达 1.5，在 400℃以下不发生分解反应。

有机硅玻璃多孔材料：Chang 等[109]研究了电子束曝光法对低介电常数有机硅玻璃的影响。有机硅玻璃在电子束曝光过程中，Si—O 键间的连接由笼状结构转变为网状结构，没有受到电子束曝光的部分可以通过化学试剂溶解掉。结果表明，这种加工方法可以简化加工程序，减小光刻过程对薄膜材料的损害，且可以刻蚀出所需要的图案。

3. 有机/无机复合多孔低介电常数材料

有机/无机复合多孔低介电常数材料是一种新型的多孔低介电常数材料,这种材料综合了有机、无机材料的优点。通过将有机、无机材料复合制备出的多孔低介电常数材料具有较低的介电常数,同时具有较好的力学性能,具有很好的开发应用前景。

倍半硅氧烷基多孔复合材料:倍半硅氧烷材料具有低的介电常数,其中甲基倍半硅氧烷(MSQ)的介电常数为 2.6~2.8,已经被广泛应用于微电子领域。通过在这种基体材料中引入孔隙的方法可以进一步降低介电常数。Jousseaume 等[110]以 MSQ 为基体材料,分别通过加入成孔剂法、纳米束硅酸先驱体法和泡沫法作为形成孔隙的 3 种方法制备多孔 MSQ 薄膜。Yu 等[111]以聚乙二胺(PAMAM)为成孔剂,氢化甲基倍半硅氧烷(HMSSQ)为原料,三乙氧基丙基异氰酸酯(TPIC)为偶联剂,采用模板法制备出多孔倍半硅氧烷薄膜。他们研究了介电常数与成孔剂用量的关系,分析了结构、电学性能、机械性能间的关系。结果表明,介电常数和机械性能随成孔剂用量的增加单调下降,薄膜的平均介电常数为 2.06。

沸石聚酰亚胺多孔复合材料:沸石是具有微孔结构的铝硅酸盐化合物,具有窄分布分子尺寸的孔隙以及低的介电常数。将沸石与低介电常数的聚合物混合,采用旋涂法可以获得无机/有机复合多孔薄膜,孔隙来自沸石本身,这种薄膜材料具备低的介电常数且综合了无机、有机材料的优点,具备良好的机械性能和热稳定性。Larlus 等[112]以自制的无铝沸石和聚酰亚胺为原料,采用旋涂法制备出无机/有机复合多孔薄膜,薄膜的介电常数为 2.00~2.56,薄膜的厚度可以通过控制沸石和聚酰亚胺的用量以及旋涂工艺来控制。

6.5.4 低介电常数聚芳醚腈及其复合材料

高分子材料的质量较轻、体积较小,在较宽泛的环境中能够保持良好的使用性,且综合性能较突出,制造成本不高,因此,超九成的电子芯片都选择高分子材料对其进行封装。除优异的电学性能外,对芯片等进行电子封装时,大多需要介电材料具有其他的性能,如在较高温度下材料的变化较小,能够保持稳定。因此,耐高温的特种高分子材料逐渐走进研究者的视野。使用最多的有聚芳醚类、PSF 类、PI 类、PAEK 类、杂化芳香类及含氟类材料,在高级电子元器件中经常能看到这类材料的应用。其中聚芳醚腈作为一种高性能的热塑性塑料,具有突出的耐热稳定性,优良的机械性能,化学性能稳定,抗腐蚀,对环境改变不敏感,适用于塑料材料封装,可广泛应用在航空航天、军事国防以及电子电器等高新技术领域中。对于集成电路中所使用的互联装配用层间介质材料而言,由于分子结构中极性基团氰基的存在,传统聚芳醚腈的介电常数在 3.5 左右,引发的阻容延迟较高，难以满足国际半导体技术蓝图对于互联装配用层间介质材料介电常数需低于 2.0 (1GHz) 的新要求。醚键的存在，使其疏水性能欠佳，导致无法维持聚芳醚腈机械性能以及低介电性能的稳定性，但聚芳醚腈具有优良的可加工性能，通过多种改性方式使聚芳醚腈材料的介电系数降低，制备出具有良好低介电性能的改性聚芳醚腈材料，并将其应用在微电子器件中。因此，具有低介电常数和良好力学性能的轻质聚芳醚腈材料的开发研究成为一个热点课题。

目前，有关制备低介电常数聚芳醚腈的研究取得了众多进展，如利用物理或化学方法在聚芳醚腈薄膜中引入孔或利用具有孔洞结构的填料与聚芳醚腈基体混合制备多孔结构复合材料，通过对聚芳醚腈的主链和侧链进行化学改性引入低极性基团，以降低密度及减少单位体积中极性基团数量的方法降低其介电常数等。

1. 含氟聚芳醚腈低介电材料

通过对聚芳醚腈的主链和侧链进行化学改性，引入含氟官能团，使聚芳醚腈在保留基底材料优势的同时，具备较低的介电常数和较高的疏水角。引入氟取代基到聚合物中可以明显降低材料的介电常数，因为 C—F 键具有低的偶极矩和低的极化率，研究表明适当的氟化能够有效抑制空间电荷积累并提高超导电缆绝缘性能。三氟甲基材料作为一种部分含氟材料，由于其较强的吸电子效应和分子中化学反应惰性的 C—F 键，将三氟甲基主动地引入高分子聚合物中，能够有效地改善聚合物材料的极性、溶解性、疏水性及化学稳定性。并且由于三氟甲基的低极性、较大的自由体积和较强的键能，将三氟甲基引入聚合物中以提高聚合物的溶解性、热稳定性，同时降低聚合物材料的介电常数和吸水率。据文献报道，Liu 等[113]制备了可溶性和易加工的聚芳醚酮，将三氟甲基引入本来溶解性不好的聚芳醚酮中，得到了具有可溶解的聚芳醚酮，并将介电常数从聚芳醚酮基体材料的 3.3 降低到聚芳醚酮杂化材料的 2.69。Lei 等[114]将三氟甲基基团引入聚芳醚腈中，制备了含氟聚芳醚腈，其结构如图 6-35 (a) 所示。由于三氟甲基的引入，体系的介电常数从 3.8 降到 2.8。

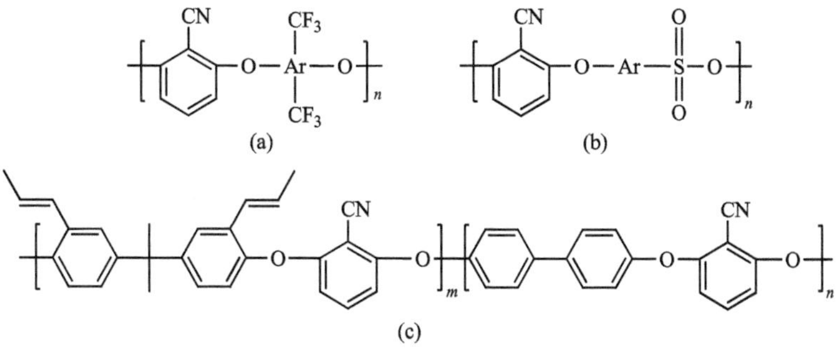

图 6-35　含氟聚芳醚腈 (a)、聚芳醚腈砜 (b) 和含烯丙基聚芳醚腈 (c) 的结构

2. 聚芳醚腈共聚物低介电材料

根据表 6-2，聚芳醚腈在所有的聚合物电介质中，其介电常数相对较高，这主要是因为其主链侧基上有很多极性氰基基团，这些极性基团会导致体系的介电常数增大。为了获得低介电常数的材料，就要尽可能地把这些极性氰基基团除去。基于此，Hu 等[66]就设计了聚芳醚腈与聚芳醚砜的共聚物，其结构如图 6-35(b) 所示。通过核磁共振、红外光谱及特性黏度测试，证明了所制备的聚芳醚腈砜的结构。介电性能测试结果显示，通过引入砜基，体系的介电常数可以从纯聚芳醚腈的 3.8 降低到聚芳醚砜的 3.2。除此之外，热性能分析指出，聚芳醚腈砜链段的引入，可以有效地提高所得到的共聚物的玻璃化转变温度和热分解温度。而且聚芳醚腈砜链段的引入还可以提高共聚物的透光性能。

3. 交联聚芳醚腈低介电材料

从理论出发，由于材料会出现极化，进而出现介电。如果可以限制材料内部结构的极化，就有可能使体系的介电常数降低。交联可以明显限制体系的运动，进而可以有效阻止体系内基团的极化，从而为降低介电常数提供可能。沈世钊[115]设计了侧链含有可交联烯丙基基团的聚芳醚腈［结构如图 6-35(c) 所示］，然后通过热处理使烯丙基基团发生交联，得到可交联聚芳醚腈。介电测试结果显示，未经热处理的样品的介电常数在 1kHz 时为 3.64，随着热处理的温度升高，处理后样品的介电常数逐渐降低。当在 280℃下处理 1h 后，该样品在 1kHz 时的介电常数降低到了 3.05。Wei 等[77]制备了可结晶交联的聚芳醚腈，通过控制热处理温度可以使样品先结晶，然后再控制热处理时间，使结晶后的聚芳醚腈交联得到晶体被交联网络包覆的聚芳醚腈(CSC-PEN)，具体过程如图 6-36 所示。介电测试结果

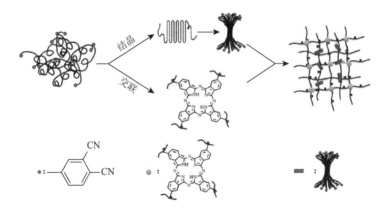

图 6-36   晶体被交联网络包覆的聚芳醚腈的制备示意图

显示，聚芳醚腈的结晶可以使体系的介电常数增大。因此，可以通过控制聚芳醚腈，使之尽量不结晶，以获得低介电常数聚芳醚腈材料。另外，结果显示 CSC-PEN 的介电常数随着交联度的增加而降低。

4. 多孔聚芳醚腈低介电常数材料

通过向聚芳醚腈薄膜中引入孔隙以降低密度的办法来降低介电常数，聚芳醚腈的介电常数在 3.5 左右，空气的介电常数为 1，通过在聚芳醚腈基体中引入微孔，从而引入空气，能够有效降低聚芳醚腈材料的介电常数。

通过物理发泡技术，Qi 等[116]在制备聚芳醚腈溶液时，加入超临界 CO_2，而后逐步释放体系压力，使得 CO_2 溢出，在聚芳醚腈中留下空气孔洞，具体制备过程如图 6-37 所示。通过这种发泡技术，聚芳醚腈的介电常数可以降低至 2.2。该方法制备的多孔聚芳醚腈中的孔洞尺寸和成孔比例可通过控制 CO_2 的饱和压力、饱和温度和 CO_2 溢出聚芳醚腈时的温度等技术参数来调节。当 CO_2 溢出聚芳醚腈时的体系温度越高，在聚芳醚腈中留下的孔洞尺寸越小，介电常数越低，并且聚芳醚腈的其他物化性能变化不大。该方法可以在聚芳醚腈材料中引入均匀且尺寸可控的孔洞，使得聚芳醚腈的介电常数显著降低。

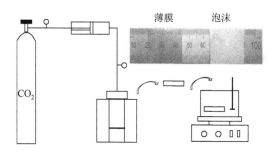

图 6-37　晶体被交联网络包覆的聚芳醚腈的制备示意图

Wang 等[117]通过延迟相转化法在聚芳醚腈基体中引入均匀且尺寸可控的孔洞，促使聚芳醚腈的介电常数显著降低。一般来说，相转化法是由于溶剂与混凝剂相互扩散而引起的动态相分离过程，在此过程中，混凝剂进入聚合物溶液，而溶剂则溢出聚合物溶液。随着溶剂与混凝剂的相互扩散，体系经历了相分离，产生富聚合物相和贫聚合物相。当溶剂完全被混凝剂取代时，富聚合物相凝固形成多孔聚合物材料的主体，而贫聚合物相形成所谓的微孔。在延迟相转化法中，在混凝液中引入第二种溶剂，减缓了多孔材料形成过程中溶剂与混凝剂之间的扩散速度。当聚芳醚腈的密度降低至 $0.132g/cm^3$，孔隙率为 87.1%时，聚芳醚腈的介电常数降至 1.28，且其介电常数随孔隙率的变化符合 Maxwell-Garnett 理论模型（图 6-38）。该方法制备的聚芳醚腈中的孔洞尺寸和成孔比例可通过控制聚芳醚腈浓度，凝胶浴中乙醇含量，液膜厚度等技术参数来有效地调节。实验发现聚芳醚腈中所形成的蜂窝状孔越少，孔洞尺寸越大，多孔聚合物密度越小，孔隙率越高，介电常数越小。此外，通过延迟相转化法得到的多孔聚芳醚腈材料具有优异的力学性能，其比模量可达 1023$(MPa\cdot cm^3)/g$。同时该多孔聚芳醚腈材料可以反复地进行折叠而不会断裂，用该多孔聚芳醚腈材料可以吊起其自身质量20000 倍的重物。与传统发泡技术相比，延迟相转化法经济、环保，制备工艺简单，成孔理论完善，可加工性强。优良的介电性能和机械性能的同时实现，增强了聚芳醚腈作为柔性微电子器件的应用竞争力。

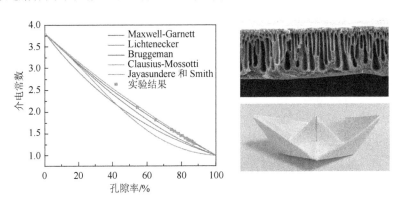

图 6-38   多孔聚芳醚腈介电常数随孔隙率变化曲线及其断面和实物照片（彩图请扫封底二维码）

5. 聚芳醚腈复合物低介电材料

富勒烯是碳元素的三种同素异形体(石墨、金刚石、富勒烯)中唯一一种在有机溶剂中具有溶解性的物质，这使得富勒烯可以与聚合物实现溶液共混。Lei 等[114]报道了聚芳醚腈/富勒烯复合薄膜的制备及其介电性能。理论上，可以任意比例互溶的甲苯和氮甲基吡咯烷酮分别作为富勒烯和聚芳醚腈的溶剂。然而，由于甲苯挥发速度快，在受热条件下迁移到溶液表面从而形成析出的富勒烯团聚。为了解决上述问题，Lei 等采取了先在 110～120℃去除甲苯再浇膜的办法，通过控制甲苯挥发速度和伴以强力搅拌来防止富勒烯团聚，进而再进行浇膜。通过控制制备的薄膜即使富勒烯浓度为 5wt%也未出现明显团聚。介电测试显示，复合薄膜介电损耗基本上保持在 0.01 左右，相比较而言，复合薄膜的介电常数随着富勒烯含量的增加而明显降低。在频率 200kHz 时，薄膜介电常数从纯膜的 4.0 降到了 2.0 左右，与具有最低介电常数的聚四氟乙烯均聚物相当。在富勒烯含量为 3wt%时薄膜介电常数甚至低于 2.0，这表明聚芳醚腈掺杂富勒烯能有效地降低材料的介电常数。聚芳醚腈加入富勒烯后介电常数下降主要是中空笼形结构的富勒烯所带来的孔洞效应所致，而富勒烯的介电损耗在 1Hz～1kHz 范围内为 0.1 左右，聚芳醚腈/

富勒烯复合薄膜的介电损耗主要源自于聚芳醚氰中氰基的偶极极化，因此复合薄膜的介电损耗变化不大。

Qi 等[118]将低介电的二氧化硅引入聚芳醚腈基体中，然后再继续使用超临界二氧化碳发泡技术制备二氧化硅/聚芳醚腈复合材料泡沫。当直接引入二氧化硅时，复合材料的介电常数可以从 3.8 降低至 3.5 左右。然后再经过二氧化碳发泡之后，体系的介电常数在 1kHz 下可以达到 1.7，得到超低介电常数复合材料。

6.6 小 结

随着信息和微电子工业的飞速发展，对半导体器件微型化、集成化、智能化、高频化和平面化的应用需求增加，越来越多的电子元件，如介质基底、介质天线、嵌入式薄膜电容等，既要求介电材料具有优异的介电性能，又要求其具备良好的力学性能和加工性能。因此，单一的介电材料已经不能满足上述要求，此时将几种不同的材料进行复合，得到的介电材料能同时具备材料各组分的优点。聚芳醚腈是最近十年发展起来的一类新型的特种高分子，是一类耐高温的新型热塑性特种工程塑料。除了优异的力学性能、耐热性能及耐化学腐蚀性能外，由于极性氰基侧基的存在，赋予聚芳醚腈高的介电常数，纯聚合物可高达 3.8～6.0，击穿电压高达 220～300V/μm，这对于开发高性能聚芳醚腈基介电复合材料具有重要的科学意义和广泛的实用价值。聚芳醚腈的介电性能应用主要体现在以下几个方面。

(1) 高介电常数聚芳醚腈及其复合材料。聚芳醚腈由于侧链上极性氰基的存在，聚芳醚腈显示出相对高的介电常数。除此之外，以聚芳醚腈为基体通过加入高介电的填料如有机填料、陶瓷填料、导电填料并调控填料的含量、形状及其他组合可以得到具有更高介电常数的聚芳醚腈基复合材料。

(2) 高击穿聚芳醚腈及其复合材料。目前通过溶液成膜的聚芳醚腈的击穿电压为 220～300V/μm，低于 PE 或 PP 等高击穿电压聚合物，本章主要介绍了通过调控聚芳醚腈结构，使聚芳醚腈交联，通过后续加工处理(热拉伸)以及多层膜复合技术等方法来提高聚芳醚腈的击穿电压。

(3) 耐高温高介电聚芳醚腈及其复合材料。聚芳醚腈作为耐高温材料，同时又可以制备高介电材料，因而可以用于制备耐高温高介电电介质。本章首先介绍了聚芳醚腈本体、聚芳醚腈共聚物及其复合物作为耐高温高介电材料。其次通过控制聚芳醚腈交联，获得具有可耐更高温度的聚芳醚腈电介质。最后通过可交联聚芳醚腈与改性填料之间形成共价键获得耐高温高介电聚芳醚腈复合材料。

　　(4)低介电聚芳醚腈及其复合材料。虽然聚芳醚腈的介电常数相对较高，仍可以通过调控聚芳醚腈的结构(包括引入含氟基团、制备聚芳醚腈共聚物及调控结晶性能)、引入低介电填料以及交联等方法来获得低介电聚芳醚腈。除此之外，本章还介绍了利用超临界二氧化碳发泡及相转化法发泡等技术在聚芳醚腈基体中引入大量的泡孔而获得介电常数小于 1.2 的低介电聚芳醚腈介电材料。

参 考 文 献

[1]　张化福，祁康成，吴健. 高介电常数栅极电介质材料的研究进展. 材料导报，2005，19(3)：37.

[2]　肖定全. 新型介电功能材料进展. 仪表材料，1990，(4)：207-211.

[3]　Gorham W F. A new, general synthetic method for the preparation of linear poly-pxylylenes. Journal of Polymer Science Part A-1: Polymer Chemistry, 1966, 4(12): 3027-3039.

[4]　刘孝波，唐海龙，杨建，等. 聚芳醚腈. 北京：科学出版社，2013.

[5]　苑金凯，党智敏. 高储能密度全有机复合薄膜介质材料的研究. 绝缘材料，2008，(5)：1-4.

[6]　李言荣，恽正中. 电子材料导论. 北京：清华大学出版社，2001.

[7]　张钊. 铌钽酸钾基复合介电材料的制备及性能研究. 杭州：浙江大学，2019.

[8]　Jin L, Li F, Zhang S. Decoding the fingerprint of ferroelectric loops: comprehension of the material properties and structures. Journal of the American Ceramic Society, 2014, 97(1): 1-27.

[9]　Schomann K D. Electric breakdown of barium titanate: a model. Applied Physics, 1975, 6(1): 89-92.

[10]　Li H, Liu F, Fan B, et al. Nanostructured ferroelectric-polymer composites for capacitive energy storage. Small Methods, 2018, 2(6): 1700399.

[11]　裘锴，徐丹，贾叙东. 低介电常数聚合物材料的研究进展. 高分子材料科学与工程，2004，(4)：1-5.

[12]　Qi L, Lee B I, Chen S, et al. High-dielectric-constant silver-epoxy composites as embedded dielectrics. Advanced Materials, 2005, 17(14): 1777-1781.

[13]　Xu W H, Yang G, Jin L, et al. High-k polymer nanocomposites filled with hyperbranched phthalocyanine-coated $BaTiO_3$ for high-temperature and elevated field applications. ACS Applied Materials & Interfaces, 2018, 10(13): 11233-11241.

[14]　Xu J, Wong C P. Low-loss percolative dielectric composite. Applied Physics Letters, 2005, 87(8): 082907.

[15]　Zheng H, Wang J, Lofland S E, et al. Multiferroic $BaTiO_3$-$CoFe_2O_4$ nanostructures. Science, 2004, 304(5658): 661-663.

[16]　Chu B, Zhou X, Ren K, et al. A dielectric polymer with high electric energy density and fast discharge speed. Science, 2006, 313(5785): 334-336.

[17]　Zhu L, Wang Q. Novel ferroelectric polymers for high energy density and low loss dielectrics. Macromolecules, 2012, 45(7): 2937-2954.

[18]　Li Q, Zhang G, Zhang X, et al. Relaxor ferroelectric-based electrocaloric polymer nanocomposites with a broad operating temperature range and high cooling energy. Advanced Materials, 2015, 27(13): 2236-2241.

[19]　Yang R, Wei R, Li K, et al. Crosslinked polyarylene ether nitrile film as flexible dielectric materials with ultrahigh thermal stability. Scientific Reports, 2016, 6(1): 36434.

[20]　Dang Z M, Xia Y J, Zha J W, et al. Preparation and dielectric properties of surface modified TiO_2/silicone rubber nanocomposites. Materials Letters, 2011, 65(23-24): 3430-3432.

[21] You Y, Huang X, Pu Z, et al. Enhanced crystallinity, mechanical and dielectric properties of biphenyl polyarylene ether nitriles by unidirectional hot-stretching. Journal of Polymer Research, 2015, 22(11): 211.

[22] Romasanta L J, Leret P, Casaban L, et al. Towards materials with enhanced electro-mechanical response: CaCu₃Ti₄O₁₂-polydimethylsiloxane composites. Journal of Materials Chemistry, 2012, 22(47): 24705-24712.

[23] Poon Y M, Shin F G. A simple explicit formula for the effective dielectric constant of binary 0~3 composites. Journal of Materials Science, 2004, 39(4): 1277-1281.

[24] Jayasundere N, Smith B V. Dielectric constant for binary piezoelectric 0~3 composites. Journal of Applied Physics, 1993, 73(5): 2462-2466.

[25] Dang Z M, Yuan J K, Zha J W, et al. Fundamentals, processes and applications of high-permittivity polymer-matrix composites. Progress in Materials Science, 2012, 57(4): 660-723.

[26] Nan C W. Physics of inhomogeneous inorganic materials. Progress in Materials Science, 1993, 37(1): 1-116.

[27] Huang C, Zhang Q. Enhanced dielectric and electromechanical responses in high dielectric constant all-polymer percolative composites. Advanced Functional Materials, 2014, 14(5): 501-506.

[28] Zhang Q M, Li H, Poh M, et al. An all-organic composite actuator material with a high dielectric constant. Nature, 2002, 419(6094): 284-287.

[29] Yan L, Pu Z, Xu M, et al. Fabrication and electromagnetic properties of conjugated NH₂-CuPc@Fe₃O₄. Journal of Electronic Materials, 2017, 46(10): 5608-5618.

[30] Yang R, Li K, Tong L, et al. The relationship between processing and performances of polyarylene ether nitriles terminated with phthalonitrile/trifunctional phthalonitrile composites. Journal of Polymer Research, 2015, 22(11): 210-218.

[31] Long C, Wei R, Huang X, et al. Mechanical, dielectric, and rheological properties of poly(arylene ether nitrile)-reinforced poly(vinylidene fluoride). High Performance Polymers, 2017, 29(2): 178-186.

[32] Wei R, Li K, Ma J, et al. Improving dielectric properties of polyarylene ether nitrile with conducting polyaniline. Journal of Materials Science: Materials in Electronics, 2016, 27(9): 9565-9571.

[33] Hoshina T. Size effect of barium titanate fine particles and ceramics. Journal of the Ceramic Society of Japan, 2013, 121(1410): 156-161.

[34] Tang H, Zhong J, Yang J, et al. Flexible polyarylene ether nitrile/BaTiO₃ nanocomposites with high energy density for film capacitor applications. Journal of Electronic Materials, 2011, 40(2): 141-148.

[35] Tu L, You Y, Liu C, et al. Enhanced dielectric and energy storage properties of polyarylene ether nitrile composites incorporates with barium titanate nanowires. Ceramics International, 2019, 45: 22841-22848.

[36] Sun Y, Zhang Z, Wong C P. Influence of interphase and moisture on the dielectric spectroscopy of epoxy/silica composites. Polymer, 2005, 46(7): 2297-2305.

[37] Chang S J, Liao W S, Ciou C J, et al. An efficient approach to derive hydroxyl groups on the surface of barium titanate nanoparticles to improve its chemical modification ability. Journal of Colloid and Interface Science, 2009, 329(2): 300-305.

[38] Tang H, Wang P, Zheng P, et al. Core-shell structured BaTiO₃@polymer hybrid nanofiller for poly(arylene ether nitrile) nanocomposites with enhanced dielectric properties and high thermal stability. Composites Science and Technology, 2016, 123: 134-142.

[39] Huang X, Pu Z, Tong L, et al. Preparation and dielectric properties of surface modified TiO₂/PEN composite films with high thermal stability and flexibility. Journal of Materials Science: Materials in Electronics, 2012, 23(12): 2089-2097.

[40] You Y，Wang Y，Tu L，et al. Interface modulation of core-shell structured BaTiO$_3$@polyaniline for novel dielectric materials from its nanocomposite with polyarylene ether nitrile. Polymers，2018，10：1378.

[41] Wei R，Yang R，Xiong Z，et al. Enhanced dielectric properties of polyarylene ether nitriles filled with core-shell structured PbZrO$_3$ around BaTiO$_3$ nanoparticles. Journal of Electronic Materials，2018，47(10)：6177-6183.

[42] Wang Y，Yuan K，Tong L，et al. The frequency independent functionalized MoS$_2$ nanosheet/poly(arylene ether nitrile) composites with improved dielectric and thermal properties via mussel inspired surface chemistry. Applied Surface Science，2019，418：1239-1248.

[43] Tang H，Ma Z，Zhong J，et al. Effect of surface modification on the dielectric properties of PEN nanocomposites based on double-layer core/shell-structured BaTiO$_3$ nanoparticles. Colloids and Surfaces A：Physicochemical and Engineering Aspects，2011，384(1-3)：311-317.

[44] You Y，Han W，Tu L，et al. Doublelayer core/shell-structured nanoparticles in polyarylene ether nitrile-based nanocomposites as flexible dielectric materials. RSC Advances，2017，7(47)：29306-29311.

[45] Li K，Tong L，Yang R，et al. *In-situ* preparation and dielectric properties of silver-polyarylene ether nitrile nanocomposite films. Journal of Materials Science：Materials in Electronics，2016，27(5)：4559-4565.

[46] Zheng P，Pu Z，Yang W，et al. Effect of multiwalled carbon nanotubes on the crystallization and dielectric properties of BP-PEN nanocomposites. Journal of Materials Science：Materials in Electronics，2014，25(9)：3833-3839.

[47] Jin F，Feng M，Jia K，et al. Aminophenoxyphthalonitrile modified MWCNTs/polyarylene ether nitriles composite films with excellent mechanical，thermal，dielectric properties. Journal of Materials Science：Materials in Electronics，2015，26(7)：5152-5160.

[48] Pu Z，Huang X，Chen L，et al. Effect of nitrile-functionalization and thermal cross-linking on the dielectric and mechanical properties of PEN/CNTs-CN composites. Journal of Materials Science：Materials in Electronics，2013，24(8)：2913-2922.

[49] Huang X，Feng M，Liu X. Synergistic enhancement of dielectric constant of novel core/shell BaTiO$_3$@MWCNTs/PEN nanocomposites with high thermal stability. Journal of Materials Science：Materials in Electronics，2014，25(1)：97-102.

[50] Huang X，Wang K，Jia K，et al. Preparation of TiO$_2$-MWCNT core/shell heterostructures containing a single MWCNT and their electromagnetic properties. Composite Interfaces，2015，22(5)：343-351.

[51] Xiao Q，Yang R，You Y，et al. Crystalline，mechanical and dielectric properties of polyarylene ether nitrile with multi-walled carbon nanotube filled with polyarylene ether nitrile. Journal of Nanoscience and Nanotechnology，2018，18(6)：4311-4317.

[52] Wang Z，Yang W，Liu X. Electrical properties of poly(arylene ether nitrile)/graphene nanocomposites prepared by in situ thermal reduction route. Journal of Polymer Research，2014，21(2)：358.

[53] Li J，Pu Z，Wang Z，et al. High dielectric constants of composites of fiber-like copper phthalocyanine-coated graphene oxide embedded in poly(arylene ether nitriles). Journal of Electronic Materials，2015，44(7)：2378-2386.

[54] Zhan Y，Yang X，Guo H，et al. Cross-linkable nitrile functionalized graphene oxide/poly(arylene ether nitrile) nanocomposite films with high mechanical strength and thermal stability. Journal of Materials Chemistry，2012，22(12)：5602-5608.

[55] Wang J，Wei R，Tong L，et al. Effect of magnetite bridged carbon nanotube/graphene networks on the properties of polyarylene ether nitrile. Journal of Materials Science：Materials in Electronics，2017，28(5)：3978-3986.

[56] Wei R，Wang J，Zhang H，et al. Crosslinked polyarylene ether nitrile interpenetrating with zinc ion bridged

graphene sheet and carbon nanotube network. Polymers，2017，9(12)：342.

[57] Conway B E. Electrochemical Supercapacitors：Scientific Fundamentals and Technological Application. New York：In Kluwer Academic/Plenum，1999.

[58] Hao X. A review on the dielectric materials for high energy-storage application. Journal of Advanced Dielectrics，2013，3(1)：1330001.

[59] 黄叶. 高电击穿强度 TiO_2 基介质陶瓷的制备及物性研究. 上海：中国科学院大学(中国科学院上海硅酸盐研究所)，2018.

[60] 陈季丹，刘子玉. 电介质物理学. 北京：机械工业出版社，1982.

[61] Durán P，Capel F，Tartaj J，et al. Low-temperature fully dense and electrical properties of doped-ZnO varistors by a polymerized complex method. Journal of the European Ceramic Society，2002，22(1)：67-77.

[62] 位姣姣. 高储能密度电容器用聚合物薄膜介电击穿特性研究. 成都：电子科技大学，2015.

[63] Beauchamp E K. Effect of microstructure on pulse electrical strength of MgO. Journal of the American Ceramic Society，1971，54(10)：484-487.

[64] 陶文彪，朱光亚，宋述勇，等. 交联聚乙烯中丛状电树枝的生长机制. 中国电机工程学报，2018，38(13)：4004-4012.

[65] 唐晓赫. 氧化石墨烯/聚芳醚腈复合材料的制备及在薄膜电容器中的应用. 成都：电子科技大学，2019.

[66] Hu W，You Y，Tong L，et al. Preparation and physical properties of polyarylene ether nitrile and polyarylene ether sulfone random copolymers. High Performance Polymers，2019，31(6)：686-693.

[67] 毛华. 聚醚酮腈共聚物的合成与性能研究. 成都：电子科技大学，2019.

[68] Huang X，Wang K，Jia K，et al. Polymer-based composites with improved energy density and dielectric constants by monoaxial hot-stretching for organic film capacitor applications. RSC Advances，2015，5(64)：51975-51982.

[69] You Y，Liu S，Tu L，et al. Controllable fabrication of poly(arylene ether nitrile) dielectrics for thermal-resistant film capacitors. Macromolecules，2019，52：5850-5859.

[70] Dang Z M，Yuan J K，Yao S H，et al. Flexible nanodielectric materials with high permittivity for power energy storage. Advanced Materials，2013，25(44)：6334-6365.

[71] Rabuffi M，Picci G. Status quo and future prospects for metallized polypropylene energy storage capacitors. IEEE Transactions on Plasma Science，2002，30(5)：1939-1942.

[72] Tan D，Zhang L L，Chen Q，et al. High-temperature capacitor polymer films. Journal of Electronic Materials，2014，43：4569-4575.

[73] Chen Q，Shen Y，Zhang S，et al. Polymer-based dielectrics with high energy storage density. Annual Review of Materials Research，2015，45：433-458.

[74] 雷冬，陆丹. 介电松弛谱法用于高分子链动力学行为的研究. 化学学报，2018，76(8)：605-616.

[75] Kremer F，Schönhals A. Broadband Dielectric Spectroscopy. New York：Springer，2003.

[76] 殷之文. 电介质物理学. 北京：科学出版社，2003.

[77] Wei R，Tu L，You Y，et al. Fabrication of crosslinked single-component polyarylene ether nitrile composite with enhanced dielectric properties. Polymer，2019，161：162-169.

[78] Lei Y，Hu G H，Zhao R，et al. Preparation process and properties of exfoliated graphite nanoplatelets filled bisphthalonitrile nanocomposites. Journal of Physics and Chemistry of Solids，2012，73(11)：1335-1341.

[79] Lei Y，Zhao R，Hu G，et al. Electromagnetic，microwave-absorbing properties of iron-phthalocyanine and its composites based on phthalocyanine polymer. Journal of Materials Science，2012，47(10)：4473-4480.

[80] 李文峰，辛文利，梁国正，等. 氰酸酯树脂的固化反应及其催化剂. 航空材料学报，2003，23(2)：56-62.

[81] 杨瑞琪. 高热稳定性聚芳醚腈电介质薄膜的制备及性能研究. 成都：电子科技大学，2017.

[82] 蒲泽军. 金属酞菁/聚芳醚腈功能复合材料研究. 成都：电子科技大学，2016.

[83] 危仁波，涂玲，刘长禹，等. 氰基化还原氧化石墨烯/聚芳醚腈杂化材料及其制备方法：中国，CN201910437503.8，2019-08-20.

[84] Desiraju G R，Hulliger J. Current opinion in solid state & materials science. ：molecular crystals and materials Current Opinion in Solid State & Materials Science，2001，5(2-3)：105-106.

[85] 卞志昕.《国际半导体技术蓝图》光刻部分解析. 电子工业专用设备，2006，(6)：3-11.

[86] 李阳. 低介电聚酰亚胺/冠醚主客体包合膜的制备. 广州：华南理工大学，2016.

[87] Maex K，Baklanov M R，Shamiryan D，et al. Low dielectric constant materials for microelectronics. Journal of Applied Physics，2003，93(11)：8793-8841.

[88] Leu C M，Chang Y T，Wei K H. Synthesis and dielectric properties of polyimide-tethered polyhedral oligomeric silsesquioxane (poss) nanocomposites via poss-diamine. Macromolecules，2003，36：9122-9127.

[89] 张蓉. 新型官能化笼型倍半硅氧烷及其低介电复合材料的制备与性能研究. 北京：北京化工大学，2018.

[90] Grill A. Amorphous carbon based materials as the interconnect dielectric in ULSI chips. Diamond and Related Materials，2001，10(2)：234-239.

[91] Xi K, He H, Xu D, et al. Ultra low dielectric constant polysilsesquioxane films using $T_8(Me_4NO)_8$ as porogen. Thin Solid Films，2010，518：4768-4772.

[92] Taki K，Hosokawa K，Takagi S，et al. Rapid production of ultralow dielectric constant porous polyimide films via Co2-tert-amine zwitterion-induced phase separation and subsequent photopolymerization. Macromolecules，2013，46：2275-2281.

[93] Hong J K，Kim H R，Park H H. The effect of sol viscosity on the sol-gel derived low density SiO_2 xerogel film for intermetal dielectric application. Thin Solid Films，1998，332(1-2)：449-454.

[94] Kim J H，Jung S B，Park H H，et al. The effects of pre-aging and concentration of surface modifying agent on the microstructure and dielectric properties of SiO_2 xerogel film. Thin Solid Films，2000，377：467-472.

[95] Ding S Q，Zeng Y P，Jiang D L. Oxidation bonding of porous silicon nitride ceramics with high strength and low dielectric constant. Materials Letters，2007，61(11/12)：2277-2280.

[96] Liu Z，Lee J Y，Han M，et al. Synthesis and characterization of PtRu/C catalysts from microemulsions and emulsions. Journal of Materials Chemistry，2002，12(8)：2453-2458.

[97] Aono M，Nitta S. High resistivity and low dielectric constant amorphous carbon nitride films：application to low-*k* materials for ULSI. Diamond and Related Materials，2002，11(3-6)：1219-1222.

[98] Lazarouk S，Katsouba S，Ponomar V，et al. Reliability of built in aluminum interconnection with low-ε dielectric based on porous anodic alumina. Solid-state Electronics，2000，44(5)：815-818.

[99] Fayolle M，Passemard G，Assous M，et al. Integration of copper with an organic low-*k* dielectric in 0.12 μm node interconnect. Microelectronic Engineering，2002，60(1-2)：119-124.

[100] Towery D，Fury M A. Chemical mechanical polishing of polymer films. Journal of Electronic Materials，1998，27(10)：1088-1094.

[101] Sharangpani R，Singh R. A computerized direct liquid injection，rapid isothermal processing assisted chemical vapor deposition system for a Teflon amorphous fluoropolymer. Review of Scientific Instruments，1997，68(3)：1564-1570.

[102] Anda Y，Kawashima K，Nishitsuji M，et al. 0.15-μm T-shaped gate MODFETs using BCB as low-*k* spacer. IEICE Transactions on Electronics，2001，84(10)：1323-1327.

[103] Chang T C，Mor Y S，Liu P T，et al. Improvement of low dielectric constant methylsilsesquioxane by boron implantation treatment. Thin Solid Films，2001，398：637-640.

[104] Jiang L Z，Liu J G，Li H Q，et al. A methodology for the preparation of nanoporous polyimide films with low dielectric constant. Thim Solid Films，2006，510(1/2)：241-246.

[105] Lee Y J，Huang J M，Kuo S W，et al. Low-dielectric，nanoporous polyimide films prepared from PEO-POSS nanoparticles. Polymer，2005，46(23)：10056-10065.

[106] Zhang H，Zhou J，Zhang X，et al. High density polyethylene-grafted-maleic anhydride low-k porous films prepared via thermally induced phase separation. European Polymer Journal，2008，44(4)：1095-1101.

[107] Sharangpani R，Singh R，Drews M，et al. Chemical vapor deposition and characterization of amorphous Teflon fluoropolymerthin films. Journal of Electronic Materials，1997，26(4)：402-409.

[108] Ding S J，Wang P F，Wan X G，et al. Effects of thermal treatment on porous amorphous fluoropolymer film with a low dielectric constant. Materials Science and Engineering：B，2001，83(1-3)：130-136.

[109] Chang T C，Tsai T M，Liu P T，et al. Study on the effect of electron beam curing on low-k porous organosilicate glass(OSG) material. Thin Solid Films，2004，469：383-387.

[110] Jousseaume V，Favennec L，Zenasni A，et al. Porous ultra low k deposited by PECVD：from deposition to material properties. Surface and Coatings Technology，2007，201(22-23)：9248-9251.

[111] Yu S，Wong T K S，Hu X，et al. Synthesis and characterization of porous silsesquioxane dielectric films. Thin Solid Films，2005，473(2)：191-195.

[112] Larlus O，Mintova S，Valtchev V，et al. Silicalite-1/polymer films with low-k dielectric constants. Applied Surface Science，2004，226(1-3)：155-160.

[113] Liu B，Wang G，HuW，et al. Poly(aryl ether ketone)s with (3-methyl) phenyl and (3-trifluoromethyl) phenyl side groups. Journal of Polymer Science Part A：Polymer Chemisitry，2002，40(20)：3392-3398.

[114] Lei X，Tong L，Pan H，et al. Preparation of polyarylene ether nitriles/fullerene composites with low dielectric constant by cosolvent eavaporation. Journal of Materials Science：Materials in Electronic，2019，30：18297-18305.

[115] 沈世钊. 含丙烯基聚芳醚腈结构、性能及复合研究. 成都：电子科技大学，2016.

[116] Qi Q，Xu M，Lei Y，et al. The effect of polyarylene ether nitriles structures on their foaming behaviors and dielectric properties of the films. Journal of Materials Science：Materials in Electronics，2018，29(2)：1317-1326.

[117] Wang L，Liu X，Liu C，et al. Ultralow dielectric constant polyarylene ether nitrile foam with excellent mechanical properties. Chemical Engineering Journal，2020，348：123132.

[118] Qi Q，Zheng P，Lei Y，et al. Design of bi-modal pore structure polyarylene ether nitrile/SiO$_2$ foams with ultralow-k dielectric and wave transparent properties by supercritical carbon dioxide. Composites Part B：Engineering，2019，173：106915.

第 7 章

聚芳醚腈光功能复合材料及应用

作为一类聚芳醚特种工程塑料的新品种，聚芳醚腈大分子主链由刚性苯环与柔性芳醚键组成、侧链含有极性氰基和反应性官能团，这些分子结构特征赋予其独特的理化性质与功能特性，不但使其具备耐高温、高强度、高模量、耐腐蚀、易加工等特种高分子的优异结构性能，而且为实现特种高分子功能化提供结构基础与具体途径。随着聚芳醚腈在结构材料领域的应用逐渐深入，不断开发该类材料的功能特性显得尤为必要，特别是开发聚芳醚腈的光功能化新途径，并探索其在光功能材料领域的应用性能，是近年来该领域的研究热点。本章总结了近年来报道的聚芳醚腈光功能化及其纳米功能复合材料的研究进展，主要包括聚芳醚腈荧光材料、聚芳醚腈/贵金属纳米复合薄膜及聚芳醚腈/量子点复合微球等主要内容。研究人员通过合理的分子设计对聚芳醚腈进行结构改性，赋予其丰富的荧光活性，再结合贵金属纳米结构的近场光学效应与半导体量子点的荧光可调性，借助于荧光共振能量转移的基本原理，最终开发了一系列结构组成、聚集态形貌、荧光性能均灵活可调的聚芳醚腈光功能纳米复合材料。系统研究了聚合物分子链段组成、分子量分布、浓度、微纳聚集态结构及纳米粒子形貌、组成、表面结晶状态对于聚芳醚腈光功能纳米复合材料荧光性能的影响关系，为拓展聚芳醚腈在化学传感、环境催化、光电器件、生物医学等领域的应用奠定坚实的理论基础。

7.1 本征型荧光聚芳醚腈

光与物质的相互作用一直是材料学、化学、生物医学、物理学等领域的研究热点，其中又以荧光材料的研究历史最为悠久。自 1852 年 Strokes 首次提出荧光定量分析的概念以来，荧光材料已被广泛应用于生物医疗、光电器件、分析检测、工业制造等领域。依据分子结构不同，荧光材料被分为无机荧光材料、有机小分子荧光材料及高分子荧光材料。其中高分子荧光材料作为后起之秀，在近几十年来得到了研究者的广泛关注，并实现了日新月异的发展。这主要得益于高分子材料得天独厚的优势，包括发射光谱易于调节、光学性能稳定、分子结构设计丰富、加工性能优异以及可制备柔性器件等。

荧光高分子材料的研究先后经历了荧光染料掺杂高分子复合材料、共轭高分子发光、聚合物碳点发光、聚集诱导发光等几个主要的发展阶段。相比于掺杂型荧光高分子材料而言，本征发光荧光高分子具有更加优越的荧光性质，如发光性质容易调控、材料分子结构设计性强、材料成型加工过程中荧光性能稳定等，因而在柔性显示器、可穿戴设备和个性化医疗等新兴领域展现出巨大的应用前景。

近年来，随着聚芳醚腈作为结构材料研究的逐渐深入，研究者认识到开展聚芳醚腈的光、电、磁纳米功能化研究是提升该类特种高分子附加值的有效途径。从分子结构角度来看，聚芳醚腈具有较好的荧光功能化结构基础，其主链拥有大量的芳环和与芳环交替存在的助色基团醚键（—O—），前期研究已证明聚芳醚腈在溶液、薄膜及纤维状态下，均表现出发射峰位于 390～430nm 的本征型蓝色荧光，但量子产率较低。为进一步提升聚芳醚腈的荧光性质，需深入研究聚芳醚腈分子结构与荧光性质的相关关系，同时应辅以分子设计手段，设计合成具有新型发光效应的聚芳醚腈，以此为基体结合光学纳米粒子，构筑多样化的光功能复合材料，最终拓展聚芳醚腈在柔性显示、传感器件、诊断试剂等领域的应用潜力。

7.1.1　荧光聚芳醚腈结构与性能

荧光聚芳醚腈作为一种功能性特种高分子材料，应用在光学领域具备以下的优势：①易于调节的分子结构，可通过选择不同双酚单体，或是接枝官能团获得具有荧光性能的聚芳醚腈；②取代基的反应性，包括氰基、羧基及磺酸基等；③可期待的苛刻环境使用性能，如可在高温、腐蚀及辐照环境下使用；④良好的尺寸稳定性，可保持其结构在使用过程中不易受环境影响；⑤优异的可加工性能，可制备成多种形态的荧光高分子，如溶液、薄膜和纤维。

聚芳醚腈荧光功能化的研究，现有报道主要集中在含酚酞啉（PPL）结构的聚芳醚腈（PPL-PEN），如图 7-1 所示。因为 PPL 结构中以 sp^3 杂化碳原子为中心构成的三苯甲烷结构可以转化为更加稳定的三苯甲基结构，使其具有一定程度的共轭，可以当作一个共轭的荧光团[1]。同时，该结构侧链拥有悬挂的羧基可以作为一个反应

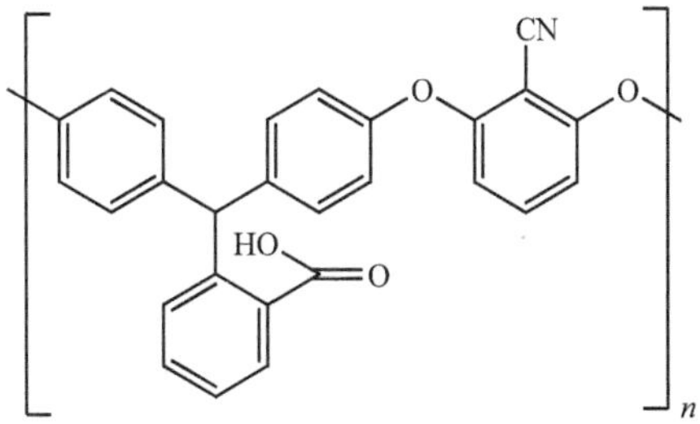

图 7-1　酚酞啉型荧光聚芳醚腈（PPL-PEN）分子链节化学结构

位点与其他材料复合，用以制备复合荧光高分子材料[2]。所以，含酚酞啉结构的聚芳醚腈不仅结合了共轭结构(PPL)荧光性能与非共轭结构(醚键)良好溶解性的优点，而且具有反应性官能团(羧基)，是一类进行荧光功能化的理想结构。

7.1.2 聚芳醚腈溶液荧光性质

1. 不同溶剂下的聚芳醚腈溶液荧光性质

荧光材料在溶液状态下应用时，需要考虑使用的溶剂对其荧光性能的影响。聚芳醚腈通常溶于强极性质子溶剂，因此选取 NMP、DMAC、DMF 和 THF 为溶剂，进行了不同溶剂中荧光光谱的表征，结果如图 7-2 所示。首先是溶剂对荧光发射峰的影响，其中 NMP、DMAC 和 DMF 均属于强极性溶剂，极性顺序为 NMP>DMAC>DMF，且相差较小。所以在这三种溶剂中荧光发射峰位置均在 422nm 左右。THF 为中等极性溶剂，其荧光发射峰红移至 428nm 处。这主要是聚芳醚腈侧链的羧基能够与极性溶剂发生氢键缔合作用，氢键缔合导致了发射峰发生蓝移。而极性较弱的 THF 所产生的氢键缔合作用小于强极性的有机溶剂。因此，THF 溶剂状态下的荧光发射峰，相较于其他三种强极性溶剂状态下的荧光发射峰出现了微弱的红移现象。但结果同样表明，聚芳醚腈在不同有机溶剂中的荧光性能相差不大，均发射蓝光波段的荧光。

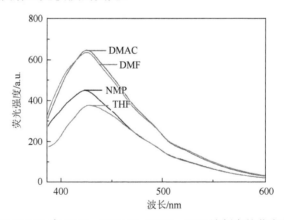

图 7-2 PEN-PPL 在 NMP、DMAC、DMF、THF 溶剂中的荧光发射光谱

2. 不同浓度下的聚芳醚腈溶液荧光性质

荧光强度及光谱形状高度依赖于荧光物质的浓度。通常情况下，稀溶液的荧光强度随溶液浓度增加而增加，但是浓溶液的荧光强度则常随着浓度增加而出现减小。这是由于分子间相互作用导致激发态分子和基态分子碰撞，发生非辐射能量转移，使得荧光强度下降[3]。另外，在高浓度情况下，荧光物质的吸收光谱和发射光

谱发生部分的光谱重叠。物质自身对重叠部分的荧光进行吸收，从而出现内滤效应，这也会导致短波部分荧光发射的消失[4]。

在研究浓度对聚芳醚腈荧光性能的影响时，以具有不同分子量及分子量分布的 PEN-PPL 系列为代表进行研究。这是因为高分子是由相同的重复单元形成，在相同的质量浓度时，高分子的重复单元数相差不大。但不同分子量的高分子，单个分子链拥有的平均重复单元个数不同，则在溶液中拥有不同的分子链数量。如将单个重复单元的分子在一定质量浓度下的分子链数量记为 100，则 10 个重复单元的高分子在相同质量溶度下的分子链数量即约为 10。因此，在研究浓度对荧光性能的影响时，同时会对不同分子量及分子量分布聚芳醚腈在不同浓度下的荧光性能进行表征。可方便后期研究分子量及分子量分布对荧光性能的影响。首先以分子量为 12200 的 PEN-PPL-12K 为例，其在不同浓度下的荧光发射光谱如图 7-3(a) 所示。溶液浓度范围覆盖了 0.05mg/mL 的低浓度到 150mg/mL 的高浓度。通过观察，可以发现在浓度低于 50mg/mL 时，荧光强度随着浓度增加而逐渐增强。当浓度为 50mg/mL 时，其荧光强度达到最大值。此后，随着浓度继续增加，荧光强度开始降低，并且荧光峰波长逐步从 420nm 红移至 430nm。图 7-3(b) 则更加直观地给出了荧光强度和荧光峰的变化趋势，以浓度为自变量，420nm 处的荧光强度和不同浓度的荧光峰波长分别为因变量。可以看到，荧光强度随浓度先增大后减小，而发射峰波长则是随浓度增加而持续红移。

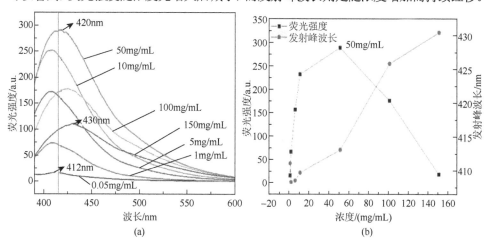

图 7-3　PEN-PPL-12K 溶液不同浓度的荧光发射光谱(a) 与对应变化曲线(b)

对 PEN-PPL-12K 不同浓度溶液的紫外吸收光谱进行了测试，结果如图 7-4 所示。可以看出，一方面，PEN-PPL-12K 的紫外吸收峰同样随着浓度的增加而随之红移。特别是当浓度大于 50mg/mL 时，其吸收峰尾部逐渐增加。这表明了内滤效应对高浓度聚芳醚腈的荧光发射产生了相当大的影响。另一方面，内滤效应在稀溶液条件下与聚芳醚腈的分子量大小无关，这一点可以从低浓度下不同分子量

PEN-PPL 的紫外-可见吸收光谱中得出。此外，由高浓度的分子间聚集产生的各种非辐射途径也导致剧烈的荧光猝灭以及发射波长的红移。

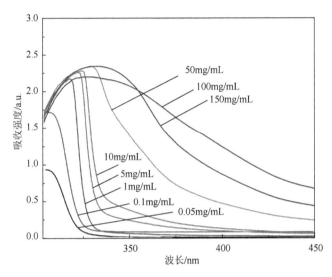

图 7-4   PEN-PPL-12K 溶液不同浓度的紫外-可见吸收光谱

3. 不同分子量聚芳醚腈的溶液荧光性质

高分子在溶液中的溶解度和聚集状态与其分子量有关，因而分子量也会对高分子溶液的荧光性能产生重要影响。首先，选择在低浓度下研究分子量的影响，以避免浓度效应所导致的聚集。将不同分子量的聚芳醚腈均配制为 0.05mg/mL 的溶液，并表征其荧光发射光谱。测试结果如图 7-5 所示。随着数均分子量从 3700 增加至 14900，荧光强度出现了先上升后下降的规律，在分子量为 12200 时（PEN-PPL-12K）达到最强。同时荧光发射光谱的形状和发射峰位置几乎无差别。该结果与文献报道的共轭荧光高分子聚［2-甲氧基-5-(2-乙基己氧基)-1,4-苯乙炔］(MEH-PPV) 在溶液中研究分子量的影响情况相似[5]。高分子量的聚合物拥有更长的分子链，在相同的质量浓度下，相较于低分子量的聚合物拥有更少的分子链数量。而更少的分子链数量会使溶液中分子链间的碰撞等非辐射能量消耗减少，即荧光会随着分子量的增加而增大。另外，当分子链长度较短时，重复单元的增加仅可以增强分子链的刚性，限制化学键的旋转，最终也将导致荧光的增强[6]。但是当分子量大到一定程度后，由于任何体系均须符合热力学熵增原理，单个分子链自身的卷曲已无法避免。这种分子链的卷曲增加了内部的能量自吸收，使得荧光强度减小。此外，当浓度增大至 1mg/mL、5mg/mL 和 10mg/L 时，所得结果同样具有以上规律。因此，对于聚芳醚腈而言，分子量主要对其荧光强度产生影响。影响规律为：当在稀溶液中，聚芳醚腈的荧光强度随着分子量的增大出现先增加后降低的规律。

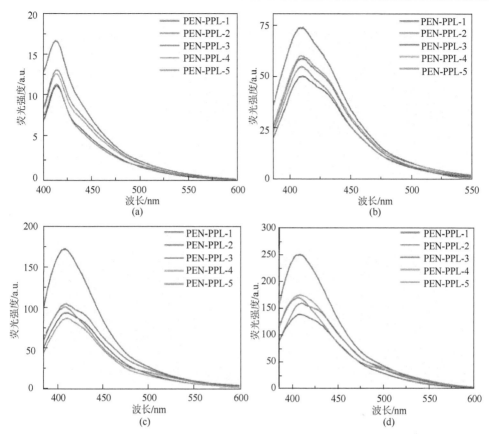

图 7-5　PEN-PPL 系列相同低浓度下不同分子量的荧光发射光谱（彩图请扫封底二维码）

浓度：（a）0.05mg/mL；（b）1mg/mL；（c）5mg/mL；（d）10mg/mL

4. 不同分子量分布聚芳醚腈的溶液荧光性质

研究表明对高浓度聚芳醚腈溶液而言，其荧光性能主要受到分子链间作用的影响，而高分子的分子量分布对其分子链间相互作用有一定影响，因此揭示聚芳醚腈分子量分布对其高浓度溶液荧光性质的影响规律尤为重要。如图 7-6（a）所示，尽管 PEN-PPL-1（$M_w = 3700$，$M_n = 5500$，PDI $= 1.48$）与 PEN-PPL-2（$M_w = 4000$，$M_n = 5500$，PDI $= 1.38$）具有相差不多的分子量，但后者的荧光强度强于前者。究其原因应为 PEN-PPL-2 较小的分子量分布所致。较小的分子量分布代表相同质量浓度下，溶液中分子链的长度更加均匀。对于荧光聚合物，其相邻相同长度的聚合物分子链间的非辐射能量传递较少，因此 PEN-PPL-1 的荧光强度较高[7]。当分子量继续增加，分子量分布对荧光的影响表现得更加显著。如图 7-6（b）所示，在 50mg/mL 的浓度下，PEN-PPL-3（$M_w = 8000$，$M_n = 12200$，PDI $= 1.53$）的发射峰位于 420nm，PEN-PPL-4（$M_w = 12000$，$M_n = 21600$，PDI $= 1.80$）的发射峰位于 425nm。

后者的发射峰不仅向右红移了 5nm，同时荧光强度也出现了下降，并伴随着 500nm 左右的肩峰出现。这是在高浓度下，分子链与分子链间作用，形成激基缔合物，导致的荧光猝灭，发射峰向高波段红移，同时在右侧出现肩峰，同时 PEN-PPL-4 相较于 PEN-PPL-3 更大的分子量分布也决定了前者具有更强的无辐射能量转移，进而导致其荧光强度下降。同样地，PEN-PPL-5（$M_w = 14900$，$M_n = 23400$，PDI = 1.57）与 PEN-PPL-4 拥有相差不多的分子量，但分子量分布较小。因此，可以发现 PEN-PPL-5 的荧光强度大于 PEN-PPL-4，且发射峰波长蓝移。这也是较小的分子量分布致使的分子链间能量转移过程中，无辐射能量耗散减少所产生的益处[8]。同样的结果也可以在更高浓度的 100mg/mL［图 7-6（c）］和 150mg/mL［图 7-6（d）］中观察到。结合本部分测试结果与已有的相关报道，聚芳醚腈分子量分布对荧光性能的影响可总结为：在相同的条件下（如浓度、温度、溶剂等），拥有相对较小的分子量分布，即拥有更加均匀的分子尺寸（如分子链长度），可以有效地抑制分子链间的无辐射能量转移，从而增强荧光和使发射峰蓝移。

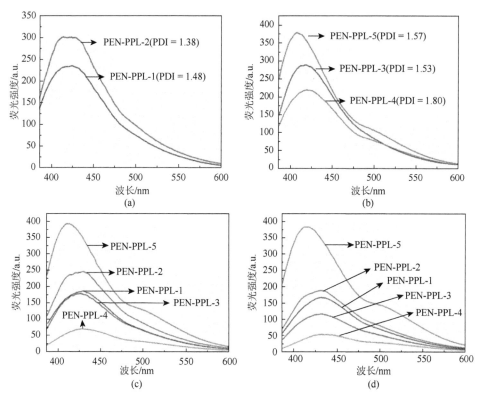

图 7-6　不同分子量的高浓度聚芳醚腈溶液荧光发射光谱

(a)、(b) 50mg/mL；(c) 100mg/mL；(d) 150mg/mL

　　图 7-7 的时间分辨光谱也进一步地验证了以上结论。根据时间分辨光谱的曲
线斜率越大，衰变速度越快，在高浓度条件下，PEN-PPL-4 荧光衰变的速度小于
PEN-PPL-5。同时，测试所得的荧光寿命结果，PEN-PPL-4 为 3.04ns，PEN-PPL-5
为 2.64ns。PEN-PPL-5 拥有更短的荧光寿命表明，处于激发的 PEN-PPL-5 分子能
够更为高效地通过辐射通道释放能量（荧光发射）。但分子量分布更宽的
PEN-PPL-4 则由于更多的分子链间的无辐射方式释放能量（如系间窜越），最终显
示出更长的荧光寿命。此结果，同样说明了分子量分布对高分子荧光性能的影响。
需要获得荧光性能更加优异的高分子，可通过减小其分子量分布获得。

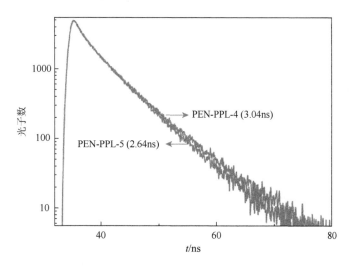

图 7-7　PEN-PPL-4 与 PEN-PPL-5 的时间分辨光谱（C = 50mg/mL）

7.1.3　聚芳醚腈薄膜荧光性质

　　荧光高分子链的微观取向状态已被证明是影响其固态荧光性能的一个重要因
素。因此，对聚芳醚腈薄膜进行不同程度的热拉伸处理，获得不同取向度的固态
聚合物薄膜，然后采用显微荧光光谱系统对其荧光性能进行表征，试图为理解凝
聚态聚芳醚腈取向结构与荧光性能的相互关系提供实验依据。利用在加热条件下
对薄膜沿水平方向进行拉伸，可以使薄膜中的分子链具有一定的取向[9]。采用该
方法，通过将 PEN-PPL 的薄膜在加热条件下进行拉伸不同比例后，测试荧光发
射光谱，图 7-8（a）为薄膜进行拉伸前的 SEM 图，显示出了薄膜平整光滑的表面。
图 7-8（b）为拉伸倍率为 20%时的微观形貌。可以观察到，此时薄膜表面已经出现
了一定的取向，如图中白色虚线所示，表明 PEN-PPL 薄膜在加热条件下进行拉伸，
可以获得具有一定取向的薄膜。

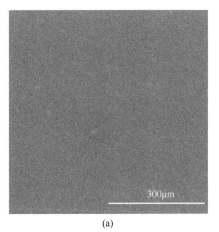 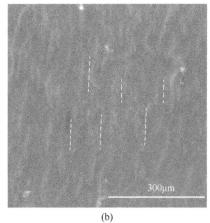

(a)   (b)

图 7-8 PEN-PPL 薄膜的微观形貌

(a)拉伸前；(b)拉伸倍率为 20%

图 7-9(a)和(b)分别为热拉伸后荧光发射光谱和对应的荧光强度与荧光发射峰与拉伸倍率的关系图。根据图中结果可知，PEN-PPL 薄膜的荧光强度随着拉伸倍率的增加出现了先减小后增加的趋势，而荧光发射峰则基本上是单调红移的规律。这可能是由于热拉伸的过程中，分子链会随着水平拉伸方向伸展排列，而对于垂直于拉伸方向而言，由于分子链间的距离逐渐变窄，同时分子排列更加规整，这会导致更强的 π-π 堆积效应，使得荧光发射峰持续的红移[10]。而在热拉伸后期，分子链取向程度增加，分子链更加伸展，由分子链自身卷曲所导致的非辐射能量耗散就会得到削弱；并且拉伸可使分子链滑移，减少了纵向的分子链堆积，这可能是导致荧光出现增强的原因[11]。

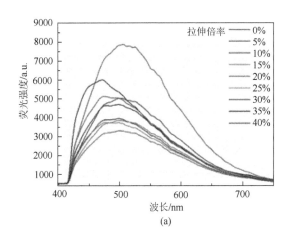

(a)

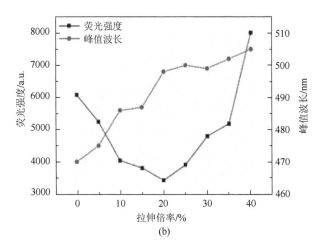

图 7-9　(a)PEN 薄膜进行不同比例拉伸后的荧光发射光谱（彩图请扫封底二维码）；
(b)对应的拉伸比例与荧光强度和发射峰波长的关系

7.1.4　新型荧光聚芳醚腈

1. 新型荧光聚芳醚腈合成背景

聚芳醚腈作为一类非共轭荧光高分子材料，仍然存在发射光谱单一（390～430nm）、斯托克斯位移较小、量子产率较低等缺点。传统聚芳醚腈本质上仍然是一种聚集荧光猝灭（ACQ）材料，在高浓度或者是固体状态时，分子间聚集所产生的非辐射能量损耗，导致荧光减弱或者是完全消失。并且聚芳醚腈所特有的刚性分子主链结构与侧链极性氰基、强烈的分子间相互作用使得聚芳醚腈在高浓度或不良溶剂存在下极易团聚，进而导致荧光猝灭，限制了荧光聚芳醚腈在聚集态下的荧光性能。

聚集诱导发光（AIE）是由唐本忠教授于 2001 年偶然发现的一种新型的荧光发射现象，是指物质在稀溶液状态下不发射荧光或是荧光很弱，但在聚集状态下拥有很强的荧光发射，聚集状态下的分子内运动受限现已被公认为 AIE 现象的内在机理[12]。自 AIE 概念提出以来，迅速发展成为解决传统荧光材料 ACQ 难题的主要方法。特别是由于高分子对荧光的协同放大作用，制备具有 AIE 效应的高分子，用以提升高分子聚集状态下的光学性能并应用于发光器件、化学传感和生物成像方面的应用研究与日俱增。

为了进一步改善聚芳醚腈荧光性能，研究者借鉴 AIE 的学术概念，通过在聚芳醚腈主链引入具有 AIE 效应的单体，获得了一些具有增强量子产率的新型荧光聚芳醚腈（AIE-PEN）。

2. AIE 型荧光聚芳醚腈的分子设计

制备 AIE 材料的方法十分简便，通常是将常见的 AIE 效应单体(AIEgens)，如六苯基噻咯(HPS)、四苯乙烯(tetraphenylenthene，TPE)、双苯乙烯基蒽(distyreneanthracene，DSA)及其衍生物引入目标分子中，即可获得具有 AIE 效应的荧光高分子材料。酚酞啉型聚芳醚腈(PEN-PPL)具有一定的聚集诱导荧光增强的结构基础，但荧光在聚集状态下增强的程度不高，无法达到与典型的聚集诱导荧光高分子增强程度。基于上述基础，选取了具有双羟基取代的四苯乙烯衍生物(TPE-2OH)和酚酞啉作为双酚单体与 2,6-二氯苯甲腈通过亲核取代缩聚反应，控制 TPE-2OH 与 PPL 的摩尔质量比分别为 1∶99、25∶75、50∶50、75∶25 及 100∶0，最终获得不同分子主链结构的 AIE 型聚芳醚腈，并据此命名为 PEN-T1P99、PEN-T25P75、PEN-T50P50、PEN-T75P25 及 PEN-TPE，合成过程如图 7-10 所示。

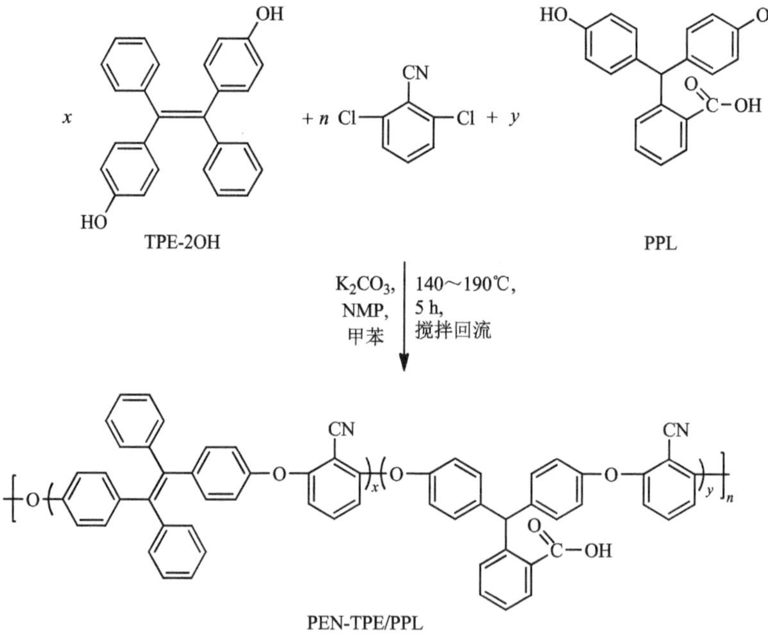

图 7-10　AIE 型荧光聚芳醚腈(PEN-TPE/PPL)的合成示意图

3. AIE 型 PEN 的聚集诱导荧光性质

通过向高分子良溶液中引入选择性不良溶剂，以诱导大分子发生聚集，通过测试不同聚集程度下的荧光性能即可用于评价大分子的 AIE 性质。具体实验过程

为：首先将聚芳醚腈在 DMF 溶剂中配制为 10mg/mL 的溶液，取 200μL 该溶液于
试管中，分别加入 0μL、100μL、200μL、300μL、400μL、500μL、600μL、700μL、
800μL 和 900μL 的 DMF，振荡稀释为均匀的溶液。再分别对应加入 900μL、800μL、
700μL、600μL、500μL、400μL、300μL、200μL、100μL 和 0μL 的去离子水，振
荡混合。即得不良溶剂水分含量为 0%、10%、20%、30%、40%、50%、60%、70%、
80%、90% 的良-不良混合溶剂。将该混合溶液经磁力搅拌 2min 再静置 2min 后，
测试其荧光发射光谱，结果如图 7-11 所示。

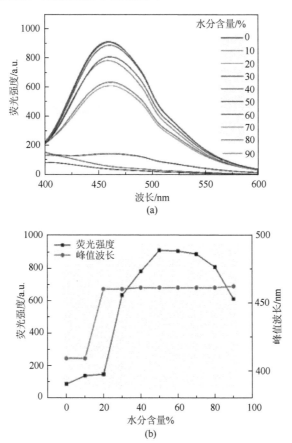

图 7-11　(a)PEN-TPE1PPL99 在不同水分含量下的荧光发射光谱（彩图请扫封底二维码）；
(b)对应的荧光发射峰强度及波长的变化趋势

　　仅 1% 的 TPE 引入，已经使具有 ACQ 效应的聚芳醚腈高分子出现了在聚集状
态下荧光大幅增强的现象。并且与小分子的 TPE-2OH 单体不同，PEN-TPE1PPL99
的荧光在水分含量为 10% 时即出现了少许增强，在 50% 即达到最强荧光发射。AIE
因子(α_{AIE})为 11，即荧光最大增强了 11 倍。荧光发射峰方面，随着水分含量的增

加，发射峰由最初的 409nm 移至水分含量 90%时的 462nm，发生了多达 54nm 的红移。表明 TPE 结构的引入，赋予了聚芳醚腈 AIE 的特性，并将其发射峰调至更加明亮的蓝色波段。

继续在聚芳醚腈主链中增加 TPE 结构比例，表征所得 PEN-TPE/PPL 的聚集诱导荧光性能，结果如图 7-12 所示。图 7-12(a)～(d)分别为 TPE 引入比例 25%、50%、75%和 100%的聚芳醚腈在不同水分含量时的荧光发射光谱。不同含量 TPE 的 PEN-TPE/PPL 均显示出典型的 AIE 性能，随着不良溶剂的增加，荧光逐渐增强并红移，随后又由于大尺寸聚集体的产生，荧光猝灭，强度出现下降。每张图片中插图为对应 PEN-TPE/PPL 在 DMF 良溶剂中以及 DMF/H$_2$O 混合溶剂中荧光强度增至最强时的荧光照片，表明四种结构的聚集体荧光均为明亮的蓝光发射。

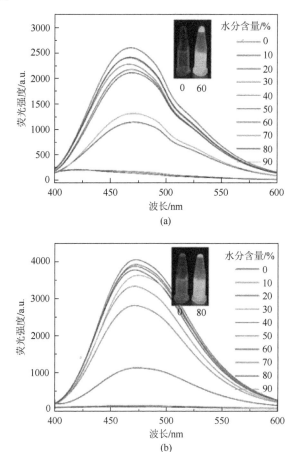

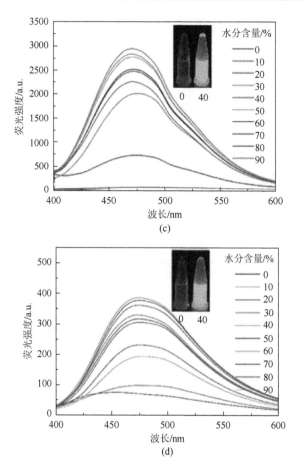

图 7-12　PEN-TPE/PPL 的 AIE 效应及其对应水分含量为 0%及
荧光强度达到最高时的溶液荧光照片(彩图请扫封底二维码)

(a) PEN-TPE25PPL75；(b) PEN-TPE50PPL50；(c) PEN-TPE75PPL25；(d) PEN-TPE100

7.2　聚芳醚腈/纳米金银生物传感器

　　贵金属材料在可见光的作用下，其外层自由电子受电磁波作用而发生振动，在特定条件下其振动频率与入射光频率一致从而发生共振，称为表面等离子体共振(surface plasmon resonance，SPR)。利用经典的 Kretschmann 结构可在连续金薄膜与玻璃棱镜的界面处激发表面等离子体共振瞬逝波，在此基础上开发了无标记光学生物传感器并已成功实现了商业化的实时在线检测系统[13]。通过引入贵金属纳米结构，可将表面等离子共振局限于纳米尺度范围内，从而使得纳米结构局部电磁场强度极大地被增强，此种物理现象因此被称为局域表面等离子体共振

(localized surface plasmon resonance，LSPR)[14]。

纳米金/银作为研究最为广泛的贵金属材料之一，具备优异的光学、电学及催化性能。尤其是其丰富的光学性能，为设计光学生物传感器件提供了多样化的信号转换与信号放大方法。例如，典型的局域表面等离子体共振频率，可以通过改变纳米粒子的几何参数(粒径、形状、间距等)、化学组成及表面介电环境，在紫外、可见及近红外波段内灵活调整，从而精确地调控纳米粒子对入射光的吸收及散射过程，进而有效地控制光与物质的相互作用，进一步拓展纳米金粒子的光学应用。对于固定在基底上的纳米金体系，需要重点考虑纳米金粒子与固体基底的相互作用，在充分保证其光学性能的前提下尽可能地稳定纳米结构。通常大多数的研究中均采用玻璃作为基底材料，主要是由于玻璃的透明性及廉价性。然而纳米金/银粒子与玻璃的相互作用较弱，通过简单物理吸附固定在玻璃表面的纳米金/银粒子在实际应用中极易被溶剂洗脱解吸，因此需要采用特殊的界面处理方法来使得纳米金/银粒子均匀并且稳定地固定于基底表面。

为了实现在固体基底上大面积制备表面不含有任何化学稳定剂并且形貌可控的纳米金粒子，很多研究者采用了真空物理气相沉积结合退火热处理的技术，并结合多种后处理方法来增强纳米金在玻璃基底上的稳定性。例如，法国里尔第一大学交叉学科研究所的 Sabine Szunerits 研究组通过沉积多种氧化物薄膜于纳米金表面，从而增强玻璃基底上纳米金粒子的稳定性[15-19]；另外，以色列威兹曼研究所的 Israel Rubinstein 研究组则采用了玻璃基底硅烷化和热处理相结合的方法来稳定纳米金粒子[20-24]；国内吉林大学超分子结构与材料国家重点实验室的杨柏教授研究组采用退火热处理及高分子反应涂层来稳定纳米金粒子，并详细研究了热处理过程中玻璃基底上的纳米金粒子的形貌演变，进而确定了适应于生化传感应用的实验条件[25-27]。上述方法尽管有效地增强了纳米金粒子在玻璃基底上的稳定性，但是均需要额外的稳定结构层，因此会不同程度地影响纳米金的光学性能。贾坤等提出了利用真空物理气相沉积结合高温退火处理来稳定纳米粒子的实验方案，选择在玻璃基底的玻璃化转变温度附近(550℃)，采用高温退火处理可以使部分纳米金粒子镶嵌于玻璃基底内部，从而极大地增强了纳米金粒子在固体基底上的稳定性，并系统研究了不同实验条件下所制备的纳米粒子的光学性能，确定了最优的纳米结构并应用于蛋白质等生物分子的传感分析[28-30]。

尽管高温退火的实验方案成功实现了形貌可控、均匀分布的纳米金结构的大面积制备，但是仍然有一些问题急需解决。例如，长时间的高温热处理必然是一个高能耗过程，另外在这些实验方案中，玻璃单纯作为支撑基底材料，不具备一定的可加工性、柔韧性以及有效的表面功能化特性。因此，如何在保证纳米金粒子光学性能及在固体基底上稳定性的同时降低热处理温度、寻求新型的基底材料以及更有效地利用基底材料的特性，是大幅度提升纳米金生物传感器性能的突破口。

7.2.1　聚芳醚腈/纳米金银生物传感器制备

　　基于上述背景，我们将通常采用的玻璃基底更换为特种高分子材料聚芳醚腈薄膜，这样既可以在较低的玻璃化转变温度下稳定纳米金粒子以降低能耗，又可以通过特种高分子材料灵活的分子结构设计及加工方法，以期制备出集力学结构强度及光学传感功能于一体的挠性生物传感器薄膜。整体的实验流程为：首先从聚芳醚腈特种高分子的合成出发，制备出在可见光波段内具备高透过率并且具有200~250℃玻璃化转变温度及良好加工性能的荧光聚芳醚腈薄膜。在此基础上，通过真空物理气相沉积方法，在聚芳醚腈薄膜表面沉积不同厚度的纳米金薄膜，之后在高温烘箱中进行退火热处理，并重点进行热处理气氛、温度及时间的优化，从而制备纳米金可控镶嵌于高分子薄膜的有机无机纳米复合材料，并研究纳米金粒子对聚芳醚腈薄膜荧光性能的影响。最后通过对聚芳醚腈/纳米金复合薄膜进行表面生物功能化，固定抗体蛋白质分子并用于模型抗原分子(牛血清蛋白)的特异性检测，总体实验方案如图 7-13 所示。

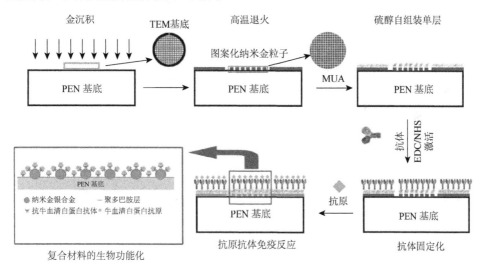

图 7-13　聚芳醚腈/纳米金功能薄膜生物传感器的制备与生物功能化(彩图请扫封底二维码)

7.2.2　聚芳醚腈/纳米金银生物传感器性能

1. 聚芳醚腈基底薄膜性质

　　作为 LSPR 传感器的基底材料，需要具有良好的光学透明性及一定的力学强度，另外还需要明确其玻璃化转变温度，作为选择后续热处理条件的依据。根据表 7-1 显示的基本性质数据，聚芳醚腈薄膜具有良好的力学性能与耐热性能，在可见光波段具有较高的透过率，可作为柔性 LSPR 生物传感器的基底薄膜。

表 7-1　聚芳醚腈基底薄膜基本性质

拉伸强度/MPa	断裂伸长率/%	拉伸模量/GPa	玻璃化转变温度/℃	可见光透过率%
75.3	3.5	2.6	230	>80

2. 不同纳米金蒸镀厚度对复合薄膜光学性能的影响

金属纳米粒子的 LSPR 光谱，主要与金属纳米粒子的形貌、尺寸、粒子间距有关，因此利用固定有标记物(蛋白质、抗体)的贵金属纳米颗粒与待检测物接触后，发生生物/化学反应，导致其共振吸收光谱发生变化，从而完成对标记物的无标记检测，是光学生物传感器实现实时检测，微型化和集成化的一个重点研究领域。而为了更好地实现检测，一个具有对称性好、半峰宽窄、吸收峰位置低、峰强高的金属纳米粒子 LSPR 光谱是很有必要的，这种光谱取决于金属纳米粒子规则的形貌、均匀的粒径分布、大的粒子间距和小的粒子尺寸。在退火热处理方法制备金属纳米粒子中基底上蒸镀的金连续薄膜的厚度合适，是制备金属纳米粒子的关键。对于不同的基底，金膜与基底的热应力不同，能够"撕裂"的金连续膜的厚度也就不同，本章选用的聚芳醚腈基底是有机膜，故而蒸镀的金膜厚度也会远薄于玻璃基底上的金膜。图 7-14 显示了在空气气氛下不同厚度的金纳米薄膜在热处理前后的局域表面等离子体共振光谱。

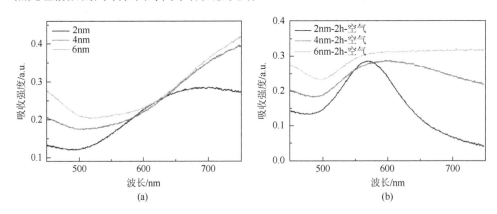

图 7-14　物理气相沉积不同厚度金纳米层的复合薄膜热处理前(a)后(b)LSPR 光谱

进一步采用扫描电子显微镜表征了制备复合薄膜的微观形貌，图 7-15(a)为热处理之前复合薄膜的微观形貌，为连续薄膜。如图 7-15(b)所示，6nm 厚度的金纳米薄膜在经过热处理后金膜的皲裂很小，几乎没有金纳米粒子生成。而 2nm 厚度的金纳米薄膜在经过热处理后在 570nm 处有对称性好的峰,但是 2nm 厚度的金纳米薄膜在经过热处理前于 700nm 左右有一定的吸收峰,这是金薄膜太薄表面容易不平整造成的,所以膜厚不宜过薄,2nm 较为合适。

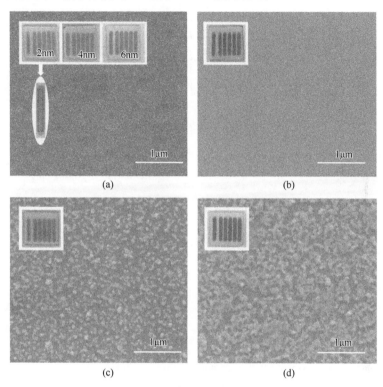

图 7-15 不同金膜厚度因素下的 SEM 图

(a)未热处理;(b)2nm;(c)4nm;(d)6nm

3. 不同退火温度与时间对复合薄膜光学性能的影响

在退火热处理方法制备金属纳米粒子中主要通过调控退火温度、时间和气氛及聚合物薄膜厚度来调控金属纳米粒子的形貌、尺寸和间距。而对于聚合物薄膜厚度的选择,本章分别采用流延法和旋涂法制备聚芳醚腈薄膜以产生较大的厚度区别。

首先,对采用旋涂法制备的薄聚芳醚腈薄膜在沉积金岛膜后进行不同温度及时间的处理。图 7-16 为沉积了 2nm 厚金膜的旋涂薄膜经过不同温度热处理后的吸收光谱及 SEM 图［图 7-16(a)］,从图 7-16(a)可以看出,随着热处理温度的升高,金纳米粒子 LSPR 吸收峰的位置出现红移,半峰宽变宽,吸收强度变强,吸收峰位置出现红移表明,金纳米粒子尺寸在变大,半峰宽变宽说明金纳米粒子尺寸分布范围变大,吸收强度变强与金纳米粒子间距及薄膜在通过热处理后光透过率的变化有关。

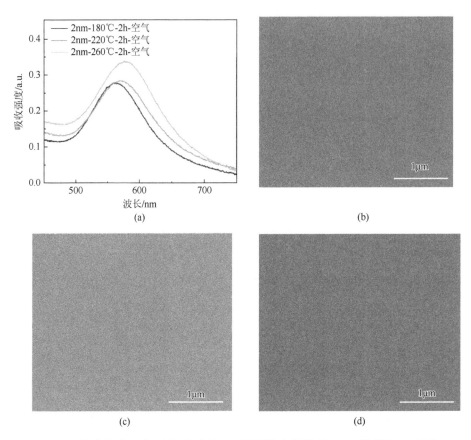

图 7-16　旋涂薄膜经过不同温度热处理后的吸收光谱(a)及 SEM 图［(b)～(d)］

　　图 7-17 为沉积了 4nm 及 6nm 厚金膜的旋涂薄膜经过不同时间热处理后的吸收光谱［图 7-17(a)、(b)］及 SEM 图［图 7-17(c)、(d)］。从图 7-17(a) 可以看出，沉积了 4nm 厚金膜的旋涂薄膜经过 2h 热处理后与经过 12h 热处理及经过 24h 热

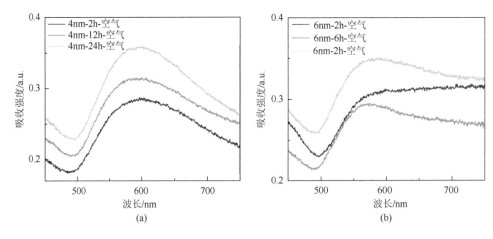

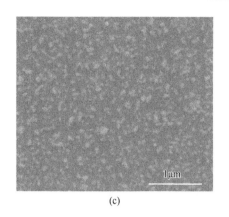
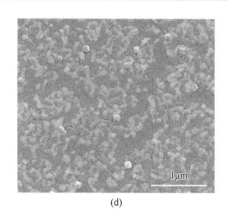

(c)　　　　　　　　　　　　　　　(d)

图 7-17　旋涂薄膜经过不同时间热处理后的吸收光谱［(a)、(b)］及 SEM 图［(c)、(d)］

处理的吸收光谱区别不大，半峰宽都较大，而整体吸收强度的上升主要是由长时间热处理下旋涂薄膜光透过率的下降导致的。

4. 不同材料组成对复合薄膜光学性能的影响

已有研究表明，银纳米粒子在近场光学生物传感方面相比金纳米粒子具有更高的灵敏度，但更容易被氧化，因此将两者优点相结合，得到的金银合金纳米粒子具有更加优异的生物传感性能。为了进一步改进复合薄膜的光学性质，在蒸镀有 2nm 厚的金连续薄膜上蒸镀了 1nm 厚的银连续纳米薄膜，如图 7-18 所示，聚芳醚腈-金复合薄膜在退火热处理前就有微弱的共振吸收，所蒸镀金膜的厚度(2nm)较薄，导致金膜表面不平整。经过退火热处理后，出现了位于 613nm 处的典型共振吸收峰，其半峰宽为 220nm。而聚芳醚腈-金/银合金复合薄膜在退火热处理前无明显共振吸收峰出现，在 2nm 金膜上又蒸镀了厚度为 1nm 的银膜，导致金属薄膜表面更加平整。经过退火热处理后，出现了位于 532nm 处的共振吸收峰，其半峰宽为 142nm。表明两种连续金属薄膜均在热处理过程中发生断裂、迁移、连接，进而形成稳定的纳米结构粒子，且 PEN-Au/Ag NP 的吸收峰波长短于 PEN-Au NP，PEN-Au/Ag NP 的半峰宽也小于 PEN-Au NP，表明 PEN-Au/Ag NP 具有更加均匀的粒径分布。即通过二次蒸镀银膜的方法可以优化复合薄膜的光谱，得到更为完美的金属纳米粒子。

5. 金/银合金-聚芳醚腈复合薄膜生物传感性能

在利用贵金属纳米粒子的 LSPR 性质进行生物分子检测时，由于纳米粒子尺寸较小，不同区域纳米粒子的形貌及尺寸不同，带来的 LSPR 光谱不同，因此在对纳米粒子进行生物修饰及后期对生物分子的检测过程中，纳米粒子的定位非常重要。图 7-19(a)、(b)为聚芳醚腈-金银合金高分子纳米复合薄膜在进行局域表面

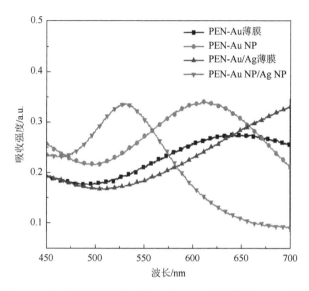

图 7-18　含有金银合金纳米粒子的 PEN 复合薄膜 LSPR 光谱

等离子共振光谱定位测试时的显微镜照片，如图所示在掩模板的作用下得到的是一系列 100μm×100μm 的方格，这种方格与测试仪器的入射光斑大小一致，有利于样品经过各个步骤处理后测试实验的定位，保证测试实验的准确性。

　　LSPR 传感器检测抗原-抗体的示意图，当金纳米粒子表面修饰有抗原或抗体时，相应的 LSPR 光谱就会发生红移。通过实验找出红移的量与浓度的关系，并作出相关曲线，以此曲线为标准曲线，再对未知浓度的抗原-抗体进行检测时就可以实现定量。图 7-19（c）为复合薄膜生物修饰到 PSA 检测过程所测得的图谱，由结果可知，PEN-Au/Ag NP 在 MUA 及 antibody-PSA 处理后均出现共振频率红移与吸收强度增强现象。并且图中还显示，加入 PSA 反应后出现了进一步共振频率红移与吸收强度增强现象。其共振吸收光谱与未生物功能化前相比，发生了 10nm 的红移及 0.08 个单位强度的吸收增加。图 7-19（c）图中的插图表明免疫检测后的纳米粒子表面出现了被 MUA、antibody-PSA 及 PSA 分子覆盖的痕迹。

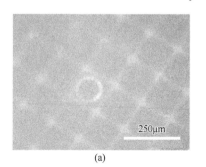

(a)

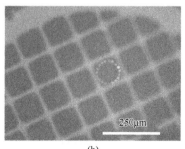

(b)

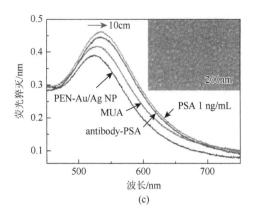

图 7-19 金/银合金图案化 PEN 薄膜热处理前(a)后(b)光学显微照片及
生物功能化过程的 LSPR 光谱(c)

(c)中插图为固定 PSA 蛋白后样品的微观形貌

随后对不同数量级浓度(1～1000ng/mL)的 PSA 进行检测,得到的 PEN-Au/Ag
NP 特征吸收峰红移量与 PSA 浓度关系如图 7-20 所示,根据 3 倍误差原则可以看
出,该方法获得的 PEN-Au/Ag NP 复合薄膜在进行生物功能化后可作免疫检测生
物传感器使用,并且可以特异性地检测到低至 1ng/mL 浓度的 PSA。

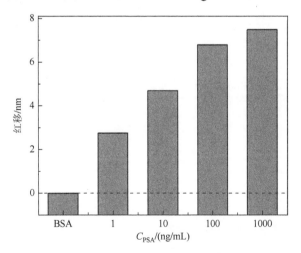

图 7-20 LSPR 特征吸收峰红移量与 PSA 浓度关系柱状图

7.3 聚芳醚腈/量子点复合材料

具有良好的生物相容性、光学特性、磁性及反应活性的纳米粒子是构建下一
代诊断治疗平台必不可少的材料。核-壳结构的 CdSe@CdS 量子点(QD)具有量子

产率高、不闪烁和抗光漂白的特性，是极少数在生物应用领域里得到广泛研究的具有理想光致发光特性的半导体量子点之一；然而，如何克服 Cd^{2+} 的生物毒性对于 QD 的实际医学应用仍然是一个巨大的挑战。除此之外，具有优异光学性能和超顺磁性的纳米粒子大部分不溶于水，因此，实现这些功能性纳米粒子的水相转移是其能应用在生物医学领域的重要步骤。本书通过微乳液自组装的方法将油酸配体的 QD 和超顺磁 Fe_3O_4 纳米粒子(SP)共包埋在两亲性嵌段聚芳醚腈(amPEN)微球当中，通过改变自组装条件得到了发光性能可调的光学磁性纳米探针，其生物相容性好且细胞毒性低。由于 amPEN 的芳香骨架结构与 QD/SP 表面封端剂之间具有强疏水相互作用，因此制备的杂化纳米探针在胶体稳定性、荧光和磁性能方面都极具竞争力，从而奠定了其在体外荧光-核磁共振双模态成像上的应用。

7.3.1   聚芳醚腈/量子点复合材料制备

基于半导体 QD 和小尺寸超顺磁性 Fe_3O_4 纳米粒子(SP)的荧光磁性纳米粒子(FMNP)具有发射荧光可调和超顺磁性，因此越来越多的人着力于研究光磁纳米粒子，特别是在多态生物医学治疗学和先进功能设备的开发方面[31, 32]。例如，荧光 QD 许多特性如上转换和量子尺寸效应可以为构建先进的体外检测探针提供多种途径；而超顺磁性的 Fe_3O_4 纳米粒子广泛地与各种光学探针结合可以提高探针的检测灵敏度和药物输送效率。传统的制备光磁纳米粒子的常规方法大致分为共价键合和非共价封装，由于大部分 QD 在磁性纳米颗粒的共价修饰过程中容易发生明显的荧光猝灭作用，因此非共价封装被认为是制备 FMNP 的首选方法。此外，大多数荧光性能优异的 QD 和磁性纳米粒子表面均有油溶性配体，这些起稳定作用的配体具有较大的疏水性，因此，将这些疏水性纳米粒子转移到水溶液中同时保持其荧光/磁性能是确保它们能实际应用在生物医学诊断治疗中必不可少的步骤。

具有亲疏水性的有机材料已被广泛用作将疏水性 QD/SP 相转移至水溶液中的软模板。与多种有机小分子表面活性剂相比，QD/SP 表面的非极性表面封端剂与嵌段共聚物之间具有更强的疏水作用，使得高分子链段缠结，从而增大分子间相互作用，因此两亲性嵌段共聚物在水溶液中可以为 QD/SP 提供更有效的疏水环境从而使其更稳定。基于此，包括聚马来酸酐十四醇酯与聚乙二醇的二嵌段/三嵌段共聚物、聚乙醇胺和聚苯乙烯-马来酸酐等两亲性嵌段共聚物被广泛制备并进一步作为模板用于疏水性纳米粒子的水相转移，这些两亲性共聚物与疏水纳米粒子作用得到的探针已用于生物成像、体外/体内诊断和癌症治疗等领域[33-35]。此外，通过适当分子设计得到的两亲性嵌段共聚物可以将各种具有不同功能的实体(包括药物、光敏剂、成像探针等)封装到单一体系当中，从而可以实现多功能生物医学平台的建立。然而，传统的共聚烯烃的疏水链段与油溶性 QD/SP 的脂肪族封端剂之间的分子疏水相互作用是有限的，并且在侵蚀性条件下稳定性会下降，将进一步导致胶体溶液的长期稳定性和材料的荧光及磁性能的下降。此外，为确保光磁复合的两亲性共聚物/纳米粒子在生物医学中的进一步应用，需要准确调控两亲共聚物封装纳米粒子之后材料的表面电荷及生物修饰以实现其功能化。因此，尽管通过两亲性嵌段共聚物的自组装封装纳米粒子的方法简便，但实现疏水性光磁纳米粒子的相转移并保持其长期光磁性能稳定性和其生物修饰仍然是一个巨大的挑战。

　　PEN 是典型的高性能聚芳醚类热塑性树脂之一，由于 PEN 主链为芳香骨架结构且具有强的分子间相互作用，因此其机械强度高和热稳定性好，因而是传统意义上先进功能复合材料的理想基质。除此之外，根据之前的研究结果，PEN 也是一种具有固有荧光的非共轭聚合物，可制备用于重金属离子检测的荧光探针。在此工作基础上，我们在工作中通过一种简便的方法将疏水性的核-壳结构的荧光量子点和超顺磁性纳米粒子共包埋在两亲性嵌段 PEN 中，获得单分散的聚合物纳米球，如图 7-21 所示，进一步研究其胶体稳定性。由于得到的聚合物/纳米粒子复合微球具有尺寸、磁性和荧光可调的特性，因此进一步将得到的纳米微球用作体外癌细胞成像探针实现其荧光-核磁共振双模态成像。

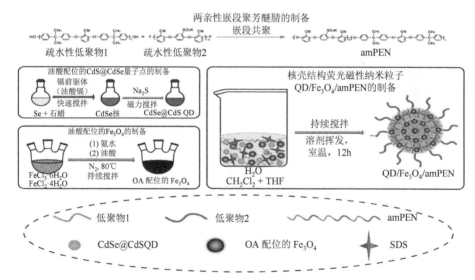

图 7-21　聚芳醚腈/量子点/超顺磁纳米粒子复合微球的制备过程示意图(彩图请扫封底二维码)

7.3.2　聚芳醚腈/量子点/超顺磁纳米复合微球性能及多模态成像应用

1. 聚芳醚腈/量子点纳米复合微球形貌与光学性能

首先对合成的 QD 进行表征，从图 7-22 (a)中的 TEM 图可看出所合成的 QD

纳米颗粒的尺寸约为 5nm，当用 405nm 激光光源照射时，其在 555nm 处显示出强烈的黄绿色发射 [图 7-22(b)和插图]。通过微乳液自组装将 QD 包埋至 amPEN 纳米球中后，用 SEM 对 QD@amPEN 微球的形貌进行表征，结果如图 7-22(c)所示，

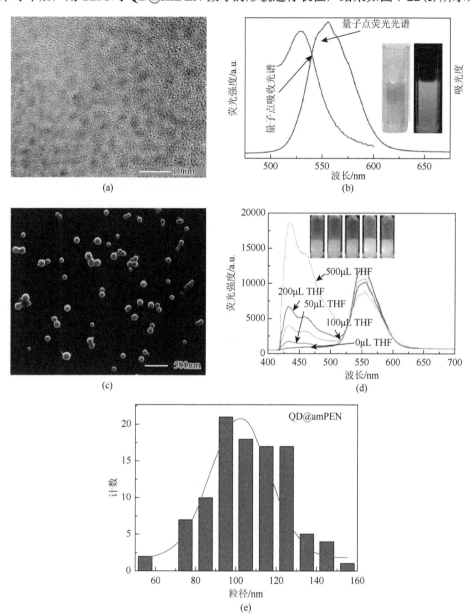

图 7-22   QD 的 HR-TEM 图像(a)和吸收-发射光谱(b)；QD@amPEN 的 SEM 图像(c)和不同溶剂比下合成的 QD@amPEN 微球的荧光发射光谱(d)；(e)粒径分布统计（彩图请扫封底二维码）

从图中可以看出，QD@amPEN 具有单分散性，且其尺寸主要在 90～120nm 之间，表明所得微球可以容易地内吞到细胞中，图 7-22(e)统计分析了微球的粒径分布，可更明显地看出微球的尺寸分布。此外，研究了不同体积比的二氯甲烷(DCM)和四氢呋喃(THF)混合溶剂对 QD@amPEN 杂化微球荧光性能的影响以探究其荧光发射规律，图 7-22(d)展示了不同溶剂比所制备微球的荧光发射光谱。从图中可以清楚地看出，QD@amPEN 微球乳液在 435nm 和 555nm 处出现两个主要发射峰，其中 435nm 处的发射峰是由于 amPEN 大分子的 π-π 跃迁造成的，而 555nm 处的发射峰则归因于核-壳结构的 CdSe@CdS 量子点被成功封装进 amPEN 中。此外，在微球自组装过程中，随着 THF：DCM 的体积比增加(总体积为 1mL)，属于 amPEN 的荧光发射峰强度逐渐增加，而 555nm 处 QD 的发射峰则表现出下降的趋势，从插图中也可以直观地观察到样品管的荧光发射颜色从黄绿色变为蓝色。引起这一变化的原因主要归因于 amPEN 能量给体和 QD 能量受体之间的增强能量转移。具体而言，由于 amPEN 在 THF 中的溶解度高于 DCM，因此混合溶剂中 THF 含量的降低使得 amPEN 与 QD 表面封端剂之间具有更强的分子间相互作用，因此对 QD 有更紧密的包封，从而降低 amPEN 和 QD 之间的局部距离，进一步表现为 555nm 处具有更高的荧光发射强度而 435nm 处荧光减小。而由于蓝光发射部分对体外成像影响较大，因此为了能进一步将荧光微球应用于双模成像探针，选择在无 THF 的条件进行自组装。

2. 聚芳醚腈/超顺磁纳米复合微球形貌与磁性能

随后，根据以上实验结果，通过微乳液自组装，以 1mL DCM 为乳液有机溶剂体系制备磁性 Fe_3O_4@amPEN 微球，同时，制备无磁性的 amPEN 微球作为对照，对所得样品进行表征分析得到如图 7-23 所示结果。首先对合成的 Fe_3O_4 形貌进行观察，得到图 7-23(a)所示的 TEM 图，可看出 Fe_3O_4 纳米颗粒的尺寸主要分布在 10～15nm 之间。进一步地，对纯 amPEN 微球、OA 配位的 Fe_3O_4 和磁性 Fe_3O_4@amPEN 微球的结晶性能进行表征得到如图 7-23(b)所示 XRD 曲线，从图中可看出纯的 amPEN 微球在 $2\theta = 22.2°$ 附近出现一个衍射宽带，表明所合成的 amPEN 共聚物为无定形。同时，所合成磁性纳米粒子在 $2\theta = 30.2°$、$35.6°$、$43.1°$、$53.6°$、$57.1°$ 和 $62.9°$ 处显示出尖锐的衍射峰，这对应于 Fe_3O_4 的(220)、(311)、(400)、(422)、(511)和(440)晶面，与 JCPDS 卡片 19-0629(37)的 Fe_3O_4 相对应。此外，Fe_3O_4@amPEN 磁性微球的 XRD 曲线显示其衍射同时包含 amPEN 和 Fe_3O_4 的特征峰，表明 Fe_3O_4 可能已嵌入 amPEN 壳结构中。而图 7-23(c)中的 SEM 图展现出磁性 Fe_3O_4@amPEN 杂化微球为单分散且尺寸约 90nm±20nm 且无小尺寸杂物的出现，图 7-23(e)对磁性微球粒径分布进行了统计，进一步证实了 Fe_3O_4 已被完全包埋在 amPEN 的疏水壳层中。最后，为了评价磁性杂化微球能否满足核磁共振成像的磁性要求，通过振动样品磁强计(VSM)分别测试了油酸包裹的 Fe_3O_4 纳米粒子和 $Fe_3O_4@amPEN$ 杂化纳米微球的磁性能，其磁滞回线如图 7-23(d)所示。在室温条件下时，OA 配位的 Fe_3O_4 和制备的 $Fe_3O_4@amPEN$ 杂化纳米微球

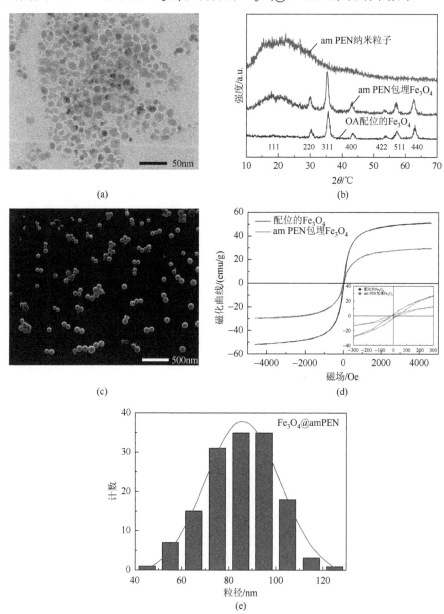

图 7-23　(a)合成的 Fe_3O_4 NP 的 TEM 图；(b)Fe_3O_4 NP、amPEN 和 $Fe_3O_4@amPEN$ 纳米球的 XRD 曲线；(c)$Fe_3O_4@amPEN$ 的 SEM 图；(d)制备的 Fe_3O_4 NP 和 $Fe_3O_4@amPEN$ 的磁滞回线；(e)粒径统计分布

的饱和磁化强度分别为 52emu/g 和 30emu/g 磁性杂化纳米微球磁化强度的降低是由于 amPEN 壳层的引入减小了 Fe_3O_4 的磁矩。尽管如此，杂化微球的磁性性能也足以应用于磁共振成像。另外，从图 7-23(d) 的插图可以看出，OA 配位的 Fe_3O_4 和磁性杂化微球都表现出很小的矫顽力(22Oe)，这表明两者均为典型的超顺磁性材料。因此，所合成的超顺磁性 Fe_3O_4@amPEN 纳米微球是核磁共振成像的潜在探针材料。

3. 聚芳醚腈/量子点/超顺磁纳米复合微球的光学性能及细胞毒性

根据以上研究制备的 QD@amPEN 和 Fe_3O_4@amPEN 纳米微球的荧光及磁性，可以得到，包埋 QD 的 amPEN 纳米微球具有很大的潜力作为荧光成像探针，而封装 Fe_3O_4 NP 的 amPEN 共聚物可以作为磁共振(MR)成像的探针。因此，为了实现荧光/MR 双模态成像，通过乳液自组装的方法将 QD 和 Fe_3O_4 共包埋到 amPEN 中以获得 QD/Fe_3O_4/amPEN 荧光磁性纳米球(FMNP)。随后，分别通过 SEM 和 TEM 表征了 QD/Fe_3O_4/amPEN FMNP 的精细形貌。根据图 7-24(a) 中所示的 SEM 图，可以看出单分散的 FMNP 尺寸主要分布在 130～160nm，比单独的 QD@amPEN 荧光微球和 Fe_3O_4@amPEN 磁性微球的尺寸更大。这主要归因于 QD 和 Fe_3O_4 在 amPEN 中的共包埋。此外，从图 7-24(b) 中的 TEM 图可以清楚地看出，QD 和 Fe_3O_4 NP 均匀地分布在聚合物纳米球中，这进一步证实了在 amPEN 壳层中成功包埋了 QD 和 Fe_3O_4 NP。随后，制备了在相同 QD 用量时不同 Fe_3O_4 含量的 FMNP，并研究了样品的荧光性质。如图 7-24(c) 所示，随着引入的 Fe_3O_4 含量的增加，FMNP 的荧光强度逐渐降低，这主要归因于合成的 Fe_3O_4 NP 对 QD 的荧光具有猝灭作用。尽管如此，即使 Fe_3O_4 的用量高达 2.5mg，仍可以在 405nm 激光激发下检测到 505nm 处量子点的较强荧光发射峰，这表明共包埋 QD 和 Fe_3O_4 NP 的 FMNP 仍可用作荧光成像探针。

最后，为了评价 QD/Fe_3O_4/amPEN FMNP 是否可用作体外双模生物成像探针，采用细胞计数试剂盒(CCK-8)方法分别对 amPEN、QD@amPEN 和 QD/Fe_3O_4/amPEN 纳米微球对 EMT6 细胞的毒性进行测试，CCK-8 测定的详细步骤在实验部分已给出。根据图 7-24(d) 所示的结果，可以看到控制组显示细胞存活率几乎为 100%，而培养过程中加入不同浓度的纯 amPEN 微球的细胞呈现出相似的生物活性，这证明了 amPEN 纳米球具有良好的生物相容性，并且可以用作包封功能性纳米颗粒的载体。而对于用 QD@amPEN 荧光微球孵育的细胞，不同浓度下也显示出近 100% 的细胞活力；由于 CdSe@CdS QD 具有明显的毒性，此结果表明 QD@amPEN 具有生物低毒性，其良好生物相容性证实芳香族 amPEN 对 QD 的包埋具有很高的稳定性，因此是有效包埋发光量子点而显示生物低毒性的优异模板。此外，对于 QD/Fe_3O_4/amPEN 纳米微球，虽然细胞活力有一定程度的下降，

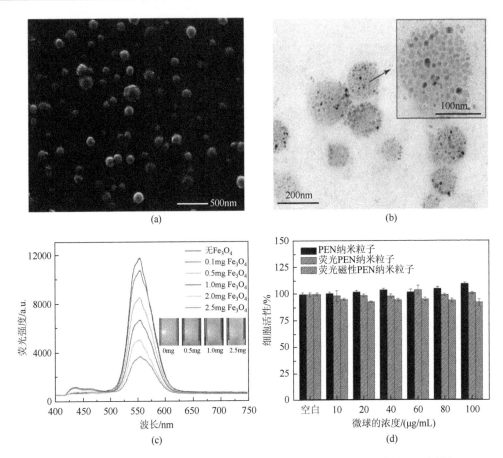

图 7-24　合成的 QD/Fe₃O₄/amPEN FMNP 的 SEM(a)、TEM(b)图,不同含量 SP 时制备 FMNP
的荧光发射光谱(c)及不同浓度 amPEN、QD@amPEM、FMNP 癌细胞的细胞活性(d)
(彩图请扫封底二维码)

但仍然可以观察到 90%以上的细胞在不同浓度的 FMNP 中仍具有细胞活性。这些
结果证明了 FMNP 具有良好的生物相容性和生物低毒性;因此,QD/Fe₃O₄/amPEN
FMNP 可用作双模态癌细胞生物成像的纳米探针。

4. 聚芳醚腈/量子点/超顺磁纳米复合微球的双模态生物成像

为了探索 QD/Fe₃O₄/amPEN 纳米探针在体外细胞成像中的应用,用
QD@amPEN 探针存在时培养的细胞作为对照进行研究,在不同时间间隔内采用
405nm 激发的激光共聚焦扫描显微镜观察 EMT6 细胞对光磁纳米探针的内吞状
态。在拍摄共聚焦图像之前,用 PBS 缓冲液洗涤孵化后细胞三次以除去游离的纳
米探针。当细胞在 QD@amPEN 和 QD/Fe₃O₄/amPEN 纳米探针一起孵育 3h 后,可
以看到 EMT6 细胞中出现弱绿色荧光信号且主要集中在细胞膜上,表明处于纳米

载体被细胞内吞的初始阶段。孵育 6h 后，如图 7-25(a) 和 (b) 所示，在细胞质中可以观察到绿色荧光信号的明显增加，并且纳米探针逐渐进入细胞核中。在孵育 12h 后，在细胞中可以观察到强荧光信号，这表明大多数纳米探针通过内吞进入了 EMT6 细胞。此外，QD@amPEN 标记的细胞样品显示的绿色荧光信号在相同内吞时间下比用 QD/Fe₃O₄/amPEN 标记的细胞更强，但两种情况下的荧光信号强度均能实现体外细胞成像标记。

$此后，由于超顺磁性 Fe_3O_4$ 纳米粒子已被证明是用于磁共振成像的理想的 T_2 造影剂，为了评价所获得低细胞毒性的超顺磁性 $QD/Fe_3O_4/amPEN$ 纳米探针作为诊断磁共振成像造影剂的潜力，使用临床 3.0T 核磁共振成像扫描仪检测具有不同 Fe 含量的 $QD/Fe_3O_4/amPEN$ 乳液的磁共振信号。如图 7-25(c) 所示，可以看到 T_2 加权信号强度随着 Fe 浓度的增加而显著降低，这归因于纳米探针中 Fe_3O_4 NP 与水中质子之间的磁矩相互作用，具体而言，较短的自旋弛豫时间将导致 MR 信号较低。此外，$QD/Fe_3O_4/amPEN$ 纳米探针水溶液中的横向 $1/T_2$ 弛豫率与 Fe 浓度的关系表现在图 7-25(d) 中，很明显，$1/T_2$ 弛豫率与 FMNP 中 Fe 含量之间呈线性关系，并且松弛值高达 65.2mmol/(L·s)，远远大于最近报道的双功能 MRI 纳米探针，因此所合成的 $QD/Fe_3O_4/amPEN$ 纳米探针可以作为有效的 T_2 加权磁共振成像探针。

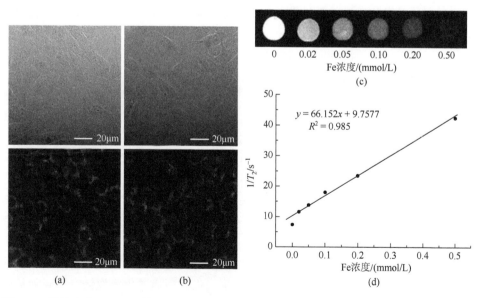

图 7-25　用浓度为 60μg/mL 的 QD @ amPEN 荧光微球 (a) 和 QD/Fe₃O₄/amPEN FMNP (b) 标记并孵育 6h 后的 EMT6 细胞在明场和 405nm 激光下的共聚焦图片。不同 Fe 含量的 QD/Fe₃O₄/amPEN FMNP 乳液在 3.0T 核磁共振成像仪上的 T_2 加权磁共振成像图片 (c) 和 T_2 弛豫率 (d)

综上所述，我们合成了具有芳香骨架结构和侧链含亲水磺酸盐基团的二嵌段两亲性聚芳醚腈(amPEN)，并将它们进一步用作软模板，通过简单的一步微乳液自组装将油溶性 QD 和 SP 成功封装至 amPEN 中，得到了具有荧光和磁性可调的荧光磁性纳米微球(FMNP)。由于 amPEN 结构中芳环强疏水链段与 QD 和 SP 的表面疏水配体相互作用，使得 amPEN 对油溶性 QD 和 SP 的包埋相当稳定，这不仅有效地解决了荧光 QD 本身生物毒性的问题，还通过调节乳液自组装条件获得了荧光和磁性能可调的 FMNP 探针。基于所得 FMNP 具有其良好的生物相容性，辅以绿色荧光发射和超顺磁性，该探针显示出了良好的双模荧光及磁共振成像能力。本工作的初步结果为使用具有芳香骨架结构的两亲性嵌段共聚物为软模板对功能纳米粒子进行稳定包覆，为构建多功能生物医药试剂开辟了道路，以后的工作将致力于设计两亲性大分子的化学结构，引入更多的生物活性基团如羧基、氨基和羟基等，这些基团在固定各种生物识别分子后可进一步扩展 FMNP 在生物靶向诊断治疗中的应用。

7.4　小　　结

作为一类新型的特种高分子材料，聚芳醚腈独特的大分子化学结构、聚集态结构及大分子组装行为是其光功能化的理论基础。本章首先以揭示聚芳醚腈分子结构与其荧光性能的构效关系为出发点，明确了聚芳醚腈链节结构、分子量大小及分布、溶液浓度、溶剂组成等对其溶液荧光性质的作用规律，特别是首次建立了聚芳醚腈分子量分布与分子链间能量转移的相互关系，设计并合成了具有 AIE 效应的荧光聚芳醚腈，为开发高量子产率的本征荧光聚芳醚材料提供了新思路。其次，基于聚芳醚腈薄膜兼具高耐热性和高透明性的独特优势，借助真空物理气相沉积的方法，在聚芳醚腈薄膜表面制备得到一系列具有局域表面等离子共振效应的贵金属纳米阵列，并通过表面生物功能化偶联抗体，获得可用于蛋白分子检测的柔性生物传感器，开辟了聚芳醚类特种高分子材料在无标记光学免疫传感器方面的应用新方向。最后，通过分子设计改造聚芳醚腈一级化学结构，赋予其亲水性质，进而借助乳液溶剂挥发法实现其与荧光量子点、超顺磁纳米粒子的受限共组装，获得具有良好荧光性质和超顺磁性的功能复合微球，细胞毒性试验表明聚芳醚腈包埋含重金属量子点后，显著降低后者的生物毒性，同时可通过调整试验条件，获得可同时用于荧光成像与磁共振成像的双模态生物探针，为开发基于聚芳醚功能微球的生物诊断试剂奠定基础。尽管其研究内容有待进一步深化，但上述工作为构建聚芳醚腈光功能材料并开发其在生物医学领域的应用提供了新方法与新思路，进一步完善了聚芳醚腈功能材料体系。

参 考 文 献

[1] Gomberg M. An instance of trivalent carbon: triphenylmethyl. Journal of the American Chemical Society, 1900, 22(11): 757-771.

[2] Tang H, Pu Z, Wei J, et al. Fluorescence-color-tunable and transparent polyarylene ether nitrile films with high thermal stability and mechanical strength based on polymeric rare-earth complexes for roll-up displays. Materials Letters, 2013, 91: 235-238.

[3] Hong Y, Lam J W, Tang B Z. Aggregation-induced emission: phenomenon, mechanism and applications. Chemical Communications, 2009, 40(29): 4332-4353.

[4] Yuan P, Walt D R. Calculation for fluorescence modulation by absorbing species and its application to measurements using optical fibers. Analytical Chemistry, 1987, 59(19): 2391-2394.

[5] Rochat S, Swager T M. Conjugated amplifying polymers for optical sensing applications. ACS Applied Materials & Interfaces, 2013, 5(11): 4488-4502.

[6] Lin Y, Gao J W, Liu H W, et al. Synthesis and characterization of hyperbranched poly(ether amide)s with thermoresponsive property and unexpected strong blue photoluminescence. Macromolecules, 2009, 42(9): 3237-3246.

[7] Traiphol R, Charoenthai N. Solvent-induced photoemissions of high-energy chromophores of conjugated polymer MEH-PPV: role of conformational disorder. Macromolecular Research, 2008, 16(3): 224-230.

[8] Lin H, Hania R P, Bloem R, et al. Single chain versus single aggregate spectroscopy of conjugated polymers. Where is the border? Physical Chemistry Chemical Physics, 2010, 12(37): 11770-11777.

[9] You Y, Huang X, Pu Z, et al. Enhanced crystallinity, mechanical and dielectric properties of biphenyl polyarylene ether nitriles by unidirectional hot-stretching. Journal of Polymer Research, 2015, 22(11): 211.

[10] Lee S H, Tsutsui T. Molecular design of fluorene-based polymers and oligomers for organic light-emitting diodes. Thin Solid Films, 2000, 363(1): 76-80.

[11] 田楠. 链松弛对流动场诱导高分子结晶的影响. 合肥: 中国科学技术大学, 2014.

[12] Zhao Z, He B, Tang B Z. Aggregation-induced emission of siloles. Chemical Science, 2015, 6(10): 5347-5365.

[13] Homola J, Yee S S, Gauglitz G. Surface plasmon resonance sensors: review. Sensors and Actuators B: Chemical, 1999, 54(1-2): 3-15.

[14] Mayer K M, Hafner J H. Localized surface plasmon resonance sensors. Chemical Reviews, 2011, 111(6): 3828-3857.

[15] Szunerits S, Boukherroub R. Preparation and characterization of thin films of SiO_x on gold substrates for surface plasmon resonance studies. Langmuir, 2006, 22(4): 1660-1663.

[16] Szunerits S, Boukherroub R. Sensing using localised surface plasmon resonance sensors. Chemical Communications, 2012, 48(72): 8999-9010.

[17] Szunerits S, Coffinier Y, Janel S, et al. Stability of the gold/silica thin film interface: electrochemical and surface plasmon resonance studies. Langmuir, 2006, 22(25): 10716-10722.

[18] Szunerits S, Das M R, Boukherroub R. Short-and long-range sensing on gold nanostructures, deposited on glass, coated with silicon oxide films of different thicknesses. The Journal of Physical Chemistry C, 2008, 112(22): 8239-8243.

[19] Szunerits S, Praig V G, Manesse M, et al. Gold island films on indium tin oxide for localized surface plasmon

sensing. Nanotechnology, 2008, 19(19): 195712.

[20] Chaikin Y, Kedem O, Raz J, et al. Stabilization of metal nanoparticle films on glass surfaces using ultrathin silica coating. Analytical Chemistry, 2013, 85(21): 10022-10027.

[21] Karakouz T, Maoz B M, Lando G, et al. Stabilization of gold nanoparticle films on glass by thermal embedding. ACS Applied Materials & Interfaces, 2011, 3(4): 978-987.

[22] Karakouz T, Tesler A B, Sannomiya T, et al. Mechanism of morphology transformation during annealing of nanostructured gold films on glass. Physical Chemistry Chemical Physics, 2013, 15(13): 4656-4665.

[23] Susman M D, Feldman Y, Vaskevich A, et al. Chemical deposition and stabilization of plasmonic copper nanoparticle films on transparent substrates. Chemistry of Materials, 2012, 24(13): 2501-2508.

[24] Tesler A B, Chuntonov L, Karakouz T, et al. Tunable localized plasmon transducers prepared by thermal dewetting of percolated evaporated gold films. The Journal of Physical Chemistry C, 2011, 115(50): 24642-24652.

[25] Li J, Han J, Xu T, et al. Coating urchinlike gold nanoparticles with polypyrrole thin shells to produce photothermal agents with high stability and photothermal transduction efficiency. Langmuir, 2013, 29(23): 7102-7110.

[26] Wu J, Zhang X, Yao T, et al. Improvement of the stability of colloidal gold superparticles by polypyrrole modification. Langmuir, 2010, 26(11): 8751-8755.

[27] Zhang X, Zhang J, Wang H, et al. Thermal-induced surface plasmon band shift of gold nanoparticle monolayer: morphology and refractive index sensitivity. Nanotechnology, 2010, 21(46): 465702.

[28] Jia K, Bijeon J L, Adam P M, et al. Sensitive localized surface plasmon resonance multiplexing protocols. Analytical Chemistry, 2012, 84(18): 8020-8027.

[29] Jia K, Bijeon J L, Adam P M, et al. Large scale fabrication of gold nano-structured substrates via high temperature annealing and their direct use for the LSPR detection of atrazine. Plasmonics, 2013, 8(1): 143-151.

[30] Jia K, Khaywah M Y, Li Y, et al. Strong improvements of localized surface plasmon resonance sensitivity by using au/ag bimetallic nanostructures modified with polydopamine films. ACS Applied Materials & Interfaces, 2013, 6(1): 219-227.

[31] Li M, Luo Z, Zhao Y. Self-assembled hybrid nanostructures: versatile multifunctional nanoplatforms for cancer diagnosis and therapy. Chemistry of Materials, 2018, 30(1): 25-53.

[32] Pahari S K, Olszakier S, Kahn I, et al. Magneto-fluorescent yolk-shell nanoparticles. Chemistry of Materials, 2018, 30(3): 775-780.

[33] Ostermann J, Merkl J P, Flessau S, et al. Controlling the physical and biological properties of highly fluorescent aqueous quantum dots using block copolymers of different size and shape. ACS Nano, 2013, 7(10): 9156-9167.

[34] Park J, Lee J, Kwag J, et al. Quantum dots in an amphiphilic polyethyleneimine derivative platform for cellular labeling, targeting, gene delivery, and ratiometric oxygen sensing. ACS Nano, 2015, 9(6): 6511-6521.

[35] Wang Y, Li S, Zhang P, et al. Photothermal-responsive conjugated polymer nanoparticles for remote control of gene expression in living cells. Advanced Materials, 2018, 30(8): 1705418.

关键词索引